2022 中国建筑教育

城乡人居环境与国土空间规划教学研究·思想与方法

CHINA ARCHITECTURAL EDUCATION

组织编写 | 中国建筑出版传媒有限公司（中国建筑工业出版社）
教育部高等学校建筑学专业教学指导分委员会
全国高等学校建筑学专业教育评估委员会
中国建筑学会

U0250020

中国建筑工业出版社

图书在版编目（CIP）数据

2022 中国建筑教育 = CHINA ARCHITECTURAL
EDUCATION. 城乡人居环境与国土空间规划教学研究·思
想与方法 / 中国建筑出版传媒有限公司
（中国建筑工业出版社）等组织编写 . —北京：中国建筑
工业出版社，2023.4
ISBN 978-7-112-28274-6

Ⅰ.① 2… Ⅱ.①中… Ⅲ.①建筑学—教育研究—中
国 Ⅳ.① TU-4

中国版本图书馆 CIP 数据核字（2022）第 243506 号

责任编辑：李　东　徐昌强　陈夕涛
责任校对：刘梦然
校对整理：张辰双

2022 中国建筑教育
城乡人居环境与国土空间规划教学研究·思想与方法
CHINA ARCHITECTURAL EDUCATION

组织编写　中国建筑出版传媒有限公司（中国建筑工业出版社）
　　　　　教育部高等学校建筑学专业教学指导分委员会
　　　　　全国高等学校建筑学专业教育评估委员会
　　　　　中国建筑学会
*
中国建筑工业出版社出版、发行（北京海淀三里河路 9 号）
各地新华书店、建筑书店经销
北京雅盈中佳图文设计公司制版
建工社（河北）印刷有限公司印刷
*
开本：965 毫米 ×1270 毫米　1/16　印张：9¾　字数：334 千字
2023 年 3 月第一版　2023 年 3 月第一次印刷
定价：48.00 元
ISBN 978-7-112-28274-6
　　　（40727）

2022 年

目录

通专融合需求下国土空间规划领域人才培养体系构建研究

吴松涛　荣婧宏　周小新

Research on the Construction of Talent Training System in the Field of Territorial Space Planning Under the Demand of the Integration of General and Specialized

■ 摘要：针对新工科学科教育交叉融合的要求，论文在梳理近期相关研究的基础上，结合当前知识学习"碎片化时间＋海量内容"的特点，提出了"一种标准、两个层面、三种能力"的人才培养标准，从人才大类培养角度出发，构建模块化通用课程体系、全链条特色实践、知识—载体—资源一体化教材体系以及"思想引导—项目引导—科研引导"三种教学模式构成国土空间规划领域人才培养体系的框架，满足空间规划领域通专融合人才培养的需求。

■ 关键词：国土空间规划领域；通专融合需求；人才培养体系；模式

Abstract：In view of the requirements of interdisciplinary education proposed by new engineering, this paper combed recent related research, combined with the characteristics of "fragmented time + massive content" in current teaching, and put forward the talent training standard of "one standard, two levels, three abilities". From the perspective of talent training, this paper constructs a modular general curriculum system, a full-chain characteristic practice, and a teaching material system integrating knowledge, carrier and resources, and puts forward three teaching modes of "thought guidance - project guidance - research guidance". It forms the framework of talent training system in the field of territorial space planning and meets the needs of the integration of general and specialized.

Keywords：Territorial Space Planning；The Needs of The Integration of General and Specialized；Personnel Training System；Model

基金项目：教育部新工科研究与实践项目："国土空间规划领域通专融合课程及教材体系建设"（E—ZYJG20200215）；教育部新农科研究与改革实践项目："'共同缔造'导向下高校服务乡村振兴战略新模式研究"（2020391）；黑龙江省教育科学"十四五"规划2022年度重点课题："基于国土空间规划体系变革的城乡规划专业应用型人才培养模式研究"（GJB1422508）；高校基本科研项目（XNAUEA5750000120）。

　　随着 2019 年 5 月中共中央、国务院《关于建立国土空间规划体系并监督实施的若干意见》（以下简称"意见"）的出台，有关国土空间规划的各相关学科建设研究也在不同方向、不同学科和专业领域上全面展开，从人才培养目标与构建课程体系视角探究国土空间规划学科建设，对于深入认识国土空间规划的背景、意义，完善规划成果体系，更好地培养通专融合人才，具有非常重要的意义。

一、人才培养需求分析

（一）国土空间规划领域发展面临新整合

《意见》明确提出，将主体功能区、土地利用规划、城乡规划等空间性规划融合为统一的"国土空间规划"，实现"多规合一"，标志着国土空间规划改革全面启动。本次改革是国家空间治理现代化目标下进行的系统性整合，国土空间规划领域在战略认识、重构规划技术体系、重组运行机制、人才培养等各个方面将面临巨大的挑战，对学科发展必将产生深远影响[1、2]。

（二）人才培养模式面临新变革

在全球一体化和人工智能影响下，学科或行业间的联系日渐加强，界限逐渐变得模糊，社会对人才培养要求也越来越高。通专融合需求下，国土空间规划领域的转型升级，需要大量基础知识扎实、兼具实践与创新能力、具有国际化视野的复合型人才[3]。

（三）教学资源和知识结构面临新拓展

国土空间规划专业教育，既要求对学生的专业素质、综合思维能力、动手技能进行全面培养，又要求教学知识体系动态更新、课堂教学与实践场景无缝对接，以满足"新工科"建设和"卓越工程师"的培养需求，最终达到培养兼具崇高家国情怀和高超专业技能人才的目的[4、5]。因此，必须突破原有教学模式，重新审视国土空间规划学科教育的新内涵，对其学科建设目标、课群体系、教材体系、社会需求等进行全面分析和构建。

二、研究梳理

2012 年，中共十八大对新的历史机遇做出判断，提出了全力推进生态文明的重大决策，形成"经济建设、政治建设、文化建设、社会建设和生态文明建设"五位一体的中国特色社会主义新布局的总方针，2015 年提出了"十三五"时期实现"多规合一"的路线图，2019 年《意见》中明确提出"国土空间规划是国家空间发展的基础，可持续发展的蓝图，是各类开发保护建设活动的基本依据，教育部门要研究加强国土空间规划的相关学科建设"，国土空间相关学科围绕人才培养模式和课程建设等多种角度，始终紧跟国家改革步伐，不断研讨修正总结，从知识体系、专业转型和构建新体系等方面提出了诸多的研究思路。

近期国内许多高校，如南京大学于 2020 年 7月召开了"国土空间规划人才培养体系建设座谈会"，来自城乡规划和土地利用规划行业、政府部门、教育界及相关企业专家，从人才需求的角度，重点研讨了国土空间体系的改革方向和建议[6]；吴良镛院士提出"空间规划的对象是国土空间，同时也是人居空间，空间规划需要地球系科学为基础，同时也离不开人居学科的支撑"，建议在我国现有 13 个学科门类基础上，增设"人居科学"为第 14 个学科门类[7]；石楠（2021）回顾了"城乡规划学科研究三部曲"，分析了城乡规划知识体系构成和基本特征，提出了城乡规划学与国土空间规划在新时期应实现由"应用型"学科向"认识—实践性"学科，由"单一"学科向"综合性"学科群转变[8]；孙施文（2020）从国土空间规划工作的基本内涵出发，从知识论角度探讨了开展国土空间规划的主要内容和相互关系，提出了国土空间规划要素、国土空间管制使用构成的知识类型[9]，同时提出，"中国当代城市规划经过 60 多年的发展，已经形成了相对独立又内部自洽的规划体系，并形成了一套比较完整的工作方法，但也存在着一些问题和难题，尤其是一些体制性的问题，更是阻碍了规划工作的不断完善，而国土空间规划制度的建立，对此提供了一个改革和改进的契机"[10]；黄贤金（2020）分析了中国国土空间规划学科建设的时态演替，阐述了当前国土空间规划学科建设的迫切性，提出了新时代国土空间规划体系建设的主要思路[11]。

三、人才培养目标

国土空间规划体制改革，体现了一个"文明大国、责任大国"的使命与担当，是国土空间规划学科发展的使命所在，同时在教育领域"新工科"内涵引领下，各学科针对传统的城乡规划、风景园林、土地利用、人文地理等人才培养方案进行了积极调整优化，改造升级，推动学科人才培养模式的创新变革，哈尔滨工业大学在第二批新工科研究与实践项目《国土空间规划领域通专融合课程及教材体系建设》中提出了构建"一种标准、两级层面＋三项能力"的国土空间领域人才培养新标准。

（一）一种标准

即"新工科标准"，国土空间规划改革围绕新时期"生态优先、交叉融合"理念，其最终形成的法规体系、技术体系、运行体系和监督体系是国家生态文明建设的"重器"，以塑造国之"重器"的使命感为培养目标，融合国家现有学科发展的新工科要求，以新工科标准为基准建立人才培养目标任务，是国土空间规划领域人才培养的首要标准。

（二）两级层面

"通才＋专才"，即基本层面"通用型人才培养标准"及高端层面"专门型人才培养标准"。在基本层面，通过基础理论和相应的"双主体"实践培养，能够熟练完成市县级以下国土空间"基本三区三线划定"、土地利用、功能区划、城乡规划、风景园林等各类法定规划工作；在高端层面，通过进一步的培养，高层次人才具备市级以上国土空间规划及国土生态安全格局构建研究、生态基础设施分析、政策研究制定等相关研究和规划工作能力。

同时，与科研型人才培养相配合，职业化教育也必不可少，海外高校国土空间规划人才的培养，不仅重视专业基础知识的培训，更重视职业教育，如美国空间规划学科专业化的职业教育，运用层级化的教学模式，主要设置在硕士阶段，要求学生具有一定的社会学、经济学、政治学或其他专业的本科基础[12]，从而构成"科研人才 + 职业人才"的两个培养层面。

（三）三项能力

即战略认识能力、政策工具运用能力与持续学习能力。当前我国城镇化取得的巨大成就，是正确认识国情背景、时空背景和制度环境的结果，也将面临国际形势、科技变革、社会转型、区域协调、乡村发展等新的发展问题及长期的挑战，"生态优先、多规合一"是国土空间规划领域理论研究、实践探索等各项决策的战略性原则，全面认识国家发展战略，是空间规划领域人才培养标准的能力目标之一。

国土空间环境可持续发展是国家空间治理能力和治理体系建设的提升过程，在培养技术素质的同时，更需要熟悉"为人民服务"的运行机制，培养有效运用国土空间规划政策工具的能力，通过市场行为、行政组织、法律干预等多重手段，推动政府、社会、各阶层群众的多主体共同参与，并通过持续学习掌握基本政策和技术手段，完成不同时期不同需求的国土空间规划工作。

四、建构模块化课程与教材体系

应对国家国土空间规划改革形势的需要，将现有人居环境学科相关教学内容补充、整合、提升，建设适应国土空间规划背景下，实现美丽中国和生态文明建设目标需求的课群体系，调动学生对"新工科"培养通用知识学习的积极性，增加学生

在社会发展中的竞争力，推进人居环境学科群整体改革[13、14]。

（一）循序渐进推动模块化通用课程体系建设

正视现阶段教育资源"门类化"（即国内由于历史和体制原因形成的建筑类、农林类、地理类等国土空间某类相关行业为主的教育体系）的现实，从差异化发展起步，逐步理顺国土空间规划培养方案，以建筑类高校为例，从优化课群体系建设的目标和任务，整合现有人居环境学科大类招生专业相关课程出发，以认识论、本体论和方法论知识层面与从国土空间思想沿革、规划原理与方法、技术工具与方法对应三个层面构建模块化通用课程体系，覆盖人居环境学科大类培养的国土空间规划知识结构与实践能力课程，将传统基于城乡规划和风景园林单一学科内难度递进的课程群逻辑，改进成为"多学科融合和难度递进"的二维课程群体系设计。新设计的课群模块既对原有课程体系不造成重大的颠覆，又能适应国土空间规划所提出的培养要求，如表 1 所示。

（二）全链条引导建设多主体特色实践课程

据调研，海外高校空间规划学科发展普遍伴随着经济社会发展和时代背景不断地调整，如德国高校城市规划专业培养目标和模式是根据实际就业形势而动态调整[15]，项目教学和产教融合平台的互动是今后的趋势，得益于长期以来我国城乡规划、土地利用规划、地理信息等行业已经形成的庞大基地资源和东北、华北、西北、华中、华南等多种不同国土空间丰富的实践基础，依靠得天独厚的各种项目优势，广大国土空间类院校与国内先进地区国土规划设计单位，通过"产—学—研"方式大量实践了"实验基地"教学模式，延伸学习领域，形成"理论—实践联动"的开放式教学体系，在面向经济社会可持续发展的重大科技问题上承担各类实践项目，构建项目引导的混合教育模式，培养服务面向社会的工程教育前沿交叉学科人才，服务"新工科"环境下高校前沿交叉学科的科技智库建设。

通专融合需求下人居环境学科模块化通用课程体系　　表1

层面	理论课程模块		设计课程模块（实验）	备注
思想沿革（认识论）	人居环境概论			通用课
	环境伦理学概论			
规划原理与方法（本体论）	景观生态规划原理		生态规划（一、二）	风景园林主干课
	城乡规划原理		城市总体规划（一、二、三）	城乡规划主干课
	国土空间规划原理	土地资源与土地利用	国土空间总体规划	通用课
		生态修复理论		
		区域经济学概论		
	国土空间规划管理与法规			
技术工具与方法（方法论）	双评价理论与方法		双评价实验	通用课
	地理信息与空间分析技术		空间分析实验	通用课

（三）构建"知识—载体—资源"一体化的教材体系

研究定位教材、学科、课程与人（教师和学生）的新关系，突破将教材等同于教科书的传统认知局限，树立满足国家需求、助推学科发展、综合服务教师个性化与教学标准化特征、指向学生多元认知需求、匹配课程建设的教材体系建设观。将《国土空间规划指南》案例库、大数据、新媒体、虚拟现实、实时通信技术与教材体系进行深度整合，如表2所示。

（四）模式与路径

人才培养目标和课程体系基本清晰条件下，将课程分为通用模块和提升模块两大类，以贯通交叉方式分别贯穿于本研究课程中，充分利用有关"产—学—研"基地与教学资源，整合校外土地类规划院、环境类规划院、城市规划类院所和政府主管技术官员等专家资源，建立多学科融合机制。优化"实践"与"创新"双核心能力互动

的培养体系，建构以项目引导为基础的全链条实践课程体系。采用"思想引导—项目引导—科研引导"三种模式引入人才培养体系，如图1所示。

开发新的教学手段和教学模式，是加强教学效果的好办法，有两个方面需要关注，一是疫情期间广泛应用的线上线下结合的教学模式，为我们开启了"碎片化时间＋海量内容"的可能性，同时由于国土空间规划的特点，"多规融合"也体现在学习方法上，在有限的时间里，"课堂要素串线，课下广泛查阅"都是值得推广的模式。以哈尔滨工业大学为例（如表1所示），在人才培养目标与课程实践操作中，借助"双导师"落实核心知识，推进实践教育方法和模式改革。在每学期开学前，学院与产学协同育人平台企业共同协商，修订学期培养方案，学校与平台企业的指导教师、人事部门共同检查和评定，获得反馈意见，持续更新课程模块关系，将城乡规划及风景园林专业本科生三大原理课和设计课——《城乡规划原理》

教材体系构建示意表 表2

对接	建构	备注	教材构成举例
国土空间规划跨学科知识体系	构建实践和创新引导的国土空间规划专业教材标准	根据国土空间规划研究与实践需求，整合城乡规划、风景园林、数据科学、建筑学、市政工程、生态、环保、社会、经济、管理等多专业的关键知识资源，挖掘专业知识的内在联系，打通学科知识壁垒，在国土空间规划框架下搭建专业技能应用场景，实现国土空间规划学科的内在融合	《国家公园与自然保护地》《国土空间规划原理》《国土空间规划与公共政策》《国土空间生态修复》
国土空间规划教育全流程	打造"全尺度案例数据库—虚拟实验平台—模拟实训终端"相结合的多元共享的教材体系	有机衔接专业理论、工程案例、业务实训等国土空间规划教育环节，打造综合型知识载体体系。构建支撑国土空间规划全尺度教学进行实操的数据库；结合虚拟仿真、大数据分析、寒地人居环境等国家级和省级重点实验平台，研发适用于PC端、手机终端以及AR终端的案例模拟、实训教学模块	《市县级国土空间规划实务》《双评价实务仿真》等
线上认证的国际化教材标准	整合多元化、网络化教材平台，建立国际化国土空间规划教材资源库	通过建立认证与评估标准保证入库教材质量，对入库教材实施分类评级：按所属专业领域、针对的教学环节（理论、案例、实训等）进行分类管理；按采用度、影响力进行分级管理，采用多种方式提升教材资源库覆盖面，建立高水平教材资源管理维护框架	多种形式

哈尔滨工业大学通专融合需求下国土空间规划人才培养体系构建框架

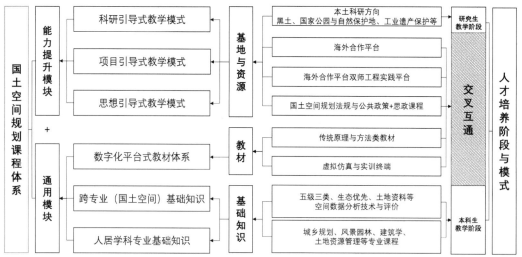

图1 通专融合需求下国土空间规划人才培养体系构建框架

《景观与生态规划原理》《国土空间规划原理》《国土空间规划设计》与研究生《国土空间规划理论与方法》——在知识线上贯穿理论模块和设计模块，推进"课堂串线—资源学习—实践互动"教学方法建设，形成了"理论—实践"相通、"知识层级—递进性"相通的课程资源模块体系。其次，依托国际课程平台，植入国土空间规划核心知识，深化创新教学方法改革，评定开放式研究型设计课程、国际联合毕业设计、工作坊等国际化专题课程的培养成效，明确核心能力培养的多元互动课程线索，拓展环球视野，以培养具备应对国家政策和需求的战略认识能力、政策工具运用能力和持续学习能力的通专复合型人才。

五、结论

　　无论是新工科建设的基本要求还是通专融合需求，国土空间规划领域人才培养目标和课程体系构建工作，把握三个导向是总体建设的根本，一是坚持中国问题、中国方案的导向，在新的国家发展目标体系里，国土空间规划是一个传统而又崭新的学科，需要基于中国语境基础上的学科知识体系和价值观；二是正确认识国土空间规划的"生态资源保护和空间布局规划"两大核心任务，围绕核心任务建立融合式的学科群和课程体系；三是要认识到，国土空间规划体系完善是一个长期的发展过程，目前虽然已经有了一个清晰的体制框架，还应该进一步通过学科相关领域的建设进一步深化细化体系建设，这也是时代赋予国土空间规划领域广大从业者对人才培养的光荣使命。

参考文献

[1] 孙施文,吴唯佳,彭震伟,等.新时代规划教育趋势与未来[J].城市规划,2022,46（1）：38-43.
[2] 王伟,欧阳鹏,衣霄翔,等.面向国土空间规划的知识生产:属性取向、范式转型与学科集群构建[J].规划师,2022,38(7):5-15.
[3] 王世福,麻春晓,赵渺希,等.国土空间规划变革下城乡规划学科内涵再认识[J].规划师,2022,38（7）:16-22.
[4] 孙澄,邵郁,董宇,等."智慧建筑与建造"专业教学体系探索新工科理念下的建筑教育思考[J].时代建筑,2020（2）：10-13.
[5] 赵映慧,左汶轩,姜博,等.面向国土空间规划的人文地理与城乡规划专业建设思考[J].高等理科教育,2022（2）：24-31.
[6] 黄贤金,张晓玲,于涛方.面向国土空间规划的高校人才培养体系改革笔谈[J].中国土地科学,2020,34（8）：107-114.
[7] 吴唯佳,吴良镛,石楠,等.空间规划体系变革与学科发展[J].城市规划,2019,43（1）:17-24.
[8] 石楠.城乡规划学学科研究与规划知识体系[J].城市规划,2021,45（2）：9-22.
[9] 孙施文.国土空间规划的知识基础及其结构[J].城市规划学刊,2020（6）：11-18.
[10] 孙施文.从城乡规划到国土空间规划[J].城市规划学刊,2020（4）：11-17.
[11] 黄贤金.构建新时代国土空间规划学科体系[J].中国土地科学,2020,34（12）：105-110.
[12] 陈宏胜,陈浩,肖扬,等.国土空间规划时代城乡规划学科建设的思考[J].规划师,2020,36（7）：22-26.
[13] 黄义忠,彭秋志,谭荣建,等."国土空间规划"学科建设中实践教学借鉴与思考——以土地利用规划实践教学为例[J].教育教学论坛,2022（7）：49-52.
[14] 赵魏,朱逊,叶晓申.新工科背景下跨学科创新能力培养研究——以哈尔滨工业大学风景园林学科为例[J].黑龙江教育（高教研究与评估）,2022（7）：13-15.
[15] 董楠楠,陈菲.浅析联邦德国高校中的城市规划教育[J].国际城市规划,2007（1）：94-98.

图表来源

图1、表1、表2均为作者自绘。

作者：吴松涛，哈尔滨工业大学建筑学院，自然资源部寒地国土空间规划与生态保护修复重点实验室，寒地城乡人居环境科学与技术工业和信息化部重点实验室，黑龙江省寒地景观科学与技术重点实验室，景观系主任，教授，博士生导师；荣靖宏，哈尔滨工业大学建筑学院，城乡规划学在读博士研究生；周小新，黑龙江工程学院，副教授，硕士生导师，哈尔滨工业大学在读博士生

面向国土空间规划人才培养的职业价值观教育研究

陈璐露　夏　雷　刘　艺　冷　红　张险峰

Research on Professional Values Education for the Cultivation of Talent in Territorial Spatial Planning

■ **摘要**：国土空间规划工作的逐步完善，标志着国土空间规划人才培养的职业价值观教育亟须转型与拓展。本文从新时代国土空间规划的自身价值与社会价值双视角建立了国土空间规划的职业价值观，提出生态文明、以人为本、文化传承、社会公平和协同治理5个职业价值观。本文将职业价值观转化成国土空间规划人才培养的能力需求，进而从能力结构、课程体系、教学内容和教学方法4个方面对国土空间规划的职业价值观教育提出了建议，引导学生建立正确且全面的职业价值观。

■ **关键词**：国土空间规划；职业价值观；城乡规划学科；规划教育

Abstract：The development of territorial spatial planning work highlights the urgent need to transform and broaden professional values education in order to cultivate territorial spatial planning talents. This paper establishes territorial spatial planning's professional values in the new era from the dual perspectives of its own values and social values, and proposes five professional values：ecological civilization，people-oriented，cultural heritage，social equity，and collaborative governance. This paper corresponds professional values into competency requirements for the development of land and spatial planning talents，and then makes recommendations for professional values education in land and spatial planning from four perspectives：competency structure，coursework system，teaching content，and teaching methods，in order to guide students in developing correct and comprehensive professional values.

Keywords：Territorial space planning；Cultivation of professional values；Urban and rural planning；Planning education

基金项目：教育部新工科研究与实践项目"国土空间规划领域通专融合课程及教材体系建设"（E-ZYJG20200215）；教育部新农科研究与改革实践项目"'共同缔造'导向下高校服务乡村振兴新模式研究"（2020391）；黑龙江省高等教育教学改革项目"多学科融合的本科阶段城市设计教学体系研究"（SJGY20200221）；黑龙江省哲学社会科学研究规划项目"基于碳图层系统的严寒城市中心区差异化城市设计控碳路径研究"（22GLC275）.哈尔滨工业大学研究生教育教学改革研究项目《国土空间规划背景下城乡规划学人才培养的职业价值观教育研究》23MS019

一、引言

2019 年 5 月，中共中央、国务院印发的《关于建立国土空间规划体系并监督实施的若干意见》，要求建立国土空间规划体系并监督实施。该意见将主体功能区规划、土地利用规划、城乡规划等空间规划融合为统一的国土空间规划，实现"多规合一"[1]，这是城乡规划学科及行业的一次重大变革。《教育部高等教育司 2022 年工作要点》将国土空间规划列于紧缺人才培养之列[2]。自此，国土空间规划的人才培养和专业教育成为城乡规划教育的新诉求、新挑战，也是新优势和新契机。由于城乡规划的价值导向与国土空间规划存在着一定的偏差[3]，所以城乡规划学科教育应该面向国土空间规划的人才培养，进行职业价值观的重构与拓展。

二、国土空间规划人才培养的职业价值观

职业价值观是受职业属性和社会认知共同影响的[4]，国土空间规划的职业价值观首先要顺应国土空间规划的价值观，而后叠加以国土空间规划的社会价值。

（一）国土空间规划的价值观

针对国土空间规划的价值观，已经有部分学者进行了研究与探索，例如，孙施文提出建立生态文明的价值观来改造世界，处理规划过程中的各类关系[4]；杨贵庆提出国土空间规划需要建立生态安全、使用效率、社会公平、文化传承的价值观，以体现技术标准体系的先进性[5]；郝庆认为国土空间规划是非政治性的空间规划，应追求和而不同、以人为本的价值观[6]。可以看出，规划对象、规划视角与规划方法是国土空间规划价值观的生成基础。

（1）生态观

我国国土空间规划体系是基于生态文明建设理念，对城乡规划体制的一种创新，将"山、水、林、田、湖、草、沙"为一体的自然环境与建成环境统一进行规划管控，其核心在于从战略到实施全过程对国土空间进行开发与保护[7]。由此可见，国土空间规划的核心价值是生态价值观。

（2）人本观

规划是人类自发的一种行为，规划的初心是创造一种宜居的生活与生产环境，"以人为本"是国土空间规划的基本理念，与传统城乡规划相比，国土空间规划旨在从更加宏观的国土空间与环境中建立更合理的人居秩序，创造更宜居的人居品质，以此实现人的自存，以及人与生态、人与生活、人与生产的共存，促进新时代我国社会的高质量发展[8]。

（3）文化观

由于我国国土辽阔、地域特色丰富、城乡建设历时性强，导致我国蕴蓄了诸多独具特色的国土空间，包含历史文化特征型空间、地域地形特色型空间等。2021 年自然资源部、国家文物局印发的《关于在国土空间规划编制和实施中加强历史文化遗产保护管理的指导意见》更是将国土空间规划体系中的历史文化保护提升到了一个新的高度[9]。这些具有强烈历史、文化特征与地域特色的空间，是我国国土空间规划与建设的精神所在，是提升城乡风貌与人居环境品质的基石。国土空间规划旨在尊重文化、历史与地域特征，促进这些空间的活化再生与高效利用。因此，文化传承是国土空间规划的重要价值观之一。

（4）系统观

国土空间规划相较于传统的城乡规划更强调宏观战略统筹。国土空间规划的研究对象为人与自然、城市与乡村、整体与局部、资源供给与需求的永续发展[6]。国土空间规划具有更强的公共政策属性，国土空间规划范畴的延拓使得其对空间环境的认知需要基于系统观视角，以此应对我国城镇化进程中错综复杂的空间问题，以及综合统筹社会、经济的现状矛盾与未来发展的诸多可能性[10]。

（二）国土空间规划的社会价值

（1）协同治理

空间具有物理、功能、经济、社会、政治、文化及生活等属性，是一个复杂系统，这个系统包含了多个子系统、图层、要素与多种关系[11]。优化一个系统，核心在于梳理和平衡其内部关系。国土空间规划的先决条件是重新审视各种空间，梳理各种关系，国土空间规划的一个新诉求即是对人地关系、空间关系和社会关系等各种关系进行重构，当代规划工作者需要基于协同观对不同的空间与关系进行审视认知与协同治理，以此优化各类空间、平衡各类关系，达到空间、社会、经济与生态的协调发展。

（2）社会公平

我国国土空间存在着空间发展不均衡不充分的问题与矛盾，最典型的即为城乡发展不平衡、区域资源不均衡。国土空间规划作为均衡资源与社会经济发展的手段与契机，应将社会公平作为基础价值观，以此从产业、资源、就业等方面提供多元公平保障[6]。国土空间规划体系存在多类型的利益主体，例如公民、政府、自然环境等。多类型的利益主体背后代表着多元诉求与多方博弈，协调并保障不同主体的利益，统筹规划其共同利益与长远利益，达到多方共赢是国土空间规划的最终目的。因此，社会公平是国土空间规划的基本职责与底层价值导向。

（三）国土空间规划人才培养的职业价值观

国土空间规划人才培养的职业价值观是基于

上述国土空间规划价值观和国土空间规划的社会价值需求所形成的价值观体系，主要包含生态文明、以人为本、文化传承、协同治理、社会公平价值观（图1）。可以看出，国土空间规划的职业价值观有所转变，这对城乡规划人才培养提出了更高的要求与挑战。

城乡规划学科的专业教学是贯彻国土空间规划职业价值观的重要途径[10]。我国城乡规划学科教育应该将国土空间规划人才培养的能力需求从能力结构、课程体系、教学内容、教学方法等方面全面贯彻培养计划之中，通过构建契合社会需求、动态变化、衔接互馈、循序渐进的规划教育体系来引导学生建立正确且全面的国土空间规划人才培养的职业价值观（图2）。

三、国土空间规划人才培养的职业价值观教育思考

（一）延拓专业复合的能力结构

我国城乡规划学科教育应该将国土空间规划的职业价值观解构成相应的能力，以此为抓手落实于城乡规划学科的教学之中，做到全程、全方位地引导学生建立正确、全面的国土空间规划职业价值观。

菲利普等人对规划师的核心能力进行研究，提出规划师应具备前瞻性、综合能力、技术能力、公正性、共识构建能力和创新能力[12]。《高等学校城乡规划本科指导性专业规范（2013）》列出的城乡规划专业本科生的培育能力要求是"前瞻预测、

综合思维、专业分析、公正处理、共识构建和协同创新能力"[13]。综合上述各项能力与国土空间规划人才培养的职业价值观，笔者认为面向国土空间规划的城乡规划学科教学应培养学生具备前瞻预测能力、统筹思辨能力、专业分析能力、公正处理能力、共识构建能力、应用实践能力和协同创新能力（图3）。

国土空间规划中存在多组二元对立的事物，例如：人与自然、城市与乡村、开发与保护、整体与局部、刚性与弹性、多元与异质、供给与需求、输入与输出、成本与效益等。我们需要运用哲学思辨，客观回归事物的本身，建立每个二元对立事物间的联系[14]。笔者将前人研究及《高等学校城乡规划本科指导性专业规范（2013）》提出的综合思维能力增加一个辩证思维的维度，提出培养学生统筹思辨的能力。综合思维能力是培养学生能够将城乡各系统综合理解为一个整体，了解在此整体中各系统的相互依存关系，打破地域、阶层和文化的制约，形成区域整体发展愿景[13]。统筹思辨能力则可以应对当今社会不平衡不充分的主要矛盾，加强培养学生能够辩证看待事物本质，对立与统一地认知空间与事物，提出合理、多方共赢的规划方案，建立社会公平和协同治理价值观，在未来的国土空间规划工作中做到有所为有所不为。

规划师的应用实践能力是一贯性的，《高等学校城乡规划本科指导性专业规范（2013）》中也提出了规划师应"具备坚实的城乡规划设计基础理

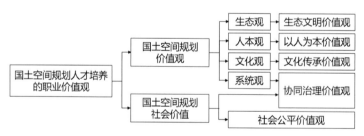

图1 国土空间规划人才培养的职业价值观

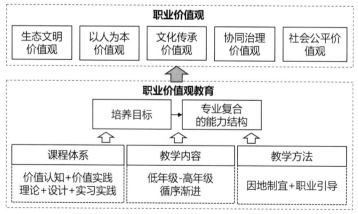

图2 国土空间规划的职业价值观教育体系示意图

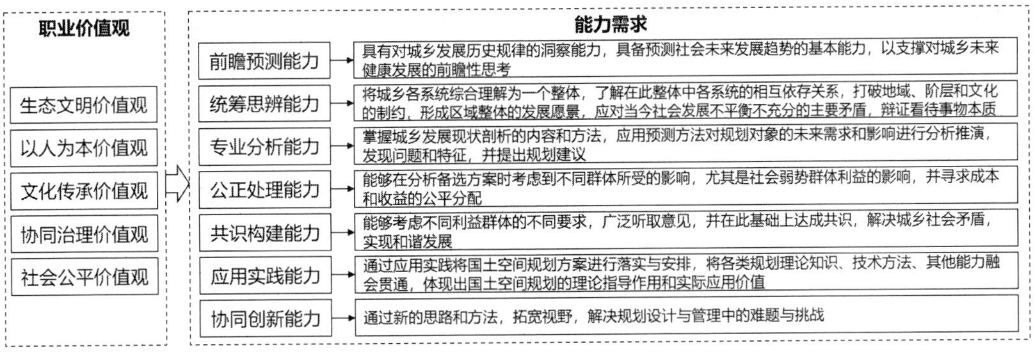

图 3　国土空间规划人才培养的能力需求 [10, 12, 13]

论知识与应用实践能力"[13]。我国各个城乡规划专业培养计划中专门列出了专业实践课程和学分，以此强调学生建立理论知识与实践应用的关联。应用实践能力是我国各个高校城乡规划学科教育的核心，是各项能力的综合表现。规划是一门实践性的学科，国土空间规划更是衔接"现状"与"未来"的通道，需要将蓝图进行具体落实与安排，因此应用实践能力是国土空间规划人才培养的核心能力，学生只有良好掌握应用实践能力，才能将各类规划理论知识、技术方法与其他能力融会贯通，并以应用实践为平台，培养建立国土空间规划的职业价值观。

（二）健全契合社会需求的课程体系

健全完善一个契合社会需求的课程体系，可以更加全面高效地传递新时代国土空间规划的职业价值观[16]。城乡规划学科本科生的教育主要依托课程教学，课程包含理论课、设计课与实习实践课。目前我国城乡规划学科已经形成了一个完善、紧凑有序的课程体系，面向国土空间规划的变革，应在有限的课程调控空间中，最大程度地融合和拓展国土空间规划的职业价值观教育内容。

国土空间规划要整体谋划新时代国土空间开发保护格局，具有公共政策属性，所以城乡规划学科应开设讲授国土空间规划前沿内容的理论课，注重讲授最新研究与政策动态。传统城乡规划学科的理论课多为价值认知类课程，将价值实践类课程设置为设计课和实习实践课，并且大多在低年级开设价值认知类理论课，高年级开设价值实践类课程。专业基础和核心理论课程设置中应融入不同价值观的价值认知与价值实践类课程与内容，以促进多元化职业价值观教育。高校可以根据不同年级的教育阶段和学生的学习能力，将社会、生态、文化、政策治理、地理、经济等多学科理论和价值观课程分梯度进行融合设置。同时，在理论课中增设部分价值实践教学内容，使认知与实践相辅相成，共同促进学生树立多元正确的职业价值观。

传统城乡规划学科的设计课多注重物质空间的规划与设计，注重专业分析能力的培养，高校可以增设、强化培养学生公正处理、共识构建能力类的设计课程，引导学生建立社会公平、协同治理的职业价值观。各类高校应依托自身特点与学科优势强化相应职业价值观的课程。例如，以城市规划和建筑学等设计类学科为依托的高校可以强化生态、人本、文化保护类的课程设置，培养学生从空间角度统筹人与自然、人与社会、人与文化间的矛盾与关系；以园林和景观为依托的高校可以强化生态文明、生态资源永续发展等课程与教学内容的建设；依托人文地理学的高校可以强化协同治理、资源可持续发展类课程；依托社会学的高校可以强化公共政策、社会公平与认同、资源配置类课程[15]。国土空间规划的主体部门不再是单一的规划设计机构与规划政府部门，它包括更多的科研机构，其他类型的设计单位与政府部门，所以实习实践课程应鼓励学生去到更多的主体部门进行实习，增强对"多规合一"和协同治理价值观的认知。为了更加高效系统地引导学生建立正确的职业价值观，可以于高年级单独开设或与毕业设计、实习实践课程合设职业规划类课程，系统地讲授国土空间规划体系下各类工作的分工与职责。

（三）设计多元递进的教学内容

国土空间规划的职业价值观教育需要分梯度、循序渐进地贯穿于整个本科教育乃至研究生教育之中。针对低年级的学生，应该通过多学科的理论课、辅以设计课，培养学生从人、物质空间、社会、生态环境、文化等方面系统地认知国土空间，初步建立职业价值观。传统的城乡规划学科注重物理空间的认知，针对低年级学生应强化其对于社会、政治、文化及生活等隐性空间属性的探索，尤其是国土空间规划的"三生"空间。首先，可以于城市生态学、生态设计等课程传递给学生资源永续发展思想和生态文明价值观。其次，可以于城市认知、城市建设史、历史遗产保护等课程，注重让学生对城市演变历程进行溯源与梳理，培养学生文化自信和文化传承价值观。同时，可以于城市社会学、城市学、城市调研等课程中，让学生聚焦探讨我国新时代社会发展不平衡不充分的问题与矛盾，解析问题背后的原因，培养学生专业分析、共识构建与公正处理能力，以此强化社会公平价值观的教育。

针对高年级的教学，应通过设计课、实习实践课培养学生发现、剖析并解决国土空间中复杂现实问题的能力，预测未来规划愿景与蓝图的前瞻预测能力，和以此为依据做出合理规划设计的协同创新能力。可以将课堂搬入城乡乃至更大范围的国土空间之中，让学生通过实地调研，发现并分析不同主体的利益诉求，关注社会、关注弱势群体，基于生态文明、以人为本、社会公平和文化传承的职业价值观，合理规划不同尺度与层级的国土空间蓝图[16]。

我国高校城乡规划学科的毕业年级一般在秋季学期设置实习实践课程，春季设置毕业设计。实习实践课程中，学生大多会进入规划设计机构实习，参与各类工程项目实践，然而由于时间有限，每个同学一般只能参与1~2个类型的规划工程项目，例如总体规划、专项规划、城市设计或详细规划等，可能并未参与市、县国土空间规划项目，因此毕业设计教学对于学生建立正确全面的国土空间规划职业价值观尤为重要。城乡规划学科的毕业设计可以依托导师的实际工程项目或者与设计院、政府部门合作的国土空间规划项目，采用"真题假做"的方式进行教学，采用小组合作模式，要求全组所有同学都参与到"三区三线"划定工作中，更加深刻地了解国土空间规划，综合培养学生应用实践能力、协同创新能力和其他各项能力，更为直接、深刻地给学生传递多元的职业价值观。

（四）挖掘因地制宜的教学方法

新时代高校城乡规划学科的教学方法极其多样化，例如，多媒体课件、无人机视频、虚拟实验室、网络地图与数据等。依据课程特点与教学目的，对教学设计和方法进行创新，挖掘因地制宜的教学方法，通过多样化、高契合度的教学手段，更加高效地传递、强化正确的职业价值观。

在培养学生以人为本、社会公平和协同治理价值观时，可以选择角色代入的方法让学生针对某一社会问题、时事政治进行分组调研、分析研讨与辩论。例如，国土资源不平衡、人民城市、城市更新、后疫情城市、社会不平等等现象。增强学生对国土空间中不同利益主体的认知，客观看待不同利益主体的诉求，培养其专业分析、公正处理、统筹思辨等能力，以此促进学生对国土空间规划的深入了解。

在培养学生生态文明和文化传承价值观时，应该组织学生对周边的生态空间、历史文化遗存、非物质文化遗产等进行实地调研，强化学生对生态、文化的认识，使学生切身感受到生态文明、可持续发展、历史保护、文化传承对人类的重要性，增强其文化自信、社会责任感、职业认同感与职业自信。

城乡规划学科可以在理论类课程中增设职业引导的教学环节，结合课程内容设计邀请不同类型的国土空间规划从业者进行专题讲座，现身说法。例如，邀请在规划设计机构工作的职业规划师，为学生讲授规划实践与国土空间资源可持续发展等方面的知识；邀请在高校和科研机构工作的科研工作者，为学生讲授国土空间规划技术方法与前沿研究；邀请在政府部门工作的规划管理者，为学生讲授战略统筹与管理、城乡社会与空间治理等内容。多元的职业引导，可以协助学生选择更加适合自己的就业领域。通过职业引导环节让学生身临其境，与设计大师和政府人员面对面交流，使学生切身感受到毕业后到工作岗位的家国情怀与职业职责，更加直观、正向地对学生进行国土空间规划职业引导，树立多元职业价值观。

四、结论

城乡规划学科作为国土空间规划的主体支撑学科，在国土空间规划的职业价值观教育上起到了决定性作用。国土空间规划的公共政策属性决定了其职业价值观是受职业属性和社会价值协同作用的。综合剖析国土空间规划的自身价值观与社会价值，建立以生态文明、以人为本、文化传承、协同治理和社会公平价值观为主的国土空间规划职业价值观，将其从能力结构、课程体系、教学内容和教学方法4个方面落实于城乡规划学科教学中，希望能为城乡规划学科的教学创新转型提供建议。值得注意的是，国土空间规划的职业价值观教育不应只存在于本科生教育之中，在研究生阶段也应有相应的延续，并依照学生的就业方向制定更具针对性的教育方式。每所高校的城乡规划学科应该依据其独特的优势，综合统筹国土空间规划的职业价值观教育，在全面培养的基础上，强化某一个或几个价值观的培养，突出自身特色，促进国土空间规划的多元化发展。

参考文献

[1] 中华人民共和国中央人民政府. 中共中央、国务院关于建立国土空间规划体系并监督实施的若干意见 [EB/OL]. http：//www.gov.cn/zhengce/2019-05/23/content_5394187.htm, 2022-10-17.

[2] 教育部. 教育部高等教育司关于印发2022年工作要点的通知 [EB/OL]. http：//www.moe.gov.cn/s78/A08/tongzhi/202203/t20220310606097.html, 2022-10-17.

[3] 人力资源和社会保障部. 关于对《国家职业资格目录（专业技术人员职业资格）》进行公示的公告 [EB/OL]. http：//www.mohrss.gov.cn/SYrlzyhshbzb/zwgk/gggs/tg/202101/t20210112_407518.html, 2022-10-17.

[4]　张庭伟.转型期间中国规划师的三重身份及职业道德问题[J].城市规划,2004(3):66-72.

[5]　孙施文.从城乡规划到国土空间规划[J].城市规划学刊,2020(4):11-17.

[6]　《城市规划学刊》编辑部."构建统一的国土空间规划技术标准体系:原则、思路和建议"学术笔谈(一)[J].城市规划学刊,2020(4):1-10.

[7]　郝庆.面向生态文明的国土空间规划价值重构思辨[J].经济地理,2022,42(8):146-153.

[8]　王世福,麻春晓,赵渺希,等.国土空间规划变革下城乡规划学科内涵再认识[J].规划师,2022(7):16-22.

[9]　自然资源部,国家文物局.关于在国土空间规划编制和实施中加强历史文化遗产保护管理的指导意见[EB/OL].http://www.gov.cn/zhengce/zhengceku/2021-03/18/content_5593637.htm

[10]　杨贵庆.面向国土空间规划的未来规划师卓越实践能力培育[J].规划师,2020(7):10-15.

[11]　徐苏宁,陈璐露.睹始知终 方能完善发展——城市设计中的图层思想溯源[J].城市规划,2020,44(4):62-72+82.

[12]　菲利普·伯克,戴维·戈德沙克,爱德华·凯泽,等.城市土地使用规划(原著第五版)[M].吴志强译制组,译.北京:中国建筑工业出版社,2009.

[13]　高等学校城乡规划学科专业指导委员会.高等学校城乡规划本科指导性专业规范[M].北京:中国建筑工业出版社,2013.

[14]　左为,唐燕,陈冰晶.新时期国土空间规划的基础逻辑关系思辨[J].规划师,2019(13):5-13.

[15]　刘慧雯,袁媛.英国规划师职业价值观教育经验与启示[J].规划师,2022(7):37-42.

[16]　袁媛,何灏宇,刘慧雯,等.我国控制性详细规划专业教材的发展与展望[J].理想空间,2022(2):16-21.

图表来源

图1、2均为作者自绘,图3为作者依据参考文献10、12、13改绘。

作者:陈璐露,哈尔滨工业大学建筑学院,自然资源部寒地国土空间规划与生态保护修复重点实验室,寒地城乡人居环境科学与技术工业和信息化部重点实验室,助理教授;夏雷,哈尔滨工业大学建筑学院,自然资源部寒地国土空间规划与生态保护修复重点实验室,寒地城乡人居环境科学与技术工业和信息化部重点实验室,讲师;刘艺(通讯作者)浙大城市学院艺术与考古学院,讲师;冷红,哈尔滨工业大学建筑学院,自然资源部寒地国土空间规划与生态保护修复重点实验室,寒地城乡人居环境科学与技术工业和信息化部重点实验室,教授,博士生导师;张险峰,北京清华同衡规划设计研究院有限公司,总工程师,教授级高级规划师,国家注册规划师

地方应用型本科院校城乡规划专业人才培养体系转型的思考

周小新　吴松涛　衣霄翔

Thoughts on the Transformation of Urban and Rural Planning Talents in Local Applied Undergraduate Colleges

■ 摘要：从城乡规划的转型发展出发，立足地方应用型本科高校人才培养需求，通过构建多元融合的知识体系、完善通专结合课程方案、改革教育教学方法、创新实践教学内容，培养双师双能教师、共建产学合作平台等方面，提出适应国土空间规划体系下的传统城乡规划专业人才培养体系转型发展策略。

■ 关键词：国土空间；城乡规划；人才培养；地方应用型

Abstract：Starting from the transformation of urban and rural planning development, based on the local applied undergraduate universities talent training needs, through the construction of multiple fusion knowledge system, improve the curriculum plan, reform education teaching methods, innovative practice teaching content, training double ability teachers, to build production cooperation platform In other aspects, the transformation and development strategy of the traditional urban and rural planning professional talent training system under the territorial spatial planning system is proposed.

Keywords：Territorial Space；Urban and Rural Planning；Talent Training；Local Application

基金项目：教育部新工科研究与实践项目"国土空间规划领域通专融合课程及教材体系建设"（E-ZYJG20200215）；教育部新农科研究与改革实践项目"'共同缔造'导向下高校服务乡村振兴战略新模式研究"（2020391）；黑龙江省教育科学"十四五"规划2022年度重点课题"基于国土空间规划体系变革的城乡规划专业应用型人才培养模式研究"（GJB1422508）；黑龙江省教育科学"十四五"规划2022年度重点课题"'双一流'背景下地方本科院校学科、学位点一体化建设策略研究"（GJB1422496）。

引言

我国空间发展和空间治理进入了生态文明新时代，规划体制改革进入了建立空间规划体系的新时期[1]。国土空间规划首次将不同资源类型、不同规划专项统一起来，从规划编制到管理审批集成"一张图"，从而形成具有中国特色的国土空间规划管制体系。对于支撑这一战略性转型的学科建设来讲，涉及学科构成、培养方向、能力训练和课程设置等多方面内容[2]。立足区域经济和地方发展，面向国土空间规划体系，地方应用型本科高校传统城乡规划学科如何转型发展，构建适应多学科交叉融合的人才培养体系需要进一步思考和探索。

一、城乡规划学科转型发展的机遇

2019年《中共中央国务院关于建立国土空间规划体系并监督实施的若干意见》正式发布实施，明确提出"建立国土空间规划体系并监督实施，将主体功能区规划、土地利用规划、城乡规划等空间规划融合为统一的国土空间规划"及"不在国土空间规划体系之外另设其他空间规划"的规划体制，城乡规划被全面整合到国土空间规划体系之中。国土空间规划体系的构建对城乡规划学科的转型和发展带来了巨大的影响，开启了规划学界对城乡规划学科重新设定发展方向的探讨。

国土空间规划的正名，成为城乡规划学科发展的转折点，标志着我国空间治理体系进入了生态文明的新时代、规划体制机制的改革进入了建立空间规划体系的新时期、国土空间规划体系的建立进入了落地实施的新发展阶段。

国土空间规划改革并不是某一规划层面或某种规划类型的变化，其形成具有深刻的时代内涵，故对国土空间规划的恰当应对是未来保持城乡规划学科发展活力的关键。面对转型发展，城乡规划学科不仅要在应用实践上全面融入和支撑国土空间规划体系，还要从学科体系构建上全面适应新的规划体系变革，为国土空间规划及国家现代化治理培养优秀人才。[3]

二、地方应用型院校的学科与发展

学科建设是高校发展的一项长期战略任务，是高校建设的核心，涵盖了学校的教学、科研、人才培养、学术交流和基础建设等各方面的要素，其内容包括学术队伍建设、科学研究、人才培养、基地建设、社会服务、国内外交流等，是一项综合的系统工程[4]。地方本科高校是国家创新体系的重要组成部分，肩负着为区域经济社会发展培养应用型、复合型、创新型人才，提供应用科研和技术服务的职能。应用型本科院校应当正确认识学科建设的核心地位，树立以学科促发展的办学理念；突出"地方性"和"应用型"特色，通过师资队伍培育、科研项目研究和发展完善政产学研合作教育等手段提升学校学科建设水平，培养应用型高层次人才，满足地方经济社会的发展需要。

面对传统城乡规划学科转型发展，地方应用型本科院校必须深入分析地方经济社会发展需求，使学科链、专业链对接产业链，立足地方，服务区域和行业。服务社会是特色建设的关键，要充分适应地方行业经济增长方式转变和产业结构调整优化的需要，紧密结合地方经济社会发展特性和行业需求，确定应用型专业教育方向。通过聚焦区域经济社会发展需要，寻找出价值性高、独特性强的优势要素；瞄准区域经济结构和产业结构调整的态势完善学科建设；瞄准地方经济建设紧缺人才形成特色专业。地方应用型本科高校作为人才培养的主力军，城乡规划专业为区域发展框架制订、城乡统筹协调、建设方案编制、专业人才培养等做出了重要贡献。

三、地方发展需求与培养目标

国土空间规划体系建立及实施监督，既需要具有开展国土空间规划的"通才"，以统筹全区域、全要素、全过程，并协调此空间与彼空间、此要素与彼要素，此时与彼时之间的相互关系，凸显国土空间的整体性、协调性、最优性、永续性的特征；也需要有城乡、土地、海洋、矿产等各类空间或要素研究方面的"专才"。[5] 面向国土空间规划体系，城乡规划学科转型发展，如何培养适应国土空间规划体系通专融合的地方应用型人才对传统城乡规划教育提出了新的挑战，更提供了一次重新调整和完善的历史机遇。

四、人才培养体系的转型发展

地方应用型本科高校的城乡规划学科需要积极主动地面向国土空间规划体系转型发展，构建多元融合的知识体系、完善通专结合课程方案、改革教育教学方法、创新实践教学内容、培养双师双能教师、共建产学合作平台。

（一）构建多元融合的知识体系

城乡规划学专业在学科发展和专业教育上始终与社会经济发展需求紧密结合，城乡规划学科在多学科交叉融合上并不是单一地引入其他学科的内容，而是要求以自身为主体设立学科融合的接口，以利于促进不同学科在国土空间规划编制中的相互支持、衔接、传导与融合[3]。城乡规划学科在原有城乡与区域规划理论和方法、城乡规划与设计、城乡规划技术科学、社区与住房规划、城乡历史遗产保护规划、城乡规划管理的基础上，需要进一步融合生态学、地理学、林学、草学、海洋科学、地质学、环境科学、资源环境科学等学科的核心知识，拓展自然资源评价与管理、环境影响评估、承载能力分析等知识，将经济发展、城市开发建设等目标与生态保护理念相结合，深入分析全域全要素国土资源保护开发方式及条件，研究山、水、林、田、湖、草、沙、市、镇、村等要素之间的关系与作用机制[6]，树立生态优先的国土空间高质量发展理念，建立全域全要素统筹的学科思维体系。同时加强规划实施评估、规划管制制度、实施措施与路径等相关知识的学习，掌握遥感科学与技术、地理空间信息、空间信息与数字技术等专业的技术方法，城乡规划学科要以更加包容开放的态度面向多学科的交叉融合，构建更加多元融合的知识体系，探索适应国土空间规划体系及其监督实施的综合性城乡规划学科（图1）。

（二）完善通专结合课程方案

根据人才培养目标和人才培养规格对培养过程进行整体谋划，对原有的城乡规划培养方案进行优化和设计。重新梳理和构建适应国土空间规划的知识体系，处理好城乡规划的通识教育、专业教育的关系，构建多元交融、开放共享的课程体系，培养学生良好的人文素质和科学精神。

城乡规划具有极强的综合性与实践性，在加强传统城乡规划教学知识体系的基础上，加强生态文明等相关知识的内容和比例，将城乡规划专业人才的能力需求分解落实到人才培养方案中，突出城乡规划特色，顶层设计融"通识教育、专业教育"于一体的课程体系。构建"以应用实践能力培养为核心"的课程体系，强调课程设置对人才培养体系的支撑度、课程目标与专业目标的符合度、课程要求与人才培养要求的契合度、课程内容对人才规格的达成度。通过一体化课程体系，合理扩展相关国土空间规划专业知识、科学合理确定课程结构和比例，以能力本位原则重新梳理设定主干课程和核心课程，按知识、能力、素质协调一致原则设定补充选修课程。城乡规划的专业教育由调查与评价、技术与方法、原理与理论、规划与设计、实施与管控、实习与实践6个主要模块构成（图2）。围绕城乡规划设置主干课程，根据国土空间应用型人才培养需求，瞄准行业发展、新技术应用，进一步改革完善教学内容，构建内容丰富、形式多样、开放共享的课程体系。

（三）改革教育教学方法

国土空间规划的政策性和实践性较强，推动以项目设计为主导的教学方法改革，使学生系统地获得调查、分析、构思、设计、运行的训练，实现以学生为中心，培养学生综合运用国土空间规划相关知识解决城乡规划建设实际问题的能力。科学地安排课程实践环节，让学生在实践中学会如何收集资料、如何开展政企座谈调研、如何整理现状资料、如何筛选信息形成初步设想、如何构思表达落实规划方案，进而完成各个层次的规划编制并能够图文并茂地系统汇报分享。

国土空间规划涉及面宽、涉及范围广，适应新形势城乡规划的教学方法不同于传统理论课程教学，探索有效的课程教学方法，扩大学生的自主学习权，实施以学生为中心的参与式、合作式教学，逐步扩大学生自主选择专业和课程的权利。在教学中需要通过启发式教学、参与式教学、讨论式教学、案例式教学等多种教学形式，培养学生分析实践能力、自主学习能力、沟通表达能力、创新思维能力、全面协调的综合能力。

（四）创新实践教学内容

城乡规划学科教学体系中的实践训练是至关重要的一个教学环节。地方本科院校要丰富实践教学形式，联合企业围绕人才培养目标，依照由低到高、由简到繁的认知规律，按照先整体后局部，分层分段分类的

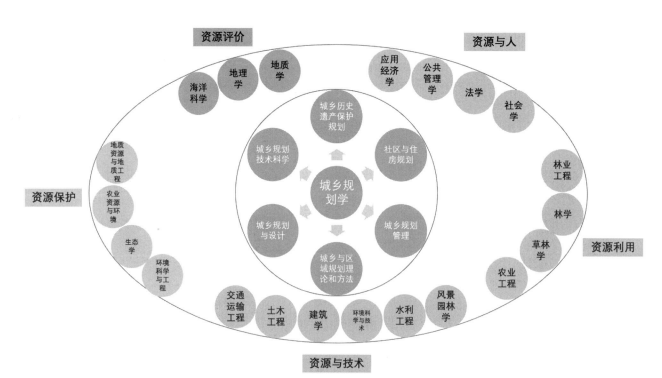

图1 城乡规划学科与国土空间规划相关学科示意图

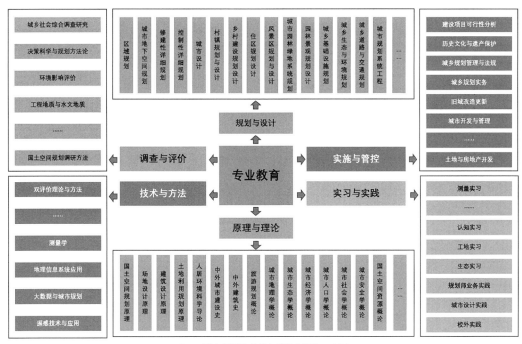

图2　城乡规划专业教育模块与课程示意图

总体设计思路，将实践教学内容进行有机整合[7]。校企双方要根据国土空间规划的专业实践内容，联合企业制订实习实践培养方案，共同实施培养过程，共同评估培养质量。城乡规划学科的毕业设计要围绕国土空间规划五级三类的实际规划项目"真刀真枪"地做，使学生规划分析能力和应用实践能力得到充分锻炼。突出实践能力和创新创业精神培养，强化城乡规划实践环节，提高国土空间规划实习实训比例。

（五）培养双师双能教师

培养双师双能高素质的教师队伍，是高水平人才培养体系的重要抓手，是体系建设的关键所在。国土空间人才培养体系的构建靠教师，城乡规划人才培养体系的改革与完善主要依靠教师。抓好这个基础性工作，培养适应国土空间规划发展的教师队伍，建设高素质双师双能型教师队伍，完善教师培养培训体系，加强教师教学能力培养，加强教师实践锻炼，鼓励教师参与国际国内学术交流与合作，推进教师队伍的工程化、应用型、国际化。专业教师在各自原有城乡规划研究领域专精的同时还能够融通交叉知识内容，时刻与行业政策、时代发展相结合，具有终身学习的意识。

提高双师双能型教师比例，建设一支满足城乡规划转型发展和应用型人才培养需求的教师队伍，定期对知识进行扩展补充，开展专业知识培训，举办行业发展学术论坛，选派教师到国内外城乡规划建设领域的科研院所进行交流学习，同时组成行业导师团队，从不同领域补充完善专业知识，开拓学生视野，分享实操经验，引领学科发展建设，聘请长期在规划建设行业的管理、规划、设计、

实施的专业技术人员作为行业兼职教师。通过实践教学的锻炼和拓展，建立起既能够从事国土空间理论教学，也能够从事国土空间实践教学的双师双能型教师队伍。

（六）共建产学合作平台

构建一个适应规划编制与实施管理相结合的产学研融合的实践教学平台，以适应国土空间规划的发展，综合运用校内外资源，建设满足城乡规划专业实践教学需要的实习实训基地，加强城乡规划专业教学资源建设，构建功能集约、资源共享、开放融合、运作高效的教学实践平台[8]。通过与行业部门、企业共同建设实践教育基地，切实加强实习实训过程管理，积极引进具有行业丰富经验的城乡规划编制和管理人员作为指导教师，通过开放共享的实践育人机制，培养真正适应经济社会发展需要的高素质应用型人才。以平台合作为基础，完善规划教学相关资源，以相关国家级学会为具体协调的规划教学工作委员会，进一步修订面向国土空间的城乡规划建设方案，完善城乡规划人才培养体系。

五、结语

在充分汲取地方应用型本科教育已有研究成果的基础上，对地方应用型本科院校城乡规划学科建设的新理念、新结构、新模式、新质量和新体系进行研究与分析。充分考虑国家重大战略和区域经济社会对城乡规划发展的需求，改革和创新地方高校与行业企业、科研院所、其他高校及地方政府的多方协同育人模式，结合生态文明建设和城乡规划行业需求，构建多主体参与、产学

研融合的人才协同培养模式；推动城乡规划学科转型发展，探索建设由校内外多方参与的应用型人才培养体系。站在国土空间规划改革的历史起点上，地方本科高校必须积极响应党和国家重大方针政策，主动对接经济社会发展和高等教育改革的现实需求，切实肩负起服务国家发展战略和区域经济社会发展的时代责任和历史使命。

参考文献

[1] 武占云，单菁菁.生态文明理念下国土空间用途管制制度构建与展望[J].经济纵横，2022（10）：43-53.
[2] 周庆华，杨晓丹.面向国土空间规划的城乡规划教育思考[J].规划师，2020，36（7）：27-32.
[3] 陈宏胜，陈浩，肖扬，李志刚.国土空间规划时代城乡规划学科建设的思考[J].规划师，2020，36（7）：22-26.
[4] 刘承云.地方应用型本科院校学科建设的问题与对策[J].西南农业大学学报（社会科学版），2012，10（8）：155-159.
[5] 黄贤金，张晓玲，于涛方，耿慧志，曾鹏，于涛，罗小龙，李翅，殷洁，申世广，楚建群，王波，金晓斌，陈逸，朱道林，卞正富，杨俊，宋戈，郭杰，吴宇哲.面向国土空间规划的高校人才培养体系改革笔谈[J].中国土地科学，2020，34（8）：107-114.
[6] 耿虹，徐家明，乔晶，高鹏，杨龙.城乡规划学科演进逻辑、面临挑战及重构策略[J].规划师，2022，38（7）：23-30.
[7] 张洪田.深化产学合作 提高育人质量[J].中国大学教学，2012（8）：20-22.
[8] 曹世臻，张慎娟，陈运桥.地方高校城乡规划专业实习实践类课程教学模式探析[J].文化创新比较研究，2019，3（31）：95-96.

图片来源

图1 石楠.城乡规划学学科研究与规划知识体系[J].城市规划，2021，45（2）：9-22；
图2 为作者自绘。

作者：周小新，黑龙江工程学院，副教授，硕士生导师，哈尔滨工业大学在读博士；吴松涛（通讯作者）哈尔滨工业大学建筑学院，自然资源部寒地国土空间规划与生态保护修复重点实验室，寒地城乡人居环境科学与技术工业和信息化部重点实验室，黑龙江省寒地景观科学与技术重点实验室，景观系主任，教授，博士生导师；衣霄翔，哈尔滨工业大学建筑学院，自然资源部寒地国土空间规划与生态保护修复重点实验室，寒地城乡人居环境科学与技术工业和信息化部重点实验室，规划系主任，副教授，博士生导师

国土空间规划背景下遗产地旅游规划教学体系改革探索

唐岳兴 吴胜龙 邵 龙

Reform of Teaching System of Heritage Site Tourism Planning under the Background of Territorial Planning

■ **摘要**：自 2018 年起，中共中央、国务院逐步重视国土空间规划在平衡各类开发保护建设活动与社会经济发展现实矛盾间的作用。党中央和国务院先后发布了《中共中央、国务院关于统一规划体系更好发挥国家发展规划战略导向作用的意见》（中发〔2018〕44 号）、《关于建立国土空间规划体系并监督实施的若干意见》等重要文件来确保国土空间规划对各专项规划的指导约束作用。然而，国内目前遗产地旅游规划的相关教学内容和体系仍未及时有效地响应国家的需求与部署。现有教学体系改革更为注重新技术手段的运用，宏观战略意义与学科指导思想的改革探索相对比较稀缺。缺乏对各遗产地现有的保护规划与国土空间专项规划矛盾的解读。现有教学体系改革应从时代新问题、国家新需求、学科新需要等宏观问题入手，将国际相关遗产地保护与旅游规划相关的公约体系与目前国内推行的国土空间规划体系打通，以符合我国实情的国土空间规划体系作为教学的指导思想与实施框架，并与国际遗产地旅游规划需求做对比，系统阐述国内遗产地旅游保护规划的关键和学科未来需求；同时发挥学生主观能动性，在充分了解保护规划体系后，自行发现现有地方遗产地保护规划存在的问题，并通过翻转课堂与老师讨论，以此保证学生对课堂教学理论与实践的融会贯通。这样才能不断提升教学效果，启发学生思考，培养符合国家需求的高素质遗产地旅游规划人才。

■ **关键词**：国土空间规划；遗产地；旅游规划；教学体系改革

Abstract: Since 2018, the CPC Central Committee and the State Council have gradually attached importance to the role of territorial space planning in balancing various development, protection and construction activities with the reality of social and economic development. The CPC Central Committee and the State Council have successively promulgated the Opinions of the Central Committee of the Communist Party of China and the State Council on Giving Better Play to the Guiding Role of National Development Planning in the Unified Planning System (Zhong Fa [2018] No.44), the Several Opinions on Establishing and Supervising the Implementation of National Land and Space Planning

基金项目：教育部新工科研究与实践项目"国土空间规划领域通专融合课程及教材体系建设"（E-ZYJG20200215）；教育部新农科研究与改革实践项目："'共同缔造'导向下高校服务乡村振兴战略新模式研究"（2020391）；哈尔滨工业大学本科教育教学改革研究项目"基于案例教学法的现代景观思想课程模式探索与实践"（XJG202110）；高校基本科研项目（XNAUEA5750000120）。

System and other important documents to ensure the guiding and restrictive role of national land and space planning in various special plans. However, the current domestic heritage tourism planning related teaching has not yet effectively respond to the needs of the country and deployment. The reform of current teaching system pays more attention to the application of new technical means, and the exploration of macro strategic significance and subject guiding ideology is relatively scarce. There is a lack of interpretation of the contradictions between the existing protection plans and the special plans for territorial space of the sites. The reform of the existing teaching system shall start with the macro-problems such as the new problems of the times, the new demands of the state and the new demands of disciplines, etc., open up the system of conventions on the protection of relevant international heritage sites and tourism planning to the system of territorial space planning currently promoted domestically, take the territorial space planning system in line with the actual situation of our country as the guiding ideology and implementation framework for teaching, and make comparison with the demands of the international heritage site tourism planning, so as to systematically expound the key points of the domestic heritage site protection planning and the future demands of the disciplines. Meanwhile, we shall give play to the students' subjective initiative, find out the problems existing in the local heritage site protection planning by ourselves after fully understanding the protection planning system, and discuss the problems with the teachers by turning over the classroom so as to ensure the mastery of the theory and practice of classroom teaching. Only in this way can we promote the teaching results, inspire students to think, and cultivate high-quality heritage tourism planning talents in line with national needs.

Keywords：Territorial planning；Heritage sites；Tourism planning；Teaching system reform

一、引言

国土空间规划是国家空间发展的指南、可持续发展的空间蓝图，是各类开发保护建设活动的基本依据 [1]。在党中央和国务院提出国土空间规划这一概念前，地方各级行政空间规划在改革开放后的城镇化热潮中有效地利用和保护了当地的国土资源，但也存在规划类型过多、内容重叠冲突、审批流程复杂、周期过长、地方规划朝令夕改等问题 [2]。2018 年，为了解决地方空间规划体系下存在的问题，国务院成立自然资源部，将国土空间管制职责统一整合到自然资源部国土空间用途管制司、国土空间生态修复司与国土空间规划局。全新的部门架构更加符合建立全国统一、责权清晰、科学高效的国土空间规划体系需求，原来多种类型的空间规划也都被整合成为以国土资源为基础的"多规合一"的国土空间规划。2021 年，中共中央办公厅、国务院办公厅印发《关于在城乡建设中加强历史文化保护传承的实施意见》，要求建立历史文化保护传承体系，强调空间全覆盖，要素全囊括。新时期国土空间规划的出现导致各类专项规划都需要新的调整，这对于遗产地旅游规划知识体系的变革是一个重要的契机，与此同时，国内高校的遗产地旅游规划的课程也亟待更新来满足培养新时代高素质人才的需求。

遗产地（heritage site）在《城乡规划学名词》中被定义为"文化或自然遗产本体及与之有一定联系的地域所构成的空间区域和人文社会环境、自然生态环境的总合。" [3] 遗产地旅游规划主要是以遗产保护为主题，在文化遗产地调查与评价的基础上对遗产主体及其周边地域空间进行充分保护与开发的专项规划。遗产地旅游规划课程是遗产保护专项规划与旅游规划两者知识体系交叉的综合应用。在国家强调空间规划"多规合一"这一新背景下，遗产地旅游规划课程也应寻求改变，积极响应国家专项规划的新导向，积极地探索改革现有的课程教学内容的方法，以培养具有研究思维和实践能力的人才。

二、新时期遗产地旅游规划课程改革面临的现实问题

遗产地旅游规划教学是国土空间规划下专项规划的重要研究领域，既包括了文化景观，也涵盖了自然遗产，是遗产地保护和开发的重要理论基础课程。但目前国内高校在此专业的教学中仍有几个急需改革的关键问题。

（一）高校课程内容需要及时响应国家需求

国土空间规划体系包含多领域多维度的内容。自 2019 年党中央、国务院在正式印发的 18 号文件中明确提出建立国土空间规划体系以来，国土空间规划体系的内容不断被丰富，国土空间规划的专门立法也在不断推进，《国土空间规划法》被列入十三届全国人大常委会立法规划，起草形成的《国土空间规划法》（建议稿）和立法研究论证报告已于 2022 年 10 月正式提交，预计 2022 年年底完成最终立法文件。与此同时，

国土空间规划的技术标准体系也在不断完善，"双评价""三区三线"划定等内容已成为实施国土空间规划的基础性工作[4]。为了保证学科的前瞻性，这就要求高校空间规划类专业的知识体系必须与时俱进，及时响应国家的需求[5]。遗产地保护规划作为国土空间规划下专项规划的重要一环，也必须进一步体现国土空间规划体系的意义和"五级三类四体系"的构架在遗产地旅游保护规划的指导作用和具体原则。然而，众多高校仍未及时更新或开设相关课程，导致学生培养体系与现实脱钩。

（二）学科交叉基础知识教学需要进一步深化

在新时期国土空间规划的背景下，遗产地旅游规划工作需要多专业、多学科的基础知识与综合运用。高校中遗产地旅游规划教学中主要是遗产保护知识体系和城乡规划中空间规划知识体系交叉的成果教学。这两大知识体系的基础内容具有极强的底层逻辑的一致性且不可被替代。因此，应当将两大学科的基本知识框架以及具体知识体系融合的特点在教学过程中重点突出。与此同时，部分交叉较少学科的知识，如经济学、市场营销学、文化地理学、生态学等，也应在遗产保护和空间规划构成的遗产地旅游规划基础教学体系上不断叠加，便于学生扩展思维，启发学生研究的新视角。目前国内高校相关课程的内容与国土空间规划强调的交叉性、综合性相距甚远。

（三）遗产地旅游规划课程需要新的考核评价体系

新时期国土空间规划与目前各地现行的各类各项的空间规划之间的矛盾，按照《关于建立国土空间规划体系并监督实施的若干意见》（以下简称《意见》）中的指导意见是可以顺利解决的，而且这些矛盾也给高校遗产地旅游规划课程提供了极佳的作业准备。同时，遗产地旅游规划除理论教学外还需要一定的实验性课堂教学，但以往的实验课程教学考核难度较大。同时由于统一命题的限制，在标准答案框死的情况下，部分同学可以直接挪用同学成果上交作为结课作业，使现有课程考核体系下学生成绩缺乏一定的科学性。各地丰富的现行老旧遗产地旅游规划提供了丰富的作业资料库，足以支撑每位学生单独选择一处遗产地旅游规划进行研究并在课堂充分了解国土空间规划的知识后，提出自己的地方遗产地旅游规划。在这个课程教学的过程中，平时考核与期末考核可以按照国土空间规划知识了解程度、遗产地旅游规划知识了解程度、国土空间规划与地方现行遗产地旅游规划矛盾分析及学生地方遗产地旅游保护规划实验报告验收组成。综合考评学生的创新能力与动手实践能力，明确各个考核阶段所考查的重点。

（四）遗产地旅游规划课程任课教师需要新的知识储备库

新国土空间规划背景下遗产地旅游规划教学的发展需进一步规范资源利用模式，培养与之匹配的专门教师人才从而达到快速变革、行之有效的目的。在遗产地旅游保护规划的教学活动中，遗产地保护对象是什么？遗产地旅游规划目的是什么？遗产地旅游规划的意义是什么？遗产地旅游保护规划的技术和方法是什么？有哪些法律法规？这些是知识体系中的基础问题。但在之后的教学活动中，随着国土空间规划知识体系的不断更新，遗产地旅游规划教学团队在学习内容上需要一直吸收新的国土空间规划体系下各类相关著作以及各种法律法规，同时在学习过程中需要不断更新涉及教学应用的实践案例等。新时期国土空间规划背景下产教结合要求国内高校及时构建具有时代性的教学团队，这有利于高校更好地开展遗产地旅游规划课程的教学活动，使人才培养体系与社会需求紧密连接。

三、国土空间规划背景下课程改进方法

"遗产是地球与人类在历史变迁过程中留下的一段特殊记忆与印记"[6]。对于遗产的保护和利用一直是增强民族认同与文化自信，提升国家形象，有效传承文化基因的重要措施。如何在做好遗产的保护研究之下，进一步发挥遗产的价值一直是遗产保护研究领域面临的一对矛盾。因此，要加强对遗产地旅游规划指导思想的研究，为遗产地的可持续发展奠定基础。

（一）转变遗产地旅游规划的课程指导思想

指导思想决定了工作的成效。自然资源系统以习近平新时代中国特色社会主义思想为指导，坚持以人民为中心的发展思想，坚持可持续发展，统筹推进国土空间规划编制审批、实施监督、法规政策和技术标准四大体系建设，使"多规合一"的国土空间规划体系总体形成。国土空间规划体系的"四梁八柱"，可概括为"五级三类四体系"的构架。国土空间规划思想对遗产地旅游保护规划课程的指导应该是通透贯彻的，遗产地旅游规划作为三类中专项规划体系下重要的组成部分应同样接受"五级四体系"框架的要求和指导。

国土空间规划从规划层级来看，国土空间规划分为"五级"。"五级"对应我国的行政管理体系，即国家级、省级、市级、县级、乡镇级。不同层级的规划体现不同空间尺度和管理深度要求（详见表1）。

从规划内容类型来看，国土空间规划分为"三类"，其中遗产地旅游规划为相关专项规划中的重要组成部分（详见表2）。

国土空间规划五级规划 表1

总体规划	管理要求	整体要求
全国国土空间总体规划	侧重战略性，对全国和省域国土空间格局作出全局安排，提出对下层级规划约束性要求和引导性内容	五级规划自上而下编制，落实国家战略，体现国家意志，要求自上而下严格执行
省级国土空间总体规划		
市国土空间总体规划	承上启下，侧重传导性	
县国土空间总体规划		
乡镇国土空间总体规划	侧重实施性，实现各类管控要素精准落地	

国土空间规划三类规划 表2

规划类型	管理要求	整体要求
总体规划	强调综合性，在国家、省、市、县编制国土空间总体规划，各地结合实际编制乡镇国土空间规划	三类规划互相补充，整体是从宏观到具体的逻辑思路。具体编制要求要提前考察国土资源，具体实施
详细规划	强调实施性，在国家、省、市、县层级编制	
相关专项规划	强调专业性，在市县及以下编制，强调可操作性，是对具体地块用途和强度等作出的实施性安排，是开展国土空间开发保护活动，实施国土空间用途管制，核发城乡建设项目规划许可，进行各项建设等的法定依据	

从规划运行方面来看，国土空间规划包括"四个体系"，同时"四个体系"又可细分为两个实施和两个支撑（详见表3）。

自19世纪以来，欧洲学者率先开展了遗产保护方法的正规化探索。在世界学者的不断努力下，文化遗产保护的理论、方法与实践逐步成熟。目前国际关于遗产地旅游规划主要按照联合国教科文组织世界遗产委员会指导意见，听取国际古迹遗址理事会（ICOMOS）的建议来进行。目前，如何将国土空间规划专项规划中关于遗产保护的规划指导意见与国际相关组织的保护指南对比打通，弥补国内遗产地旅游规划知识体系的缺漏，是高校教学团队亟待解决的问题，也是培养具有国际视野学生素养的关键一环。

我国一直重视文化遗产的保护与开发利用，并于1993年加入ICOMOS，成立了国际古迹遗址理事会中国委员会（ICOMOS China）。在建立国家遗产体系的过程中，我国已经在遗产类型方面做了很多探索：空间上，从点状向线性、区域性的拓展；内涵上，从单一要素向关联性遗产的拓展；方法上，从静态的物质保存到活态的遗产保护的发展。这些都在逐步指向国土空间的历史文化内涵与保护方法[7]。习近平总书记在党的十九大之后作出了一系列重要指示。比如关于文化遗产如

何妥善利用层面的"让文化遗产活起来"[8]；关于文化遗产保护和发展矛盾关系的"要妥善处理好保护和发展的关系，注重延续城市历史文脉"；关于如何深化遗产旅游意义和发扬文化内涵的"要妥善处理好保护和发展的关系，注重延续城市历史文脉"[9]"让旅游成为人们感悟中华文化，增强文化自信的过程"[10]，这些指示都对文化遗产保护研究具有深远的影响，也使遗产地旅游规划这一课题不断受到重视。遗产旅游成为新时代的重要课题[11]，遗产保护性利用与旅游规划成为实现该课题的有效路径。在生态文明建设背景下，国土空间规划对国土空间文化遗产的系统性识别与整体性保护尤为重要，这既是对中国长久形成的特色人地关系与空间格局的再认知，也是国土空间高质量发展的重要基础。

（二）不断丰富遗产地旅游规划课程体系

国土空间规划以"多规合一"为目的整合了所有的空间规划体系，依托统一的地理空间信息数据库来实现各类规划的实施与管控[12]。这要求遗产地旅游保护规划课程同样需要更新自己的数据库。国土空间规划要求之后所有规划类研究和实施统一基于第三次全国国土调查（以下简称"三调"）数据。《意见》中的编制要求明确指出，进行国土空间规划前，必须首先科学评价区域的资

国土空间规划四个体系 表3

体系类型	解释说明
规划编制审批体系	从编制、审批、实施、监测、评估、预警、考核、完善等完整闭环的规划及实施管理流程
实施监督体系	
法规政策体系	两个基础支撑
技术标准体系	

源环境承载能力和国土空间开发适宜性。这就考察了各高校自身课程知识体系是否包含支撑地理学知识的应用。同时，新时期国土空间规划背景下强调的交叉性、综合性的知识体系特点需要高校老师主动整合和明确学科内容，积极迎合国家和社会的需求，锚准和学习使用前沿的技术平台，关注空间要素耦合的认知和分析，利用统一的地理空间信息数据库去开展多交叉学科知识关于遗产地旅游保护规划课程的应用研究，从教学内容体现国土空间规划的要求。并且针对不同人才，设计多样化的培养方案。同时，遗产地旅游规划的课程研究对象也应不断扩展，从以专项规划下的要求"五级四体系"的构架以及文化景观自然遗产的分类着手并不断细化。研究内容也应从认知、保护、规划、管理这一重复闭环下不断深化研究探索。

（三）更新遗产地旅游规划课程效果内容

遗产地旅游规划要求课程内容具有实践意义和理论意义。实践意义主要围绕编制指南的更新，相应课程内容也需要更新。随着自然资源部陆续出台以《省级指南》和《市级指南》为代表的各级各类国土空间规划的编制指南。新的规划编制指南需要高校遗产地旅游保护规划课程内容将资源环境承载能力评价、国土空间开发适宜性评价、主体功能分区、三条控制线划定等及时补充。理论意义主要指进一步扩展课程设计中会用到的旅游规划理论与方法，考虑旅游形象塑造与传播、进行旅游产品的选择、开发与项目策划。运用的旅游规划理论主要包括：旅游经济学、旅游区位论、门槛距离与行为区位等[13]。这些相关旅游规划理论的介入，对课程教学的内容进行了很好的补充与扩展，使课程设计的成果更加丰富和多元化。

四、结语

《意见》要求行业管理、专业队伍建设和相关学科建设不断追求卓越。遗产地旅游规划作为国土空间规划中专项规划的重要组成部分，是传承遗产文化内涵及促进遗产地周边经济发展的重要手段。目前随着环境资源危机日益严峻，如何在"多规合一"情况下更加有效保护遗产显得格外重要。本文以国土空间规划背景下遗产地旅游规划教学体系现有问题与改革进行研究，希望遗产地旅游规划相关课程体系能够积极响应国家需求，在教学过程中做到理论与实践并重，培养国土空间规划背景下适应未来需求的高素质创新人才。

参考文献

[1] 中共中央，国务院关于建立国土空间规划体系并监督实施的若干意见.中华人民共和国中央人民政府.2019-05-23.
[2] 武荣伟，李斌.国土空间规划体系下人文地理与城乡规划专业实验类课程教学改革与实践[J].2022（23）：137-140.
[3] 城乡规划学名词审定委员会.城乡规划学名词[M].北京：科学出版社，2021：79.
[4] 黄颖敏，钟志平，陈金泉.国土空间规划时代城乡规划专业地理学系列课程教改研究[J].科技资讯，2021，19（29）：139-142.
[5] 肖颖，申峻霞.国土空间规划体系下规划编制人员的知识更新策略[J].规划师，2021，37（12）：78-84.
[6] 吴承照，王婧.遗产保护性利用与旅游规划研究[M].北京：中国建筑工业出版社，2019：3-5.
[7] 邵甬.国土空间规划背景下的文化遗产保护初探[J].中国文化遗产，2022（5）：30-37.
[8] 单霁翔.让文化遗产活起来[EB/OL].（2019-05-17）[2022-10-23].http：//opinion.people.com.cn/n1/2019/0517/c1003-31089189.html.
[9] 白龙.延续城市的历史文脉[EB/OL].（2020-02-08）[2022-10-23].http：//theory.people.com.cn/n1/2020/0208/c409499-31577048.html.
[10] 张静威.保护历史文化遗产，坚定文化自信[EB/OL].（2020-05-25）[2022-10-23].http：//sh.people.com.cn/n2/2020/0525/c375987-34040322.html.
[11] 戴斌.文化遗产不只是繁华记忆[N].中国文化报，2019-05-11（007）.
[12] 武荣伟，李斌.国土空间规划体系下人文地理与城乡规划专业实验类课程教学改革与实践[J].大学，2022（23）：137-140.
[13] 牟红.旅游规划理论与方法[M].北京：北京大学出版社，2015.

图表来源

表1、表2、表3均为作者自绘。

作者：唐岳兴，哈尔滨工业大学建筑学院，自然资源部寒地国土空间规划与生态保护修复重点实验室，寒地城乡人居环境科学与技术工业和信息化部重点实验室，黑龙江省寒地景观科学与技术重点实验室，副教授，硕士生导师；吴胜龙，哈尔滨工业大学建筑学院，硕士研究生；邵龙（通讯作者）哈尔滨工业大学建筑学院，自然资源部寒地国土空间规划与生态保护修复重点实验室，寒地城乡人居环境科学与技术工业和信息化部重点实验室，黑龙江省寒地景观科学与技术重点实验室，景观设计研究所所长，教授，博士生导师

国土空间规划背景下的《地理信息系统》课程思政教学改革与实践

许大明　苏万庆　邹志翀　张远景

Practice and Reform of Ideological and Political Teaching in Course of "Geographic Information System" Under Background of Territorial Planning

■ 摘要：科学开展国土空间规划是我国实施创新驱动高质量发展战略的重要保障措施。国土空间规划人才培养与教育将成为中华民族伟大复兴进程中可持续发展的重要保障。本文以《地理信息系统》课程为例，探索课程思政建设贯穿国土空间规划专业教育的全过程建设模式，并将思政内容内化至教学各个环节中，培养学生成为实现中华民族伟大复兴的中国梦的社会主义建设者。为新时期国土空间规划管理培养具备社会主义核心价值观的综合素养人才。

■ 关键词：国土空间规划；地理信息系统；教学改革；人才培养

Abstract：The scientific development of territorial space planning is an important guarantee measure for China to implement the innovation-driven and high-quality development strategy. Training and education of talents in territorial space planning will become an important guarantee for sustainable development in the process of the great rejuvenation of the Chinese nation. Taking the course "Geographic Information System" as an example, this paper explores the whole process construction mode of the course ideological and political construction throughout the professional education of territorial space planning. Internalize ideological and political content into all aspects of teaching, and train students to become socialist builders who realize the Chinese dream of great national rejuvenation. To train comprehensive talents with socialist core values for the planning and management of territorial space in the new era.

Keywords：Territorial planning；Geographic information system；Teaching reform；Cultivation of talents

基金项目：哈尔滨工业大学课程思政教育教学改革项目 (XSZ2022055)；教育部新工科研究与实践项目"国土空间规划领域通专融合课程及教材体系建设"(E-ZYJG20200215)；教育部新农科研究与改革实践项目"'共同缔造'导向下高校服务乡村振兴新模式研究"(2020391)；哈尔滨工业大学研究生教育教学改革研究项目 (21HX0303)；中央高校基本科研业务费专项资金资助 (HIT. HSS.202108)；哈尔滨工业大学课程思政教育教学改革 (XSZ20210076，SZ2022055)；哈尔滨工业大学课程思政项目 (XSZ2020048)

　　2019 年，中共中央、国务院《关于建立国土空间规划体系并监督实施的若干意见》（以下简称《意见》）构建了"五级三类"国土空间规划体系框架。国土空间规划成为国家空间发展指南、可持续发展空间蓝图、各类开发保护建设活动的基本依据。《意见》同时要求教育部门要加强国土空间规划所需要的相关学科建设，为促进国土空间规划顺利实施培养优秀人才。高水平的国土空间规划学科建设与高质量人才培养是推动我国高质量发展，保持经济持续健康发展的必然要求，也是适应我国社会主要矛盾变化和全面建成小康社会、全面建设社会主义现代化国家的必然要求。国土空间规划学科体系建设涉及多个学科领域，涉及理论研究面广、实施技术方法先进、多源数据融合体系完善等方面，要求国土空间规划学科的人才培养具有较高的专业素养和实践能力。面对"五级三类"规划体系下的错综复杂的国土空间规划实践工作内容，还要求规划人员要具备良好的社会主义核心价值观和高水准的职业道德水平，做到从思想上、行动上和工作上保持和党中央高度一致的理论学习能力和规划实践能力。习近平同志在全国高校思想政治工作会议上强调"使各类课程与思想政治理论课同向同行，形成协同效应"，教育部《高等学校课程思政建设指导纲要》对高校课程思政建设作出国家层面上的整体设计和全面部署。作为哈工大党员教师，在未来工作中将按照学校和支部的统一部署，认真学习领会习近平总书记贺信精神[1]，把习近平总书记的嘱托贯彻落实到具体工作中去，勇担使命，勇于作为，为哈工大发展贡献更多力量[2]。

一、《地理信息系统》基本情况和思政教学改革面临的问题

《地理信息系统》是城乡规划专业、风景园林专业的信息技术类专业基础课程，贯穿了整个国土空间规划研究与设计实践的全过程，是城市社会调研、城市设计、国土空间规划等核心课程的基础。该课程与遥感与空间分析、规划统计分析、经济地理学概论等课程有着较为密切的交叉和融合，在数字城市、智慧城市等发展趋势的影响下，课程在城乡规划专业的教学培养体系中的地位日趋重要[3]。

随着我国国土空间规划学科体系的不断完善，要求学生对相关学科的相关国土空间规划理论与方法有较高的认识和理解。地理信息系统课程作为国土空间规划技术方法类基础课程，是开展实施国土空间双评价、三区三线划定以及国土空间规划"一张图"建设的分析技术和实践基础。对学生的相关地理信息系统课程的相关技术理论、数据结构与特征、空间分析主要特征及其应用以及数据组织与可视化等方面提出了较高的要求。通过将较为丰富的地理信息系统课程内容与课程思政的系统融合，能够引导学生认真学习绿色发展、低碳发展的相关国家战略背景，学习哈工大"扎根东北、爱国奉献、艰苦创业"，两个"一大

批"等内容，深刻体会到了习近平总书记和党中央对哈工大的充分了解和高度认可，对哈工大爱国奉献精神的高度肯定。将贺信精神的重要思政元素进行梳理，挖掘蕴含在城乡规划专业中的德育元素，并融入"课程思政"教育功能，强化"知识传授"与"价值引领"同行并重，完善《地理信息系统》的课程思政改革和探索，对于贯彻全程多维度育人、培养德才兼备的高素质城乡规划学科人才具有重要意义。

二、《地理信息系统》课程思政建设内容

（一）增强教师政治理论学习，提升思政教学素养

课程教师要不断学习贺信精神的重要理论内涵和深刻的指导意义，将贺信精神为指引锤炼"政治三力"的有效路径，即持之以恒地学习，提升境界；矢志不渝地淬炼，锻造本领；锲而不舍地完善，做好自己。贺信精神是对百年工大的沧桑巨变与辉煌成就的高度认可，激励着哈工大人从1920年的初创到如今的腾飞，始终不渝地坚守哈工大规格、苦练哈工大功夫，根植黑土地，服务祖国大地，不断改革创新，追求卓越引领。

作为专任教师要在提升专业教学科研能力的同时，要大力提升教师的思想政治觉悟和政治理论素养，使贺信精神与专业教学齐头并进，形成整体协同效应。专业教师应加强对贺信精神和以习近平同志为核心的党中央的指导精神的学习，增强党员教师的政治觉悟和政治认识，持续深入学习习近平同志和党中央国务院的最新指导思想和工作文件，深入挖掘课程思政元素与专业课程建设的最新发展趋势相结合的可能，将思政课程建设与大学教书育人工作紧密结合，因材施教，有序实施。

（二）全方位理解贺信精神要素，多元化融入课程德育体系

要在深入学习贺信精神的基础上，全方位深入理解和提炼贺信精神的重要指导精神和思政要素，将贺信精神和重要的思政要素积极与课程的德育体系相结合，提升课程教学过程中知识传授与德育价值引领相结合。《地理信息系统》中蕴含的科学思辨和客观理性是课程思政的良好载体。针对《地理信息系统》课程的教学内容和教学特点，要多角度、多元化研究贺信精神的课程思政要素的提炼和挖掘，应注意与课程专业知识有机结合，应将思政教学融合到整个课程教学全过程、全方位中，通过言传身教、线上线下相结合等方式推动课程思政在立德树人过程中的"润物细无声"。

（1）增强国家荣誉感和使命感，增强专业自豪感与研究能动性

深刻理解贺信精神，党员教师要坚守教学科

研一线岗位，努力为党和国家培养杰出人才，为中华民族伟大复兴的中国梦而不断努力奋斗。在讲授地理缓冲区空间分析的过程中，紧密结合城乡公共健康在城市规划发展历史中的渊源，结合当前我国新冠肺炎病毒的最新防控情况，突出地理信息系统在疫情地图制作、新冠肺炎病毒感染人群的行动轨迹大数据分析等方面的研究应用领域和学科专业优势，讲授我国科学防控方法以及我国地理信息技术在科学精准防控方面的突出工作。通过和学生课堂互动讨论，引发学生思考，如果新冠肺炎疫情恣意发展，将对我国广大人民群众身心健康和社会经济稳步发展所造成的影响，以及对我国早日实现中华民族伟大复兴的中国梦的影响，进而增强学生运用专业知识解决国家重大需求和重大发展问题的使命感和荣誉感。结合我国科学家钟南山院士、李兰娟院士等在疫情中体现的实事求是的科学精神、勇于担当、无私奉献的家国情怀，使学生充分意识到成为卓越人才的坚定信念，增强国家荣誉感和使命感，激发学生的爱国热情。

（2）增强实事求是，求真务实的科学研究态度

深刻理解贺信精神中"不断改革创新、奋发作为、追求卓越"的指导精神，深入挖掘科学发展历程和伟大科学家在地理信息系统发展过程中的科学事迹和重要作用。引导学生学习科学家锲而不舍、不断求索的科研精神，积极投身于学校学习和创新研究中去。在讲授地理信息系统的相关科学发现和理论知识中，不仅讲授最终发现的结论，还要讲授重要科学发现的具体研究历程，让学生学习科学研究的基本思路，学习求真务实的科研态度。

例如，在讲授地理信息数据获取与可视化分析过程中，面对海量、多源、复杂的地理数据获取与分析过程，课堂引入科学家李四光"让事实说话"的案例。李四光独创的地质力学理论，为我国的地质、石油勘探和建设事业做出了巨大贡献。李四光为了深入考察我国的第四纪冰川，进一步探讨地壳表面各种痕迹的形成规律，不畏艰险，几次横渡大江、跨越秦岭、南岭，亲自勘探测量，实地观察地层构造。其研究成果对掌握地下的水文和构造，对发展建设事业起了十分重要的作用。充分体现了一位科学家对科学研究的勇于探索的无畏精神和执着精神；同时也很好地表明了科学认知是一个不畏困难、坚持不懈、逐步深入的过程，科学研究是严谨求真、实事求是的过程，激励学生要深入贯彻贺信精神中"奋发作为、追求卓越"的指导精神和厚积薄发的研究精神。

（3）增强人文关怀和社会责任感

深刻理解贺信精神中要"坚持社会主义办学方向，紧扣立德树人根本任务"的指导精神。在授课过程中，注重结合当前时事，就其中的科学问题进行分析。注意引入和国家建设以及社会发展相关的事例，让学生更好地理解课程内容，同时对相关的社会问题进行思考。例如，在遥感数据获取与应用分析的教学部分，结合东部沿海地区的多期高清遥感数据分析过程，讲解当前我国东部地区从改革开放初期到现在的快速城镇化空间演变过程，使学生了解我国城镇化建设取得的世界瞩目的巨大成就[4]。与此同时，在城镇化快速发展过程中的农村耕地浪费、小城镇的蔓延式土地扩张问题、河流水系污染、海洋赤潮等问题也要深入研究。这些事件都是发生在同学身边、甚至是学生家乡的事情，更能引起大家的共鸣。如何通过所学专业知识去解决以上问题？如何做到城镇化与生态平衡，推动城乡生态环境的可持续发展？激发学生的人文关怀与社会责任感，并思考如何进行分析和解决问题。在这个学习过程中，让学生树立科学发展观和正确的价值观。

贺信精神与《地理信息系统》课程多元化思政元素融合课程设计范例　　表1

章节	授课内容	贺信精神融入元素
缓冲区空间分析	疫情地图分析、人群大数据轨迹分析	（1）新冠肺炎病毒防控工作的国内外数据的强烈对比。我国科学家钟南山院士等奋战抗疫前线艰苦拼搏的精神。（增强国家荣誉感和自豪感）（2）地理信息技术在科学精准防控方面的作用。（增强专业自豪感）
地理数据可视化分析	数据多源获取、矢量、栅格数据融合	引入科学家李四光"让事实说话"的案例。李四光改变了"中国是贫油国"、"中国没有第四纪冰川"等国际错误认识。（增强学生实事求是、求真务实的科学研究态度，增强国家责任感）
遥感数据空间分析	城镇遥感数据分析	（1）结合东部沿海地区的多期高清遥感数据分析过程，讲解我国自改革开放初期到现在的快速城镇化空间演变过程。（增强学生国家自豪感与专业自豪感）（2）案例讲解在城镇化快速发展过程中的农村耕地浪费、城镇土地蔓延扩张问题、河流水系污染、海洋赤潮等问题。（增强学生社会责任感与人文关怀）
多源数据叠加分析	哈尔滨、大庆等城市历史进程与扩张演变机制	（1）结合案例城市的历史老地图、老校史、哈工大八百壮士创校历史等素材，深入发掘哈工大建校百年间蕴含的百年名校、中华脊梁、国之人才等元素，将学校发展与国家命运紧密结合。（增强学生集体荣誉感和国家使命感）（2）引入中东铁路的建设史与中日俄等国际关系发展历史等。（引导学生树立正确的世界观、历史观和家国情怀）

（4）弘扬哈工大精神，增强学校荣誉感

习近平总书记在致哈尔滨工业大学建校100周年的贺信中指出，"扎根东北、爱国奉献、艰苦创业，打造了一大批国之重器，培养了一大批杰出人才，为党和人民作出了重要贡献。"在课堂教学过程中，以课堂讨论、资料分享等形式，展现老教师访谈、城市老照片、校园历史地图的发展变化过程，结合哈尔滨城市发展历史、中东铁路建设史等内容，深入发掘哈尔滨工业大学建校百年间蕴含的百年名校、中华脊梁等元素，将身边生动的先进典型模范科研团队奋力开拓、激流勇进的事例，融合在课程讨论中，并贯穿在教学的全过程[5]。弘扬哈工大"八百壮士"精神，引导学生树立正确的价值观、人生观、世界观，努力实践哈尔滨工业大学"规格严格、功夫到家"的校训，脚踏实地，勇往直前[6]。

三、《地理信息系统》课程教学设计思政内容的全过程贯通

在课堂讲授、课堂讨论以及课后微信群等网络平台互动沟通等方面，积极在教学设计上结合贺信精神中的思政素材融入相关课程，激发学生以哈工大为傲、以祖国为傲的家国情怀，激励学生贯彻实践贺信精神，为科学研究、技术发展贡献力量，树立科研兴国、科研报国的志向，在进行科研工作时，坚持诚实求真的态度。

（1）课堂讲授。以多媒体视频、老地图照片、城市史短视频、哈工大校史视频、老教师寄语音视频等内容为核心，介绍我国新型城镇化的发展过程、哈尔滨和哈工大为国家现代化建设所作出的杰出贡献。在课堂上通过幻灯片展示和案例讲授，穿插科学家的研究经历事迹，使学生既能了解学科的发展，又能体会科学家的心路历程，激发学习报国的热情。在讲授地理信息数据分析方法时，通过分析具体的遥感数据和社会经济数据，引导学生以诚实求真的态度进行数据分析。

（2）线上学习。通过课程微信群、QQ群等形式，在微课中融入哈工大的"八百壮士"精神、马祖光精神和哈工大精神。推送哈工大城乡规划学科建设在国家重大需求、重大建设工程中承担的责

任与任务等知识和信息。将微课作为课前预习材料，让同学们在小组课堂讨论、微信群讨论等平台上进行线上学习。激发学生努力学以致用，追求卓越的工程师精神。

（3）线下讨论。在课堂上，讲授相关知识点时，充分发挥学生知识面较宽广，乐于思考的主观能动性，请同学们以互动交流的形式，结合校友平台网络和学长学姐交流活动的榜样力量，探讨国家新百年征程中城乡规划学科的发展机遇与变革中的发展挑战，加深同学们对专业学习和未来工作的责任感和使命感，使学生树立正确的人生观和价值观，做到理论与实践相结合。

四、结语

深入学习理解贺信精神，努力践行贺信精神与课程思政工作是教书育人、立德树人的核心工作，将贺信精神与《地理信息系统》的思政教学积极融合，是师生们潜心学习的"必修课"，是培养德智全面发展、适应我国高质量发展的新型城乡规划专业人才的重要纲领。思想政治工作从根本上说是做人的工作，必须围绕学生、关照学生、服务学生，不断提高学生思想水平、政治觉悟、道德品质、文化素养，让学生成为德才兼备、全面发展的人才。要把贺信精神和哈工大精神作为今后开展教学科研工作的精神指引，铭记初心和使命，做到知责于心、担责于身、履责于行，才能为谱写好中华民族伟大复兴中国梦的哈工大新百年篇章作出新的更大贡献。

参考文献

[1] 安实.许党报国：哈工大百年砥砺奋进的初心和使命[J].学理论，2021（7）：59-61.

[2] 周际娜.大思政课的"哈工大样本"[N].黑龙江日报，2021-07-09（008）.

[3] 吕飞，许大明，孙平军.基于城乡规划专业数字化课程体系建设初探[J].高等建筑教育，2016，25（2）：167-170.

[4] 吕飞，于淼，王雨村.城乡规划专业设计类课程思政教学初探——以城市详细规划课程为例[J].高等建筑教育，2021，30（4）：182-187.

[5] 吉星，刘忠奎.哈工大"八百壮士"科教报国矢志不移[J].奋斗，2021（10）：57.

[6] 顾寅生."八百壮士"与哈工大[N].中国教育报，2007-01-05（004）.

作者：许大明，哈尔滨工业大学建筑学院，自然资源部寒地国土空间规划与生态保护修复重点实验室，寒地城乡人居环境科学与技术工业和信息化部重点实验室，副教授，硕士生导师；苏万庆，哈尔滨工业大学建筑学院，自然资源部寒地国土空间规划与生态保护修复重点实验室，寒地城乡人居环境科学与技术工业和信息化部重点实验室，城市规划系副主任，副教授，博士生导师；邹志翀，哈尔滨工业大学建筑学院，自然资源部寒地国土空间规划与生态保护修复重点实验室，寒地城乡人居环境科学与技术工业和信息化部重点实验室，副教授，硕士生导师；张远景（通讯作者），浙江大学城乡规划设计研究院有限公司，教授级高级工程师，国家注册规划师

面向国土空间规划的生态设计课程教学改革研究——以哈尔滨工业大学《生态公园规划与设计》课程为例

余 洋 刘晓光 郭 旗 冯 瑶 张一飞

Education Reform of Ecological Design Course Facing National Land Space Planning—Case Study of the Ecological Park Planning and Design Course in Harbin Institute of Technology

■ **摘要**：在国土空间规划的时代背景下，风景园林专业学生在未来的职业生涯中将承担起完成生态规划和设计的重要任务。以城乡蓝绿空间为教学内容载体的生态规划设计课程是风景园林专业人才培养中核心而重要的教学环节，基于此围绕国土空间规划的需求，注重可实践的生态知识的应用，以多维课程目标、调整教学方法、变革教学手段和拓展教学模式为核心，在空间尺度衔接、生态体验营造和设计循证引导等方面进行教学改革研究。

■ **关键词**：生态规划与设计；国土空间规划；教学改革；新工科

Abstract：Under the background of national land space planning, students major in landscape will undertake the task of ecological planning and design in their career life. The ecological planning and design course, whose teaching content is urban and rural green space design, is the core and important part in talent training of landscape professionals. Therefore, the landscape education should focus on the requirements of national land space planning and concern about the application of practical ecological knowledge. Centering on the multi-dimensional course goals, adjustment of teaching methods, reform of teaching approach and the expansion the teaching models, the paper carried out the study in the aspects of spatial scale connection, ecological experience building and design evidence-based guidance.

Keywords：Ecological Planning and Design ；National Land Space Planning ；Education Reform ；New Engineering

基金项目：教育部新工科研究与实践项目"国土空间规划领域通专融合课程及教材体系建设"（E-ZYJG20200215）；教育部新农科研究与改革实践项目"'共同缔造'导向下高校服务乡村振兴新模式研究"（2020391）

一、教学改革背景

国土空间规划是国土空间开发、保护、建设的指南，是国土资源环境可持续发展的空间蓝图。国土空间与人居环境具有统一性，国土空间就是人居环境，面对国土空间开发模式和空间治理需求的变化，新时代的国土空间规划需要遵循人与自然和谐共生的原则，体现"以人为本"的要求，推进人居环境持续改善。国土空间规划要遵循人与自然和谐共生的总体原则，建设人民追求美好生活的美丽家园。协调生产、生活、生态的"三生"空间，通过空间管制、生态修复、建立评估体系等多种手段，让人们"望得见山，看得见水，记得住乡愁"。将自然山水景观和谐地与人居空间环境融合，营造各具特色、城绿共生的美好生活空间，建设"美丽中国"，营造"美好生活"。在国土空间规划体系背景下，生态空间类规划的地位将发生跃迁，生态空间规划体系将逐步建立[1]。在新的发展阶段，需要多学科融合，在适应国家建设新要求的同时，推动风景园林学科的发展[2]。

风景园林致力于创造美好人居，"绿水青山就是金山银山""人与自然和谐共生""良好生态环境是最普惠的民生福祉""山水林田湖草是生命共同体"等习近平总书记关于生态文明建设的系列科学论断深刻地回答了为什么建设生态文明、建设什么样的生态文明、怎样建设生态文明等重大理论和实践问题，成为风景园林面向国土空间规划编制实施承担生态文明实践任务的最重要的理论支撑和实践依据。面向国土空间规划的时代背景和发展需求，国土空间规划视角下的风景园林相关的发展热点之一就是国土空间规划中的生态建设[3]，风景园林规划应有效地融入国土空间规划体系[4]。因此，在风景园林规划和设计课程中融入国土空间规划知识的相关教学内容，强化可实践的生态知识应用是风景园林人才培养的重要环节。

二、课程建设历史

哈尔滨工业大学的《生态公园规划与设计》是以"生态教学"为导向的创新性设计课程，也是风景园林专业培养体系中自然生态主脉的核心课程。按照现实工作流程要求，由规划、设计两个核心环节构成，培养学生建立上位规划指导约束下位设计、小尺度设计遵循、完善深化大尺度规划的工作思维。建立全局观念的系统思维方式，从基础科学分析到概念创意，每个小细节都以上位规划为依据；熟悉先规划后设计的实际工作程序，既保证整体性、连续性，又能深入细部节点设计。课程经历了十二年的发展，从探索到整合，形成了丰富的教学内容和成果。

（一）探索期（2009—2013）

2009年，应对国家重大生态建设需求，布局新的学科发展目标，在风景园林专业初创之时开设48学时的《生态公园规划》课程，探索培养生态网络关键节点（生态斑块）的规划能力，选择以生态公园作为教学训练的空间实践类型。

（二）拓展期（2014—2018）

随着2011年教育部专业目录调整，2012年对风景园林的教学计划进行了修改。生态文明导向日益明朗，风景园林专业培养计划中加大了生态课程教学的分量[5]，《生态公园规划》拓展为48学时的《生态公园规划》和48学时的《生态公园设计》两个生态设计训练课程。教学改革以空间尺度拓展为目标，强调生态技术的实践应用。

（三）整合期（2019至今）

2016年，在新一轮教学计划的调整过程中，把《生态公园规划》与《生态公园设计》整合成96学时的《生态公园规划与设计》，以STUDIO的教学模式贯穿一个完整学期，在教学目标的多维性、教学内容的完整性和教学模式的贯通性等方面进行改革，进一步强化哈工大的生态教育特色。

三、教学改革策略

在教学探索和完善的过程中，面向国土空间规划的宏观导向，紧密围绕国土空间生态保护和利用的核心问题，强化可实践的生态知识应用，注重生态原理与空间分析技术的课程融入，在课程目标、教学方法、教学手段和教学创新等方面推行了如下改革策略。

（一）构建多维目标

结合"新工科"和"卓越工程师计划"的办学定位，秉承哈工大生态版块的教学特色，改革后的课程目标体现出多维内涵。

在育人目标维度，注重理性科研能力和感性创意能力培养，通过知识、能力和素质培养的有机融合，引导学生树立正确的人生观和价值观，成为社会主义事业的优秀建设者。

在知识目标维度，围绕国土空间规划需求，讲授生态公园规划与设计知识，培养两个尺度的综合统筹设计能力：(1)认知导向下宏观市域尺度空间生态问题的整合性问题分析和系统建构能力；(2)感知导向下微观场地尺度空间表达的综合性空间设计和材料建造能力。掌握生态基础设施视角下的作为城市生态斑块或廊道的生态公园的规划设计方法，掌握景观生态原理与方法、环境生态原理与方法、景观规划设计原理与方法、遥感及空间分析技术应用等方面的景观知识，了解自然生态系统的内在过程、机制与规律，了解现代景观的生态环境保护与创建、环境恢复、雨洪管理、防灾避灾等生态基础设施理念；正确认识在宏观、中观和微观等不同尺度下生态景观的设计内容和设计重点，掌握科学有效的生态设计途径和方法。

在能力目标维度，面向国家生态文明和可持续发展战略，将前沿科研成果和设计实践融入教学，培养具有初步科研能力的本科人才。学会建立地理设计模型的能力，通过建立表述模型、过程模型、评价模型、改变模型、影响模型、决策模型,学习基础 Navi 等数据采集、场地 GIS 模型建立、场地感知、生态问题识别、评估、方案设计、决策、论证、反馈等基于数据、感知、论证与多维博弈等多解的科学规划设计方法。通过对自然生态性和社会生态性两个层面的研究,掌握自然生态性的科学手法,理解社会生态性的实现方法。学会场地生态空间感知和建构的设计方法,通过场地特征描述、场地体验认知、生态数据采集等途径,进行场地生态分析,提出生态修复或建构的设计策略。理解生态设计的三个重要维度——生态工法、生态装置和生态艺术;通过"生境营造"途径,建构生态装置,培养对生态景观形态、空间和设施的深入设计能力。

(二)调整教学方法

在 STUDIO 模式的教学安排中,规划和设计两个空间设计尺度的衔接和转换成为教学调整的重点。同时,可实践的生态知识需要通过循证思考、技术加持和体验感知的途径,在具体的场地中完成应用实践。

1. 统筹大尺度生态规划与小尺度场地设计的衔接

学生对大小尺度的设计转换存在认知和设计能力不足的困难,经常出现两个尺度设计脱节的问题。课程需要帮助学生熟悉和掌握先规划后设计的实际工作程序,既能保证整体性、连续性,又能深入细部节点设计(图 1、图 2)。

课程应用循序渐进的导引型教学方法。通过从大尺度到小尺度的设计深度递进式训练,培养全尺度、全深度的生态规划与设计的纵向掌控能

力。课程引导学生通过设计迭代不断演进规划方案,精准选取典型的生态数据和模型,在设计创意和科学分析之间寻找创意性的规划方向。

2. 创造真实的生态空间体验和实践

由于学生的设计创意多来源于图片资料和主观认知,真实的生态空间体验和实践十分缺乏,课程需要设定有效的途径为学生提供真实体验和实践的环节。

课程以生态营造和建构为具体实践途径。通过实地调研体验、企业导师教学、社会实践活动、建造生态小微空间等方式,强调课堂教学与社会实践的融合。通过艺术感知和创意,将抽象的生态原理应用与具象的生态空间营造进行整合(图 3)。同时,将教师团队在市域生态安全格局、城市公共空间等多项国家重大城市建设项目的前沿科研成果融入课堂,为课程的前沿教学提供了有力的支撑。同时,组建以学生为主体的营造社团,利用课外时间引导学生应用所学知识,在多元的生态实践过程中完成社会学习和社会实践。

3. 实现设计循证导向下的生态公园设计过程

学生对生态规划和设计往往停留在口号和原理层面,对科学性的理解较困难。课程引导学生通过系统性逻辑分析和严谨的生态实验提升科学规划能力,兼顾科学理性规划方法和艺术感性设计方法的融合[6]。

课程强调"科学+创意"的循证式设计教学方法。课程围绕"理论+分析+设计+实验"的教学模式,通过环环相扣的创新教学法,解决学生关注概念创意、忽视科学决策的痛点。围绕国土空间数据,用遥感技术理性分析水文、气象等

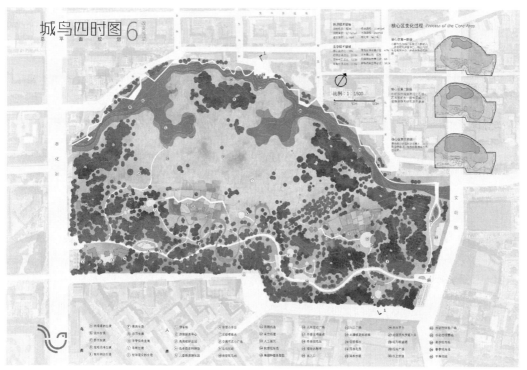

图 1　生态规划阶段的学生作业《城鸟四时图》

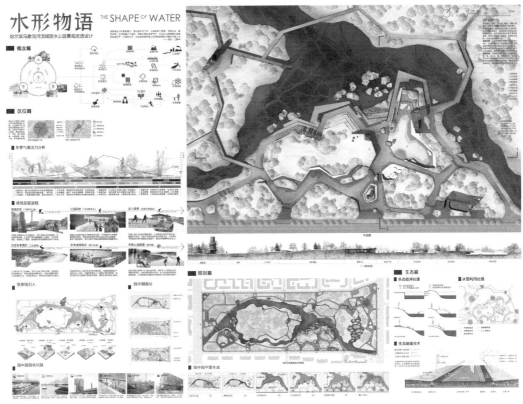

图 2 生态设计阶段的学生作业《水形物语》

图 3 生态装置的学生作业《轮胎雨水花园》

图 4 学生进行生态数据采集和测量

环境条件。把有关问题、动机和方法的生态知识,转化为可归类、可实证并能产生经验知识的教学过程[7]。强调可实践性的知识是课程建构的重点和主体,在设计循证的导向下,实现从科学分析到概念创意的综合培养。

(三)变革教学手段

课程不断与时俱进地更新教学内容,同时也提高课程的前沿性和挑战度,将课程思政隐形植入教学过程。

1. 组建学科交叉的教学师资队伍

团队成员来自城乡规划、风景园林、市政工程等不同的学科,对不同设计尺度衔接和生态场景营造的教学科研和设计实践经验丰富。

2. 建构多元的校企实践课堂和基地

签订校企合作协议,邀请北京易兰设计集团等一流设计企业的职业设计师走进课堂,分享获奖项目的生态设计经验;带领同学们到污水处理厂实践调研,真实了解生态处理方法。通过校企合作提升教学环节的实践性。

3. 统合"设计 + 实验"的交互模式

课程建构"创意方案"和"循证实验"两个教学模块。创意方案以生态公园规划和设计为主体,具体包括地理设计方法、GIS 空间分析方法、生态工法研习、生态艺术营造、设计策略推演等;循证实验依托土壤结构实验、植物抗性实验等生态实验数据[8],支撑以生态为目标的设计决策辅助(图4)。同时,学生动手建造微观生态小环境,完成建构实验场地的过程。

(四)拓展教学模式

教学组织突出以学生为中心,通过田野调查、动手营建等教学组织进行生态知识点学习,以培养学生的综合能力为重点,焕发课堂生机活力。

1. 支架式教学模式

(1)搭脚手架。围绕生态公园主题,通过案例教学，建立认知基础与分析框架。

（2）进入情境。通过对生态公园的实地调研，将学生引入公园规划与设计的生态场景，完成体验感知。

（3）独立探索。在教师的启发引导下，让学生自己调研、分析和推进设计。在过程中教师定时评定作业，帮助学生沿着概念框架逐步攀升。最后争取做到让学生独立探索生态公园规划与设计方法的途径。

（4）协作学习。通过小组协商和讨论，在共享集体思维成果和各类资源的基础上达到对生态公园比较全面、正确的理解，最终完成对所学知识的意义建构。

2. 交互式教学

（1）随机进入。学生不仅可以通过自己的作业或方案得到教师一对一的指导，也可以通过了解其他同学的作业或方案进入相同教学内容的学习。教师在教学过程中对生态公园的教学内容以理论讲授、作业点评、方案指导等方式进行，随时在各教学环节中与学生交互。

（2）思维拓展。生态公园的设计问题涉及内容多元，教师特别注意发展学生的思维能力。具体教学方法是教师与学生之间的交互应在"元认知级"基础上进行，建立学生的思维模型，注意培养学生的发散性思维，以及对环境的敏锐观察能力。

（3）学习效果评价。包括自我评价与小组评价，评价内容包括：自主学习能力；对小组协作学习所作出的贡献；是否完成对所学知识的意义建构。

3. 累加式成绩评价

课程采用分阶段、多重累加式的考核方法。在成绩评价过程中，动态关注学生学情，分段出成绩，考核比例为平时成绩、中期联评和终期联评成绩各占20%、40%和40%。个性化精准帮扶，分段见成效，全程管理学生知识掌握情况。课程还强调综合性设计评价过程。平时成绩包括课堂讨论、设计研究和方案答辩；在两次联合评价中邀请课程之外的设计教师参与打分和点评，丰富教学内容和评价标准，进行综合性设计评价。

课程改革后，效果明显。指导学生参加国内外设计竞赛获金奖等不同奖项30余次，教学成果获校级教学成果一等奖，教学团队多次获得国内设计竞赛优秀指导教师奖。团队教师多次在学术会议、教指委年会上进行学术报告和教学研究主旨报告。

四、结语

在国家实施国土空间规划的重要背景下，风景园林生态设计课程的教学目标不仅是对学生传授专业知识，更应注重培养学生国土空间规划的思维意识，增强可实践生态知识的应用能力，使学生毕业后更好地适应国家发展的迫切需求；因此，在明确风景园林专业人才培养需求的基础上，应充分结合国土空间规划的要求，构建本土化的风景园林生态教育体系[9]，深入开展生态设计教学改革的相关研究，将生态理论、技术和实践有效融入课程教学，进一步完善风景园林专业人才培养体系，创新培养模式，提升人才培养质量。

参考文献

[1] 吴岩，王忠杰，杨玲，吴雯. 中国生态空间类规划的回顾、反思与展望——基于国土空间规划体系的背景 [J]. 中国园林，2020，36（2）：29-34.

[2] 张兵，赵星烁，胡若函. 国家空间治理与风景园林——国土空间规划开展之际的点滴思考 [J]. 中国园林，2021，37（2）：6-11.

[3] 戴菲，邱悦，毕世波，陈明. 国土空间规划视角下的风景园林发展动态分析 [J]. 风景园林，2020，27（1）：12-18.

[4] 金云峰，陶楠. 国土空间规划体系下风景园林规划研究 [J]. 风景园林，2020，27（1）：19-24.

[5] 吴远翔，刘晓光. 基于EOD理念的《城市绿色基础设施规划》课程教学探索 [J]. 中国园林，2014，30（5）：120-124.

[6] 余洋，姜鑫，张露思. 以设计课程为导向的风景园林生态实验教学模式探索 [J]. 风景园林，2018，25（12）：125-129.

[7] 王志芳. 生态实践智慧与可实践生态知识 [J]. 国际城市规划，2017，32（4）：16-21.

[8] 余洋，吴冰，张露思. 风景园林生态实验 [M]. 中国建筑工业出版社. 2020.

[9] 王琼萱，杨蓉，王云才. 国内风景园林专业本科生态教育的特点与展望 [J]. 高等建筑教育，2021，30（5）：9-16.

图片来源

本文所有图片均来自学生作业或作者自摄。

作者：余洋，哈尔滨工业大学建筑学院，自然资源部寒地国土空间规划与生态保护修复重点实验室，寒地城乡人居环境科学与技术工业和信息化部重点实验室，黑龙江省寒地景观科学与技术重点实验室，景观系副主任，副教授，博士生导师；刘晓光，哈尔滨工业大学建筑学院，自然资源部寒地国土空间规划与生态保护修复重点实验室，寒地城乡人居环境科学与技术工业和信息化部重点实验室，黑龙江省寒地景观科学与技术重点实验室，副教授，硕士生导师；郭旗，哈尔滨工业大学建筑学院，自然资源部寒地国土空间规划与生态保护修复重点实验室，寒地城乡人居环境科学与技术工业和信息化部重点实验室，讲师；冯瑶，哈尔滨工业大学建筑学院，自然资源部寒地国土空间规划与生态保护修复重点实验室，寒地城乡人居环境科学与技术工业和信息化部重点实验室，黑龙江省寒地景观科学与技术重点实验室，副教授，硕士生导师；张一飞，哈尔滨工业大学建筑学院，自然资源部寒地国土空间规划与生态保护修复重点实验室，寒地城乡人居环境科学与技术工业和信息化部重点实验室，黑龙江省寒地景观科学与技术重点实验室，副教授，博士生导师

"追本溯源，交叉融通"：国土空间规划原理课程"双评价"教案设计

吴远翔　史立刚　张名凤　崔博艺

"Tracing the source, Cross-integration": The design of the "double evaluation" lesson plan of the course of "Principles of Land Space Planning"

■ 摘要：“双评价”是哈尔滨工业大学新开设国土空间规划原理课程的重要组成部分。从国空体系发展和新时代规划管控的要求出发，设立了"知背景、懂原理、会流程、引思考"的教学目标。以"定义—背景—作用—流程—案例"的脉络为抓手，强化教学主线的连续性和完整性。针对"why, how, knowledge, relationship"4个教学难点，进行了"追本溯源、工具属性、交叉融通、异同类比"针对性的教学设计。本文可以为国内同类院校开设的国空课程提供参考。

■ 关键词：国土空间规划；双评价；资源承载力；土地适宜性；教案设计

Abstract："Double evaluation" is an important part of the new "Principles of Land Spatial Planning" course offered by Harbin Institute of Technology. Starting from the development of the land space planning system and the requirements of planning and control in the new era, the teaching goal of "knowing the background, understanding the principle, understanding the process and leading thinking" has been established. With the context of "definition-background-role-process-case" as the starting point, the paper strengthen the continuity and integrity of the main line of teaching. Aiming at the four teaching difficulties of "why, how, knowledge, relationship", the teaching design of "tracing the source, tool attributes, cross-integration and heterogeneous comparison" was carried out. The paper can provide a reference for the land space planning courses offered by similar universities in China.

Keywords：Land Space Planning；Double Evaluation；Resources Carrying Capacity；Land Suitability；Lesson Plan Design

基金项目：教育部新工科研究与实践项目"国土空间规划领域通专融合课程及教材体系建设"(E-ZYJG20200215)；教育部新农科研究与改革实践项目"'共同缔造'导向下高校服务乡村振兴新模式研究"(2020391)；教育部双万计划(2020391)，省级一流课程(生态基础设施与概念城市规划)；黑龙江省高等教育教学改革项目(SJGY20210296)

一、课程简介

随着国家机构改革方案颁布，自然资源部成立，其所落实的一系列新规指引规划行业朝着新方向变更与发展，规划学科正在经历前所未有的由传统工程学科向新型交叉学科、由单一主导向多规合一、由面状规划向空间规划转变的变革期[1]。在此背景下，面向城乡规划与风景园林本科生，哈尔滨工业大学建筑学院开设了国土空间规划原理课程。其中"双评价"作为课程的重要组成部分，设置2~3学时进行讲解。

"双评价"，即资源环境承载能力评价和国土空间开发适宜性评价，是优化国土空间开发格局、合理布局建设空间的依据。作为对国空规划核心成果"三区三线"划定的支撑和预判，是国空规划科学性、全面性、准确性的重要依托，也是各学科交叉和有机融合的关键步骤。本文围绕对"双评价"教学的具体教案设计展开，旨在呈现相关的教学内容、教学目标以及教学过程中可能出现的具体问题及解决方法。

二、教学目标

课程教学设定以下4个目标。

1. 知背景

通过讲解"双评价"产生的国情背景以及学科发展背景，培养学生用更具发展性和开放性的眼光看待国土空间规划。在教学过程中，从对"双评价"产生和发展的历程以及"双评价"产生的三点内在动因的认识，进一步了解国土空间规划的产生条件以及动态发展，从相关文件的发布看政策变迁的内在逻辑，从国情现状、规划适宜性以及学科发展的角度令学生对这门复杂的学科见微知著，这是"双评价"教学安排所期待达成的首要目标。

2. 懂原理

"双评价"原理讲解是课程基本的教学任务。这一点主要对应学生能否将以往所掌握的生态学原理及其他相关学科理论知识充分运用于对"双评价"的认识之中，正确理解"双评价"的内在逻辑。通过给定课程的学习，力求让学生基本了解"双评价"的相关学科知识、对"双评价"具体所指和用途有一定认识。在面对相似概念及相关概念时可以做出明确的辨析，并能厘清"双评价"的评价原则、基本逻辑和评价方法，了解"双评价"过程中的注意事项。这一教学目标的意义在于通晓原理，只有这样才能深刻理解"双评价"的价值与意义。

3. 会流程

"双评价"学习的核心在于以指南为基础，着重学习"双评价"的流程。该流程是对国土空间

规划编制的科学预判和评价，将"双评价"置于国空规划编制准备工作的位置整体地考虑教学效果，以点带面，通过"双评价"的教学工作辐射国空规划的编制工作，对该内容有更加清晰、可量化的呈现，帮助学生理解国空规划的编制工作内容。

4. 引思考

通过"双评价"教学，应当引导学生进行两方面的思考：一是对当下规划学科发展的思考，规划学科应该与时俱进，用更加开放的视野聚焦国家政策和社会发展需求，避免原地踏步，故步自封是没有出路的；二是国空新规划体系的多学科支撑思考，新国空需要引入大量复合知识背景与多学科的理论基础，通过对学科边界的探索完成新体系的整合与提升。从学科融合和学科发展的角度对"双评价"进行解析，有助于学生掌握学科发展的最新动态。

三、教学内容

课程教学分为5部分内容，从发生发展、意义价值、评估方法、实践案例等方面对"双评价"进行全面系统的介绍。

1. 基本概念

"双评价"是指资源环境承载能力评价和国土空间开发适宜性评价，是国土空间规划编制的前提与基础。资源环境承载能力是基于特定发展阶段、经济技术水平、生产生活方式和生态保护目标，一定地域范围内资源环境要素能够支撑农业生产、城镇建设等人类活动的最大合理规模[2]；国土空间开发适宜性是在维系生态系统健康和国土安全的前提下，综合考虑资源环境等要素条件，特定国土空间进行农业生产、城镇建设等人类活动的适宜程度。

通过内涵讲解，让学生理解"双评价"的本质是分析区域资源禀赋与环境条件，研判国土空间开发利用问题风险，识别生态保护极重要区（含生态系统服务功能极重要区和生态极脆弱区），明确农业生产、城镇建设的最大合理规模和适宜空间，从而为国空"三区三线"划定提供基础性依据[3]。

2. 产生背景

通过对产生背景的讲解，可以让学生深刻理解"双评价"的意义与价值。"双评价"在国土空间规划体系语境下生成，有3个重要背景。

（1）对当前中国资源禀赋特征的研判。我国资源环境基础保障面临严峻挑战：资源总量大但人均量相对不足，空间分布与优劣资源比例不平衡，资源环境承载力趋近极限，经济下行压力持续增大，传统的依靠土地扩张和要素投入来推动发展的模式已难以为继，需要进行资源环境承载能力的评价[4]。

综合分析
成果应用
资源环境禀赋分析
对比国家、省域平均情况
现状问题和风险识别
对比评价结果与现状
潜力分析
对比是否适宜建设区域
情景分析
对比多种规划方案
支撑完善主体功能分区
支撑划定“三区三线”
支撑规划指标确定和分解
支撑重大工程安排
支撑高质量发展的国土空间策略
支撑编制空间类专项规划

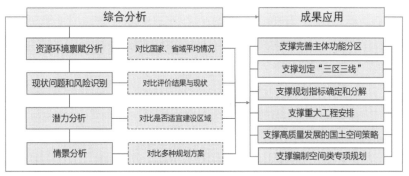

图 1 “双评价”综合分析与成果应用

（2）国土空间治理与管控的现实需求。新时代的国土空间规划背景下，城市建设的主要矛盾已从 1990 年前后快速城市化转变为高质量发展。在新语境下，要实现从总量调控向空间约束指引转变，聚焦于城市开发性空间的落位与格局优化。

（3）规划学科的未来发展趋势。“双评价”作为国土空间布局调整和格局优化的主要依据，已成为学界与各业务部门的广泛共识。随着国土空间规划体系逐步构建，“双评价”的出现顺应了规划学科发展的必然要求，规划学科作为空间治理的理论工具必然会与时俱进地做出相应的调整与革新。

3. 地位作用

（1）编制国空的重要基础分析。通过“双评价”，认识区域资源环境禀赋特点，找出其优势与短板；发现国土空间开发保护过程中存在的突出问题及可能的资源环境风险，确定生态保护、农业生产、城镇建设等功能指向下区域资源环境承载能力等级和国土空间开发适宜程度，为完善主体功能区战略，统筹优化生态、农业、城镇等空间布局提供基础支撑。

工作准备
规划需求
评价目标
资料收集
实地调研
专家咨询
评价内容、技术路线、核心指标及计算精度
本底评价结果校验
水资源
土地资源
气候
生态
环境
灾害
……
生态保护
极重要区/重要区
农业生产（种植/畜牧/渔业）
承载规模、适宜区/不适宜区
城镇建设
承载规模、不适宜区
综合分析
资源环境禀赋分析
现状问题和风险识别
潜力分析
情景分析
成果应用
格局优化
三线划定
指标分解
工程安排
高质量发展策略
…

图 2 “双评价”技术流程图

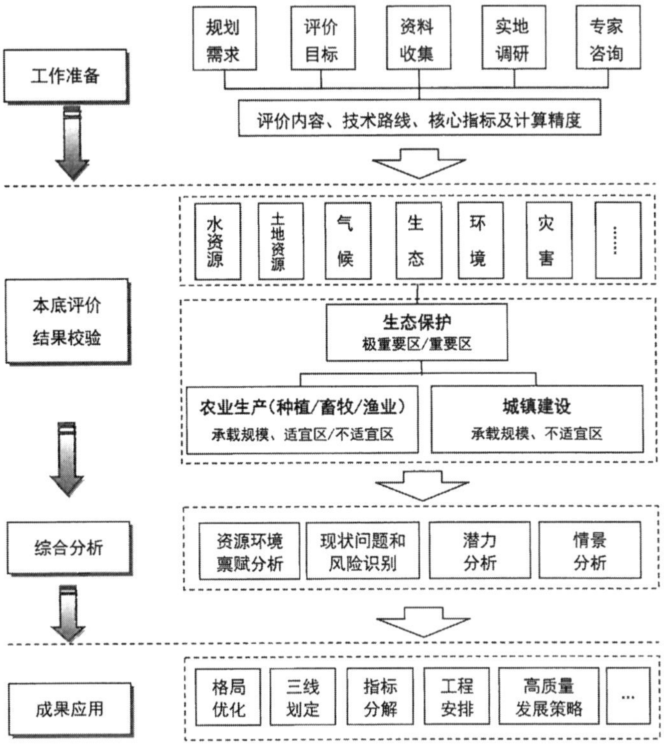

（2）划定“三区三线”的重要技术支撑。国空体系的核心是“三区三线”的划定。“双评价”提供了重要的技术分析方法和评估框架。需要注意的是，“双评价”是国土空间规划的预判毋庸置疑，但也亟须厘清其传导机制以及过程与结果的耦合，最终的“三区三线”的结果还需要结合地区的整体战略，因地制宜，多视角研究，同时需要多部门、多相关利益方统筹权衡[5]，最终得到相对科学合理的结果（图 1）。

4. 技术流程

一般而言，“双评价”在进行省级（或市级）国土空间规划编制时进行，工作流程主要分为 4 个部分：工作准备、本底评价、综合分析、成果应用[6]。根据自然资源部 2020 年颁布的《资源环境承载能力和国土空间开发适宜性评价指南（试行）》，“双评价”操作的技术流程如图 2。

5. 实践案例

为了让学生更形象、更深入地掌握“双评价”评估结果，筛选经典案例进行课堂讲解。

在长沙市国空规划中，通过“双评价”评估，找出了国土空间开发和资源环境保护的问题，识别了开发建设的短板，明确了生态保护、农业开发、城镇建设各等级空间规模，并在此基础上明确了国土空间开发保护的格局，为国土空间规划提供了有效的支撑（图 3）[7]。

四、教学难点与教学设计：追本溯源、工具属性、交叉融通、异同类比

从原理学习、知识理解、方法掌握、扩展应用等方面来看，“双评价”的教学内容具有复杂性、综合性和跨学科的特点。经过教研组讨论，认为教学中存在 4 个难点，概括成 4 个关键词就是“why，how，knowledge，relationship”。由于“双评价”理论体系较为前沿，在教学过程中学生难以建构较为科学的逻辑框架，因此需要针对教学重难点制定综合效益最大化的教学方案。

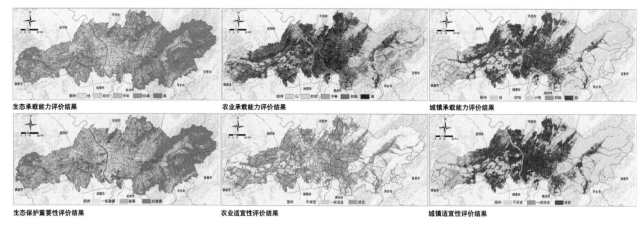

生态承载能力评价结果 　　　　　 农业承载能力评价结果 　　　　　 城镇承载能力评价结果

生态保护重要性评价结果 　　　　 农业适宜性评价结果 　　　　　 城镇适宜性评价结果

图3　长沙市国土空间"双评价"图

1. 国空体系中为何要引入"双评价"（why）

对于城乡规划和风景园林学科而言，在原有的教学体系和工程实践体系中，都没有"双评价"相关的内容。传统的单一评价方式已不能与新国空体系适配，取而代之的是"双评价"体系的引入。如何理解这次国空体系引入"双评价"，其必要性和重要性是什么？

教案设计：原理学习，追本溯源

"双评价"对于国土空间开发保护格局优化具有基础性作用，在指导国土空间规划编制、衔接省市区域和不同类型规划以及动态监管规划实施中发挥着核心作用[8]。因此，就增强国土空间规划的科学性和指导性而言，"双评价"体系作为规划前置的基础分析而引入新国空体系极为必要。为让学生有更深刻的理解，需要突破学科固有思维的约束，站在学科发展和国情需求的更高视角，"追本溯源"，展开讲解"双评价"引入的重要意义。

（1）学科发展视角

2008年至今，我国规划体系从原有的城乡规划体系发展到新的国土空间规划体系，这是我国社会经济发展的时代要求，是文明演替和时代变迁背景下的重大变革[9]。学科发展带来了一系列知识体系上的变更，在生态文明时代，新国空体系以多元复合的现代生态学为理论基础，将学科重点由单一的规划学科转向构建多学科共融体系，"双评价"的引入是对规划学科多元化、立体化发展的回应，是对学生理解国土空间规划这个总体概念的必要性补充。

（2）国情需求视角

经过几十年的城乡规划探索实践，我国一些地区资源环境承载能力已达上限，对国土空间的过度开发和无序开发，导致人口经济与资源环境的空间失衡、生态退化与环境污染，开展"双评价"工作对于推动生态文明建设意义重大[10]。因此"双评价"的引入能够助推国土空间规划，使其能够综合协调保护与开发并担负起构建人地和谐、天人合一的使命。

2. 怎样掌握"双评价"实操中的数据分析（how）

"双评价"的实操过程是一个数据处理与分析的过程，是一条将可量化的地缘数据整合为国空规划成果的路径。从技术掌握的视角来看，对"双评价"作用理解的重点在于认清"双评价"本身的工具属性。

教案设计：工具属性、数据分析

数据分析的难点在于两个：准备基础数据和选择评估方法。

（1）数据准备

在"双评价"技术流程引入的教学情境下，学生需明白在"双评价"工作前期，首先通过研判规划需求和评价目标，在收集资料与实地调研的基础阶段确定评价内容、技术路线、核心指标和计算精度；其次获取适配数据并对其进行预处理。两者协同作用为后续评价流程做好数据库准备（图4）。

（2）评估方法

在"双评价"科学内涵讲解的教学情境下，学生需知晓资源环境承载能力和国土空间开发适宜性是评价结果，这需要结合多因子通过4种主要评价方法得出结论。每种评价方法选取的工具与应用范围也有所差异，耦合之后共同作用于输出"双评价"结果（图5）。

3. 完成"双评价"需要掌握哪些知识（knowledge）

从知识掌握的视角来看，完成"双评价"仅仅了解城乡规划学科的知识是远远不够的，同时国土空间规划的最终成果需要多部门、多视角统筹权衡。因此需要把握多规合一的逻辑，结合生态学、地理学、风

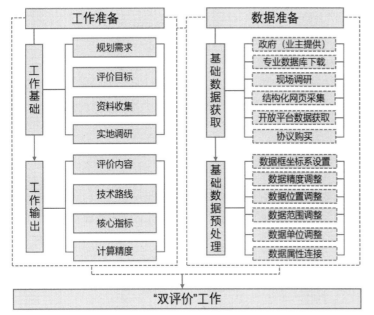

图4 "双评价"工作准备与数据准备

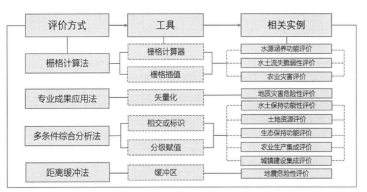

图5 "双评价"评估方法

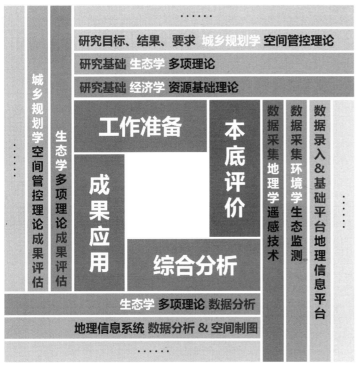

图6 "双评价"多学科交叉示意图

景园林、环境学等多学科的知识背景，厘清不同学科间的关联性。

教案设计：知识掌握、交叉融通

规划体系的变革可以落定于知识体系的嬗变，因此传统的规划学科教育体系定会顺应时代发展革新并拓宽学科边界，与其他相关学科交叉作用，为"双评价"基础知识的学习提供先行条件。对于学生来说，学习"双评价"体系有助于了解国土空间规划背景下学科发展的动态和方向，接受多元化的背景知识教育并拓宽学术边界，丰富知识储备。

在"双评价"体系教学过程中所凸显出的多学科交叉融合的特点可以在以下4个阶段（工作准备、评价、综合分析和成果应用）中得到体现（图6）。在工作准备阶段，"双评价"以城乡规划学空间管控理论、生态学理论、经济学资源基础理论为研究基础；在评价阶段，数据采集需要兼顾地理学的遥感技术和环境学的生态监测；在综合分析阶段，需要以生态学为基础选取评价因子进行空间格局特征分析，并以地理学为基础进行问题与风险评估和空间制图；在后续的成果应用阶段，可应用于生态学的景观格局优化、城乡规划学的"三区三线"划定等。

4. "双评价"之间是什么关系（relationship）

"双评价"对于国土空间规划的指导作用毋庸置疑，但关于两项评价（资源环境承载能力和国土空间开发适宜性）间的关系自"双评价"提出以来，不同的学者对其各抒己见，直到《指南（征求意见稿）》发布，二者关系才有了一个较为清晰的界定。在之后的一年中指南不断完善，二者之间的关系也更加清晰。因此在教学过程中，需以"指南"为基础掌握"双评价"不同的价值取向与应用范畴，正确理解"双评价"之间既相互关联、又存在差异的关系。其中资源环境承载能力评价，在我国这样一个资源挑战极其严峻的大国是一项极为必要和基础的工作，是对国空规划编制工作的来源的先导性认识，回答了"为何做"的问题。而国土空间开发适宜性评价则是在前者的基础上厘清了地域差异、自然因素、人类社会因素等互相作用的关系，进一步回答"怎么做"的问题。

教案设计：扩展设计、类比说明

"双评价"之间关系密不可分，既有价值取向的双向性，又有逻辑间的关联性[11]。为了更好掌握"双评价"之间的异同，列出表1进行说明。

从发展定位、管理取向和评价结果等方面来看，"双评价"之间存在着较大的差异性（表1）；同时，这两个评价在国空规划的体系中并列提及，说明"双评价"之间存在着密切的关联（表2）。

			"双评价"的差异性比较	表1
评价类型	战略定位	管理导向	空间治理	出口指向
资源环境承载力评价	约束性	严格调控	空间保护	数量规模
	优先关注的是承载力的"超载""超限""高压力""红色预警"等	评价结果作为是否干预的参考和政策调控的依据	宏观上倒逼国土空间规划对部分"高承载"区域进行空间保护；微观上为管理部门提供线索，调整治理时序	以数量规模为评价出口。通过分析资源环境各因子的量化数据，筛查出短板要素，对国土空间开发利用格局形成规模约束
国土空间开发适宜性评价	发展性	积极引导	空间开发	空间布局
	优先关注的适宜区，重在辨识区域某项开发活动最具潜力的区域	根据综合功能效用最大的标准，评价结果可引导国空的合理布局	宏观上探索高效有序的经济空间组织形态和空间结构；微观上考虑地区发展模式与管理成本收益	以空间布局为评价出口。通过应用评价结果，划定"三区三线"，对国土空间开发利用格局形成空间约束

		"双评价"的关联性分析	表2
国空规划的决策作用	国空规划的实践内容	国空规划的编制过程	
先后关系	并列关系	辩证统一关系	
资源环境承载力评价为国土空间规划实施提供基础判断，可以说是国空规划开展的"决策基础"；国土空间开发适宜性评价为国土空间规划实施奠定深层的理解与引导，可以说是国空规划进行的"决策引领"	《中共中央 国务院关于加快推进生态文明建设的意见》提出了"树立底线思维、设定并严守资源消耗上限、环境质量底线、生态保护红线，将各类开发活动限制在资源环境承载能力之内"，其中三大任务需要"双评价"分别实现，因此二者之间存在并列关系	矛盾关系：现状与理想潜能之间的矛盾；承载力评价侧重阐述开发的现存状态，适宜性评价侧重阐述开发的理想潜能；统一关系：国空规划本质就在于区域空间要素的重构，离不开对现状的参考，也离不开对理想潜能的预测	

五、结论

通过教学组以"双评价"为主题的专项课程研讨，完成了国土空间规划原理课程中"双评价"的教学教案设计。本课程是空间治理体系建设语境下针对规划新体系开设的新课程，现有的教学设计还存在许多不完善之处，期望在后续的教学循环中，根据教学反馈进行不断修改与完善。论文抛砖引玉，希望通过教学实践能为其他高校教学工作的开展提供一定的借鉴，请广大同行批评指正。

参考文献

[1] 田川，刘广奇，李宁，等.国土空间规划体系下"双评价"的实践与思考[J].规划师，2020，36（5）：15-20.
[2] 封志明，杨艳昭，闫慧敏，等.百年来的资源环境承载力研究：从理论到实践[J].资源科学，2017，39（3）：379-395.
[3] 贾克敬，何鸿飞，张辉，等.基于"双评价"的国土空间格局优化[J].中国土地科学，2020，34（5）：43-51.
[4] 张臻，曹春霞，何波.国土空间规划体系重构语境下"双评价"研究进展与趋势[J].规划师，2020，36（5）：5-9.
[5] 魏旭红，开欣，王颖，等.基于"双评价"的市县级国土空间"三区三线"技术方法探讨[J].城市规划，2019，43（7）：10-20.
[6] 自然资源部.资源环境承载能力和国土空间开发适宜性评价指南（试行）[Z].2020：3-11.
[7] 李彦波，邓方荣，罗逍."双评价"结果在长沙市国土空间规划中的应用探索[J].规划师，2020，36（7）：33-39.
[8] 周道静，徐勇，王亚飞，等.国土空间格局优化中的"双评价"方法与作用[J].中国科学院院刊，2020，35（7）：814-824.
[9] 白娟，黄凯，李滨."双评价"成果在县（区）级国土空间规划中的应用思路与实践[J].规划师，2020，36（5）：30-38.
[10] 杨保军，陈鹏，董珂，等.生态文明背景下的国土空间规划体系构建[J].城市规划学刊，2019（4）：16-23.
[11] 吴次芳等.国土空间规划[M].地质出版社，2019.

图表来源

图3：李彦波，邓方荣，罗逍."双评价"结果在长沙市国土空间规划中的应用探索[J].规划师，2020，36（7）：33-39.
本文其余图表均为作者自绘、自制。

作者：吴远翔，哈尔滨工业大学建筑学院，自然资源部寒地国土空间规划与生态保护修复重点实验室，寒地城乡人居环境科学与技术工业和信息化部重点实验室，黑龙江省寒地景观科学与技术重点实验室，副教授，博士生导师；史立刚，哈尔滨工业大学建筑学院，自然资源部寒地国土空间规划与生态保护修复重点实验室，寒地城乡人居环境科学与技术工业和信息化部重点实验室，教授，博士生导师；张明凤，哈尔滨工业大学建筑学院，硕士研究生；崔博艺，哈尔滨工业大学建筑学院，硕士研究生

面向国土空间社会化认知的开放式研究型设计课程教学模式初探

苏万庆　许大明　邹志翀

Teaching Mode of Open Research Design Course for Socialized Cognition of Land Space

基金项目：教育部新工科研究与实践项目："国土空间规划领域通专融合课程及教材体系建设"（E-ZYJG20200215）；教育部新农科研究与改革实践项目："'共同缔造'导向下高校服务乡村振兴战略新模式研究"（2020391）；哈尔滨工业大学研究生教育教学改革研究项目（21HX0303）；中央高校基本科研业务费专项资金资助（HIT. HSS.202108）；哈尔滨工业大学思政教育教学改革项目（XSZ20210076；XSZ2020048；XSZ2022055）

■ 摘要：国土空间规划的实施意味着我国规划系统发生了系统性的变革。然而，在有限的教学学时下面向全域全要素的人才培养，如何让学生理解资源保护与人民美好生活需求之间的不平衡不充分的矛盾统一关系，全面实现国土空间与社会空间协同发展，是未来规划教育中需要重点解决的问题。哈尔滨工业大学教学团队采用开放式研究型教学模式，能够有针对性地应对此类问题，并采用内外业结合，具身认知方法与多元量化数据相结合的方式进行教学，取得了良好的教学效果。

■ 关键词：国土空间规划；社会化认知；全域全要素；具身认知；开放式研究型教学

Abstract：The implementation of territorial spatial planning means that China's planning system is systematic changed. However, in the limited on-class hours, how to conduct the whole region and all elements oriented talents' education, how to make students understand the relationship between resource protection and the people's needs for a better life, and how to make coordinated development of land space and social space are key problems to be solved in education towards to students who are major in urban and rural planning in the future. The teaching team of Harbin Institute of Technology adopts the open research teaching mode, which can deal with the prementioned problems in a targeted manner, and adopts the combination of internal and external tasks, embodied cognition method and multivariate data to carry out teaching. The method has achieved good teaching results in many aspects.

Keywords：Territorial Space Planning；Social Cognition；Global Whole Elements；Embodied Cognition；Open Research Teaching

一、引言

2021年末，中国常住人口的城镇化率达到64.72%，城市发展已经进入后期平稳阶段[1]。2019年5月，中共中央、国务院正式公布文件，确定实施国土空间规划编制工作。这是我国未来推进生态文明建设、实现高质量发展和高品质生活的关键举措，也是促进国家治理体系和治理能力现代化的必然要求[2]。国土空间规划的实施不但要实现"多规合一"，更提出了全域全要素的管控要求。国土空间规划与传统意义上以发展建设为主体导向的城乡规划有所差异，也不同于注重管控思维的土地利用规划，而是在生态文明理念下对空间规划的重构。将传统规划的内容从建成环境扩展到全域全要素，体现了国土空间规划的战略性、约束性、系统性和权威性等特征。

近年来，我国已有诸多学者对于国土空间规划展开研究，主要集中在多规合一、空间规划体系、国际经验、用途管制、生态文明建设、专项规划、主体功能区、空间治理等方面。其中，涉及生态主题的研究内容主要集中在生态文明建设、生态保护红线、生态空间等方面[3]。国土空间规划的实施意味着我国规划系统发生了系统性变革，相应地对规划学科发展、规划知识结构和规划人才教育方面提出了新的要求。然而，目前我国已经全面建成小康社会，已经进入了中国特色社会主义的新时代，人民美好生活需要和不平衡不充分发展之间的矛盾才是国家未来将要解决的重点问题[4]。因此，国土空间规划并不是简单的多规合一，也不应过分强调资源"保护"。

本文从国土空间规划教学中需要面对的诸多问题出发，分析了国土空间社会化认知的重要性，介绍了哈尔滨工业大学在国土空间规划教学中开展开放式研究型教学的相关内容和案例。

二、国土空间规划教学中需面对的几个问题

（一）如何在有限学时下开展全域全要素的人才培养

传统城乡规划专业的研究内容已经属于"复杂的巨系统"，新的国土空间规划又在其基础上大大拓展了专业内涵，全域全要素管控是国土空间规划的核心之一。其中，全域覆盖了陆地、水域、领空等，全要素则需全面统筹山、水、林、田、湖、草、沙等自然资源，以及人、车、路、地、房等社会要素，形成全域全要素融合的管控体系。

面对庞大、复杂的知识体系，几乎不可能在有限的教学时间内使学生明晰全域全要素的内涵，也无法培养出具有"全面"知识结构的学生"个体"，因此在教学中必须有意识地根据学生兴趣培养具有"专门化"知识结构、系统化思维的专业人才。

因此在教学中要更加注重对学生专门化知识的引导和兴趣的激发，在注重知识"广度"培养的同时，更要重视思维的"深度"，不能局限于传统的传道、授业、解惑，更要培养学生认识、解决复杂问题的专业技能和综合能力。

（二）如何做到国土空间与社会空间的协同发展

长期以来，我国城乡规划由于长期受到西方规划理论思想的影响，更关注于物质空间建设与形态规划，更加强调美学、视觉秩序等，忽视了对社会空间的规划。已有诸多研究表明仅仅依靠物质环境的改善不能完全解决社会发展和经济发展问题，需要物质空间与社会空间共同作用才能激发经济活力，促进社会和谐发展。

与此同时，国土空间规划的内容虽然更加"复合化"，也从单一的物质空间规划向促进经济发展、生态保护、农田保育等方向进行了全面拓展。然而，国土空间规划是否在传统城乡规划的基础上更好地融合了"社会化"属性？在高城镇化率、城市建设大幅减少的未来是否能够有针对性地解决中国社会所面临的诸多发展问题，值得在教学中进一步思考和明晰。

（三）如何解决资源保护与人民美好生活需要和不平衡不充分发展之间的矛盾

与传统城乡规划相比，国土空间规划更加注重资源环境保护。三区三线是国土空间规划编制的重点内容之一，在规划中要明确划分城镇空间、农业空间、生态空间，并确定城镇开发边界、永久基本农田、生态保护红线这三条控制线。党的十九大报告中表明，目前中国特色社会主义已经进入了新时代，我国社会主要矛盾已经转化为人民日益增长的美好生活需要和不平衡不充分的发展之间的矛盾。与此同时，康体疗愈、休闲度假、房车旅游等已经成为我国人民追求美好生活的重要形式，并呈现逐年递增的趋势。在未来人们更需要亲近自然，走进田间，住在林中。因此，如何满足人们日益增长的美好生活需要，科学合理地划分三区三线，并做到人与自然的和谐共生？是否在生态保护红线和永久基本农田保护范围内就"禁止"开发？这类问题都是国土空间规划教学中的重要问题之一。

三、面向国土空间规划社会化认知的开放式研究型设计

（一）教学目标与方法

哈尔滨工业大学城乡规划专业历史悠久，积淀深厚，是第一批通过全国高等学校城市规划专业教育评估的五所院校之一。教学目标是为国家培养能够胜任城乡规划策划咨询、规划管理与科学研究的创新拔尖型人才。哈尔滨工业大学教学

团队在教学体系建设和课程设置上力求突破和解决国土空间规划人才可能面临的诸多问题。使学生能够深刻理解国土空间开发建设的适宜性和科学性，以及如何在规划中承载人类的多样化、多层次需求，追求国土空间的综合效用，而非简单的资源保护。近年来，教学团队将"开放式研究型"教学理念引入到课程教学改革中，通过调整课程培养目标、重构教学内容、改变教学方法与手段、改革考核方式等进行一系列改革。

开放式研究型教学方法源起于20世纪30年代的美国，60年代英国的雷金纳德·瑞文斯（Reginald Revans）提出了"行动导向教学"的概念，随后又发展出"课题讨论模型""开放课题模型"和"随机通达教学模型"等理论教学模型[5]。开放式研究型教学方法融合了混合式学习、探究性学习和反转课堂等国际先进教学理念，使教学更加灵活、主动，增强学生的参与度。开放式教学已经被证实能够显著提高教学效率，有助于学生在课程学习中处理复杂问题，因此在世界各国得到广泛推广和应用。

开放式研究型教学方法尤其在培养学生国土空间规划专业能力方面能够起到十分重要的作用。面对庞大的全域全要素知识体系，在传统教学中很难通过课堂讲授的方法让学生"深刻"理解资源、空间、经济与社会等要素间的关联关系，并在头脑中构建系统的联系。开放式研究型教学倡导"探究式"学习方法，而非信息"传递"式的基础学习，能使学生从被动接受者转变为主动探索者。开放式研究型教学主旨在于培养学生独立性、创新性和综合性。教学过程随时间和空间呈全方位多角度的动态变化，主要体现在教学内容的开放性、教学地点的开放性和教学手段的开放性。

（二）研究问题提出与计划

开放式研究型教学的整个过程以学生为主体，教师主要发挥引导作用。教师以指导学生研习任务为切入点，引导学生发现问题并解决问题，推动学生完成从感性到理性的认知转变，是以问题为中心的教学模式，哈尔滨工业大学2022年春季学期的选题题目见表1。

教学分为内业和外业两部分。首先，是由校内导师和校外导师团队共同制定课程方向及题目，提供给城乡规划、建筑学、风景园林三个专业的学生选择。学生根据自己兴趣进行选题，每个小组3~5人，由三个专业学生交叉组队，形成若干兴趣小组。

其次，兴趣小组再围绕选题方向进一步深化、细分选题。例如，课程方向为"面向全民健康及休闲产业发展的国土空间规划"，小组的细化选题则为"海南呀诺达热带雨林周边全民健康及休闲产业设施布局""哈尔滨生态滨水康养度假区详细设计"等。

最后，外业调研前，各研究小组将进行详细的内业准备工作。教师将引导学生提出问题、制定研究框架、研究计划等，并以研究性的思维去查阅资料。在课程的整个学习过程中更加强调教会学生探索性的思维过程，并获得解决实际问题的能力。帮助学生构建系统知识框架，将专业知识与社会化认知相结合，使学生在探索过程中培养创新精神与实践能力。随后，学生赴实践基地开展外业社会认知及场地调查工作。

（三）具身认知与多元量化数据相结合

开放式研究型国土空间规划教学采用更加"灵活开放"的复合型教学方法，将先进的多元量化数据方法与走进现场的"具身认知"方法相结合，让学生通过亲临现场获得"真实"的空间认知体验。具身认知方法能够帮助学生通过亲身体验去"激活"心理认知，形成生理体验与心理状态的强烈感知[6]。因此，在教学过程中更加强调身体体验在认知过程中的重要作用，赋予身体在认知的塑造中的决定性意义。在具身认知过程中学生能够更专注于主动的理论学习，能够自主规划学习内容、学习节奏，并通过研究小组共同研讨的方式解决实际问题。教师不再占用课堂的时间来讲授"信息"，而是采用"陪伴式"教学方式，在具体场景中更加深入地与学生针对"问题"展开讨论，强化了源于"兴趣"的个性化、深入的人才培养模式。

开放性研究型设计选题题目表　　　　表1

序号	选题方向	地点
1	面向全民健康及休闲产业发展的国土空间规划	海南、哈尔滨
2	促进适老健康发展的老城区城市开发空间规划策略研究	哈尔滨
3	"双碳"目标下的乡村人居环境设计研究	广州
4	城镇空间十五分钟社区生活圈	上海
5	存量规划视角下城市更新模式与规划设计研究	深圳
6	城市"超物"空间的重构——广州聚龙湾片区旧城更新设计	上海、广州
7	疗愈场所营造，为健康而设计——聚焦循证设计的医院空间模式研究与建筑设计	深圳
8	低碳社区的可能性与运维模式	上海
9	数字媒体时代城市意象范式研究	重庆、成都

在教学中，教师注重结合引导、演示、启发、提问等方式与学生进行互动，使学生积极参与到思考与讨论中去。

由于大数据在增强洞察力和改善决策方面具有巨大潜力。因此，在具身认知的同时，结合多元量化数据方法，从定量研究角度使学生对研究问题产生更为宏观和全面的认知。例如，对遥感数据、OSM 数据、POI 数据等开放数据的采集、处理和分析。

（四）教学反馈与一致性评价

在外业调查研究任务完成后，小组将根据各自的研究选题提交课程成果，包括规划设计作业、研究报告、专题汇报等形式。课程的教师教学团队将邀请行业专家、校外导师等一同组成评审小组，对课程成果进行一致性评价和教学反馈。教学反馈是为了动态跟踪并把握学生在学习中存在的困难和出现的问题，以便教师及时调整和改进教学。对课程成果的评价标准包括技能、知识和目标完成度等内容，评审小组将全面、客观、公平地考核学生的综合能力和方案水平。课程评价同时注重学生学习过程中的变化和发展性评价。

四、教学案例及解析

2022 年春季学期初，课题组拟定了"面向全民健康及休闲产业发展的国土空间规划"的课题方向。康养产业是面向有健康需求的健康人群、亚健康人群和患病人群，提供包括康复、疗养、健康管理、运动、休闲、文化、旅游等多种服务的统一整体、综合有机的产业链，是生产、生活和生态空间的有机组合，在国土空间规划教学中极具代表性和研究意义。

海南省的健康产业规划以习近平新时代中国特色社会主义思想为指导，实施健康中国战略，牢固树立新发展理念，以新时代人民日益增长的多样化健康需求为导向，以提高发展质量和效益为中心，以打造战略性支柱产业为目标。海南省的健康产业围绕建设"全面深化改革开放试验区、国家生态文明试验区、国际旅游消费中心和国家重大战略服务保障区"的战略定位。海南省力图建成全国健康产业先行先试试验区、健康产业高质量融合集聚发展示范区、健康产业科技创新驱动综合示范区、全球健康旅游目的地。

围绕海南省国土空间规划目标和健康产业发展规划定位，教学组根据课题研究方向，选择海南省保亭县作为课程基地。在与海南省城建主管部门和保亭当地政府对接的基础上，在出发前联合校外导师共同制定了详细的教学计划。现场的具身认知更容易让学生正确认知康养产业的综合性和复杂性，学会建立环境与人的主观感受之间的关系。海南省具有得天独厚的气候优势，因此在全民健康及休闲产业发展中处于国内的领先地位。优质的度假海滩、茂密的热带雨林、丰富的温泉资源等自然生态条件，成为集养老、康养休闲、运动康复、慢性病疗养等项目的集聚地。海南省也确定了国际旅游消费中心的战略定位和建设世界领先的智慧健康生态岛的战略目标。

课题小组对保亭县的城镇空间、生态空间和农业空间进行了调查，包括河、湖、峰、谷、林、田、塘等，见图1、图2。通过具身认知的方法研究了全民健康及休闲产业方面的优势与不足、宏观区位及项目定位、生态资源评估、交通及可达性、空间布局及尺度特征、空间活力及使用情况、人群行为及主观感受等方面。

课题小组同时采用多元量化数据方法进行研究，在老师的指导下获取了植被遥感数据、高程数据、OSM 路网数据以及 POI 功能数据等并进行分析，见图3。通过整合各类开放数据要素，优化了空间结构，方案从康养空间塑造、共享空间使用模式、空间组织与功能取舍、道路交通组织、空间景观规划等方面建立了清晰的结构，并建立起与周边生态地区的有机衔接。全方位地建立了人与自然的融合共生关系，积极完

图1　保亭县重要资源分布示意图

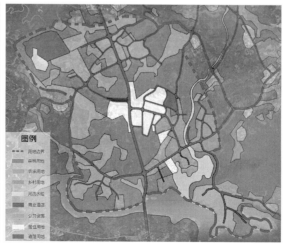

图2　现状用地类型分类图

善基地内各项设计要素，激发康养和休闲产业的潜在价值和活力，使自然资源康养功效和潜力得到有效挖掘和科学利用。

在调查研究的基础上，学生在规划方案中确定了六大功能组团，包括医疗康养度假组团、热带旅游组团、森林公园游乐组团、度假商务组团、居住公共服务组团、文化度假组团，见图4。在六大功能组团的基础上，依托现状资源特征，打造了康养中心、森林氧吧康养公园、呀诺达热带雨林公园、生态养生岛、丛林探险、布隆赛黎族度假村、三道镇商贸服务中心、康养医院、海滨疗养院、运动康复中心、气候治疗中心、慢性病康复中心、公园、酒店、社区等项目，并制定了康养流线将其串联在一起，见图5。系统性地规划了气候疗养地，延伸了气候康养产业链，开发了森林康养、温泉康养、运动康养等健康旅游业态，形成特色康复疗养、休闲养生与旅游的深度融合，也是国土空间与社会空间的深度融合，见图6、图7。

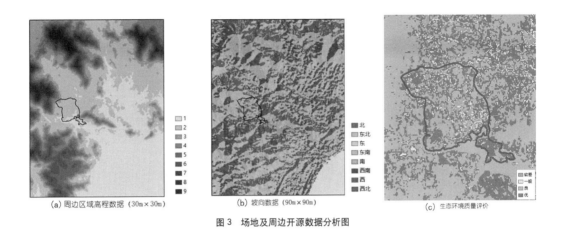

图3 场地及周边开源数据分析图

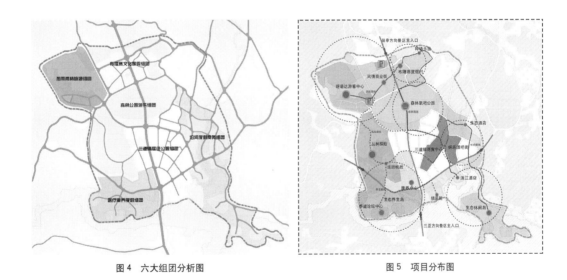

图4 六大组团分析图　　　　　　　　图5 项目分布图

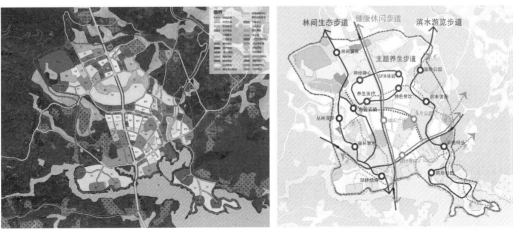

图6 土地利用规划图　　　　　　　　图7 健康步道系统规划图

近几年的教学实践表明，开放式研究型教学模式能够很好地适应国土空间规划的教学需求，通过具身认知方法与多元量化数据方法的有机结合，能够使学生更加深入地获得面向国土空间规划的社会化认知，有助于培养具有科学研究能力的创新拔尖型规划人才。

参考文献

[1] 国家统计局.中华人民共和国 2021 年国民经济和社会发展统计公报.
[2] 孙施文，张勤，武廷海，等.空间规划基础理论大讨论 [J].城市规划，2022（046-001）.
[3] 李洪义，邹润彦，殷乾亮，等.基于 CiteSpace 的国内国土空间规划研究知识图谱分析 [J].国土资源科技管理，2018，35（3）：12.
[4] 唐皇凤.社会主要矛盾转化与新时代我国国家治理现代化的战略选择 [J].新疆师范大学学报：哲学社会科学版，2018，39（4）：11.
[5] 曹华盛.开放式研究型《旅行社经营管理》课程教学模式的设计与实践——基于行动导向教学理念 [J].教育理论与实践：学科版，2015（11）：3.
[6] 叶浩生.身体与学习：具身认知及其对传统教育观的挑战 [J].教育研究，2015，36（4）：11.

图表来源：

图 1 ~ 图 7、表 1 均为作者自绘。

作者：苏万庆，哈尔滨工业大学建筑学院，自然资源部寒地国土空间规划与生态保护修复重点实验室，寒地城乡人居环境科学与技术工业和信息化部重点实验室，副教授，城市规划系副主任，博士生导师；许大明，哈尔滨工业大学建筑学院，自然资源部寒地国土空间规划与生态保护修复重点实验室，寒地城乡人居环境科学与技术工业和信息化部重点实验室，副教授，硕士生导师；邹志翀，通讯作者，哈尔滨工业大学建筑学院，自然资源部寒地国土空间规划与生态保护修复重点实验室，寒地城乡人居环境科学与技术工业和信息化部重点实验室，副教授，硕士生导师

国土空间规划背景下城市设计课程建设中多元知识融合路径

戴　铜　陈心朗　吴松涛　邱志勇

Multi-knowledge Fusion Path in Urban Design Course Construction under the Background of Territorial Spatial Planning

■ 摘要：随着国土空间规划实践工作推进，城市设计被赋予新时代的任务，这也对城乡规划学专业核心课程之一的城市设计课程提出了新的建设与改革要求，城市设计课程体系应如何融入国土空间规划知识体系，以顺应新形势下城市设计行业发展及人才培养需要，成为城乡规划教育领域的重要课题。本文通过目标价值新导向、相关内涵与外延拓展、专门人才新需求等方面分析了新时期城市设计的转型与拓展，提炼当前城市设计课程教学中的问题。在此基础上，通过四个方面探索了城市设计课程体系中与国土空间规划相关的多元知识融入路径，包括：设置动态开放框架、搭建协同思维体系、合理转化教学单元、稳步建设课程集群，以期为新时期城市设计课程改革进行有益探索。

■ 关键词：城市设计课程体系；国土空间规划；多元知识融合；课程体系改革

Abstract: With the advancement of territorial spatial planning practice, urban design has been given the task of a new era, which puts forward new construction and reform requirements for urban design course, one of the core courses of urban and rural planning. How to integrate territorial space planning knowledge system into urban design curriculum system to meet the needs of industry and talent training under the new situation. This paper analyzes the transformation and expansion of urban design through the new orientation of target value, the expansion of related connotation and extension, and the new needs of specialized talents, to compare and refine the problems in the current urban design curriculum teaching. This paper explores the multi-knowledge fusion path related to territorial spatial planning in the urban design curriculum system through four aspects, including setting up a dynamic open framework, building a collaborative thinking path, rationally transforming teaching units, and steadily building curriculum clusters to make a useful exploration for the reform of urban design curriculum in the new era.

Keywords: Urban Design Curriculum System；Territorial Spatial Planning；Multi-knowledge Fusion；Course System Reform

基金项目：教育部新工科研究与实践项目（E－ZYJG20200215）、教育部新农科研究与改革实践项目（2020391）、哈工大研究生教育教学改革研究项目（22HX0602）、黑龙江高等教育教学改革项目（SJGY20200221）

一、引言

2019年《中共中央、国务院关于建立国土空间规划体系并监督实施的若干意见》(以下简称为《意见》)要求"充分发挥城市设计、大数据等手段改进国土空间规划方法,提高规划编制水平"。城市设计作为新时期城市环境品质提升的有效工具,贯穿于国土空间规划各个层级,具有不可替代的作用。

现代城市设计思想自1980年代引入我国,国内各大高校陆续开设城市设计课程,伴随着城乡40多年的发展,如今城市设计课程已成为我国城乡规划学、建筑学等多个学科的核心课程之一。国土空间规划背景下,城乡建设发展偏向于从"空间品质、公正政策及社会实践[1]"三个层面展开,迫使实践中的城市设计外延与内涵不断扩大,以承担生态文明时代塑造高质量人居环境的重任[2]。

高校中的城市设计课程体系也需要进行改革,对国土空间规划产生的新理念、新方法与新技术做出响应,适应新时代对城市设计的新要求,《意见》中也明确指出要"研究加强国土空间规划相关学科建设"[3]。国土空间规划知识体系庞杂,所涉及的学科领域多,空间层级多,如何将其转化为多元知识点,融入城市设计课程体系,培养新时期适应时代发展的城市设计方向人才,提升其综合协调能力,是本文重点讨论的内容。

二、新时期城市设计的转型与拓展

(一)目标价值新导向:美好人居环境的高质量建设

国土空间规划的目标价值取向是统一与平衡,即追求人、自然、社会的多维有机统一,在自然生态保护、城乡社会发展和个体价值实现中寻求发展平衡[4]。作为国土空间规划体系的一部分,城市设计贯穿全过程,是国土空间高质量发展的重要支撑[5]。城市设计实践应在各个层级和各阶段反映国土空间规划的价值取向。

因此,城市设计不仅是传统意义上"提高城市建设水平、塑造城市风貌特色"的重要手段,在以人为本、公共利益为先、城乡资源分配更讲求合理与公平的新形势下,还是新价值导向的载体,其目标应包括[5]:达成高品质、高质量的美好人居环境与宜人场所的建设目标,并通过对多重要素进行统筹协调,运用设计思维,实现不同空间尺度和层级人类聚落及其环境系统的整体布局结构优化。

(二)内涵与外延拓展:全域全要素的设计与管控

国土空间规划的出发点是对国土空间范围内生产、生活、生态空间的全域全要素的合理统筹

与利用。伴随着新城建设饱和,设计现状条件愈发复杂,城市设计工作重点也从传统城乡增量建设转向缓解现有城市空间秩序的矛盾,使得城市设计内涵与外延都需要不断拓展。

在城乡人居环境高质量协同发展与"美丽中国"国土空间开发保护利用的命题下,城市设计的内涵与外延都有所拓展,在空间层级上,城市设计面向与人居环境相关的全要素,覆盖了区域、中心城区、详细规划片区全域层级。

在设计对象上,城市设计突破了以往的城镇建设发展区范围,向全域生产、生活和生态空间进行扩展,其中生态保护与控制区、农田保护区、乡村发展区等[6]也被纳入城市设计管控的范畴中,以对接国土空间规划体系中山、水、林、田、湖、草、沙的生态全要素以及人居环境的整体统筹与协调。因而运用城市设计系统化的思维及其设计与管控技术,实现"生态—空间—景观"[5]的一体化优化提升,成为国土空间规划背景下城市设计的核心任务。

(三)专门人才新需求:具备多维思辨与综合协调能力

《意见》出台之前,城乡规划学在近百年发展历程中,基于建筑学、工程学,与地理学、经济学、社会学等其他学科交叉,建构起相应的知识体系。国土空间规划框架下,城乡规划学又一次面临重塑[7],需要与其他学科相互融合,培养交叉领域的国土空间规划人才。以此为基础的城市设计专门人才培养也有着相似的培养需求,即具备多维思辨及综合协调能力,可进一步分解为:多学科综合学习能力、空间设计创新能力、长远的全局观念以及理性的管控思维。

首先,新时期城市设计人才需要具备多学科背景,原来的人才培养"专而精",现在不仅需要具备"广而全"的知识储备,还需要具有针对具体问题将相关知识进行综合转化的能力;其次,需要培养通过系统的城市设计思维,实现美好人居环境创新设计的能力;最后,如今城市设计不止需要进行三维空间表达,还需要实现生态系统安全可持续、历史文脉传承发展、社会公平正义[8]的建设目标,因此专门人才也需要具有长远的全局观念、空间资源的统筹协调能力以及理性的管控思维。

三、现阶段城市设计课程教学中的问题

自2011年起,城市设计被认定为建筑学下设的二级学科之一,高校中的城市设计课程设置以"风貌塑造、场所营造"为核心,课程所涉及的设计地段多以中微观空间尺度为主。在国土空间规划框架下,城市设计被赋予新时代使命,肩负实现创造美好人居环境的重任,城市设

计的对象扩大到全域全要素层面，迫使高校中设置的城市设计课程体系做出改革，以应对新时期的要求。同时，原本以中微观空间为设计对象的城市设计课程在教学过程中也暴露出若干问题。

（一）课程内容建设中重设计方案，轻管控思维培养

1956年，哈佛大学组织召开了首次城市设计国际会议，对城市设计学科与定位达成了共识，认为城市设计是弥补城市规划和建筑学、景观建筑学之间空隙的"桥"。因此城市设计从诞生之初就被认定为既可以通过设计承接城乡规划，又可以通过管控承接建筑学与风景园林，具有"设计与管控"的双重属性。

以此为基础，城市设计课程体系建设中应强调"设计＋管控"的双重内容。以哈尔滨工业大学为例，城市设计课程体系建设一直保持"设计与管控"双重思维培养（图1），但本科阶段更重设计思维，硕博阶段才开始重视管控思维培养，由于本科阶段的基础不牢，学生对于管控思维往往一知半解，使他们对城市设计"桥"的双向承接作用认知不够深入，导致设计方案目的不清晰。

（二）课程设计对象上重微观尺度，轻宏观秩序梳理

城市设计课程在设计对象选择上，一般会结合当年的城市设计竞赛或项目展开，有些是国家部委发布的，有些是地方政府发布的，还有些是真实的项目实践。无论哪种设计对象，基本都偏重于中微观层面，如WUPEN竞赛近几年发布的都是1km²以下的地段。地段范围设置使城市设计的任务更注重与建筑学、风景园林学的承接，因此学生最后呈现出来的设计方案多体现为详细规划层面的建筑及景观布置方案。

这可能会产生两种倾向：一方面是"唯竞赛论"，即设计方案脱离实际，缺少对上位规划的秩序梳理，在现状分析基础上，重点是设计节点在建筑尺度、小环境尺度的不断加深加细，营造人本场景空间，多细节效果表达，少空间理论及规律探索；另一方面是缺少宏观空间层次，特别是跨城市的区域尺度空间理论的学习，如生态系统、人文整体空间格局相关知识的教学缺失，学生对

与之相关的地理学、林学、生态学等学科知识了解较少，难以建立整体的空间协同发展观。

（三）课程体系设置上受约束限制，较难灵活配置

城市设计本身是一项具有一定创新性的设计活动，需要在掌握科学规律的基础上，不断融入一些具有创造性的理论与观点，形成既具有特色，又符合发展规划的设计方案。课程建设中既需要培养学生的科学发展观，又需要借助多种形式挖掘学生的创新能力，因此课程设置需具备一定的灵活性。

国外课程设置的创新性经验包括：多主体教学，有来自不同学科背景的教师在不同的设计阶段介入课堂，参与学生的设计过程，加强对学生创造性思维的培养；多年级、多专业共同参与，将来自不同专业的本科、硕士、博士共同建组，共同协商完成作业内容；多种形式教学，讲课、实验、讲座、MOOC多种选择，可有效启发学生的设计思维与创新能力。

现实中高校的各个专业、不同年级学生的培养方案难以相互融合，较难实现同一课程中有不同专业、年级学生，实现一体化教学；同时受到课程时长、地点、竞赛要求等方面的限制，城市设计的课程体系的设置也难以灵活多样，较大程度上影响了城市设计课程的教学效果。

四、城市设计课程体系中多元知识点的融合路径

（一）设置动态开放框架：城市设计创作过程与建构课程教学框架

城市设计创作是在既有制约条件下，理性地分析客观条件，准确地发现城市设计问题，创造性地提出解决问题的方案，并运用城市设计技术手段，解决设计方案的创新难点。整个创作过程可进一步概括为信息输入、信息加工和信息输出三个阶段（图2）[9]，前两阶段主要体现分析评价，后一阶段主要体现创新构思。这三个阶段也是一个不断发现问题、分析问题与解决问题的过程，因此兼具动态性和开放性。

以此作为城市设计课程教学的基础框架，有利于城市设计课程体系建构过程中不断吸纳来自

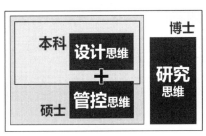

图1　哈工大的城市设计教学偏重

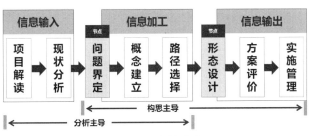

图2　城市设计的创作过程

于其他新领域的相关知识,并将这些知识转化为更为创新性的城市设计方案。因此这种动态的开放式教学框架更适用于城市设计课程体系的创新改革。其中信息输入部分包含:项目解读和现状分析,用于界定现存问题;信息加工部分包括概念建立、路径选择,作为进行形态设计的基础;信息输出部分包括形态方案确定、方案的评价与深化以及实施管理部分。

(二)搭建协同思维框架:国土规划框架下的多元知识梳理

段进院士曾指出,应合理运用城市设计思维,"以文化作为人与生态关系的媒介,将人工之美有机嵌入自然原真之美,使人工与自然融为有机整体"。可见城市设计思维融入国土空间规划框架,核心在于系统地统筹保护空间资源,塑造空间特色。因此首先应建立起以"底线约束+品质塑造"为基础的协同思维体系,包含基于刚性管控的底线思维及基于弹性引导的品质思维两个层面(图3),才能更好地确保城市设计在国土空间框架中"实用、好用"。

以此为前提,城市设计课程体系中引入国土空间规划知识体系则可划分为两条路径、三个层次。两条路径是与国土资源保护相关的知识体系以及与空间利用相关的知识体系,分别对应于底线思维与品质思维。三个层次对应于城乡空间建设过程,即从要素评价分析,到形态设计引导,再到分级分类管控。首先立足于国土空间规划"三区三线与双评价",学习全域全要素的评价分析方法;其次统筹保护与利用的空间资源,运用城市设计系统思维,建构"自然、人文"两种空间格局[8];最后基于"底线与品质",学习建构刚性管控与弹性引导方式分级分类优化空间资源的流程,学习实现美丽人居环境的实施管理方法。

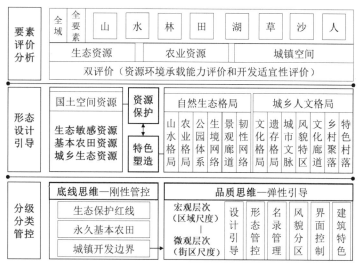

图3 国土空间规划与城市设计协同思维框架

(三)合理转化教学单元:协同思维转化为知识模块

将协同思维框架与城市设计创作过程整合,可建构起融合国土空间规划知识单元的城市设计课程体系(图4)。上述三个层面内容对应于城市设计创作的三个阶段,要素评价分析相关的三区三线、双评价可归纳到信息输入阶段,以便更科学地提炼现存问题;与形态引导分析相关的资源保护与特色塑造可归纳到信息加工阶段,有利于从整体上彰显整体空间格局,提升设计方案创新性;与分级分类管控相关的知识可归纳到信息输出阶段,有利于提升"底线约束、品质塑造"协同思维能力。

由于国土空间规划覆盖了从宏观到微观的全域尺度,因此具体教学单元应视具体课程选择的具体地段条件而定,并搭配不同学科背景的教师共同参与城市设计课程体系建设。同时,依据不

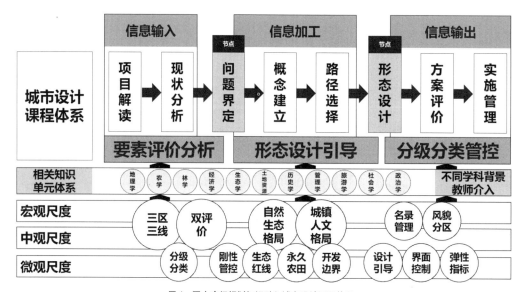

图4 国土空间规划知识融入城市设计课程体系

同教学内容，在不同的城市设计课程阶段引导学生提升不同方面的能力，包括：结合新型分析技术认知与分析城市空间各种环境承载信息的能力；由于空间关系重组而引起的公共关系重塑、空间秩序重建的场所设计能力；综合各种城市要素，建构多系统协同机制来引导城乡建设实施管理的能力。

（四）稳步建设课程集群：突显设计课程主线，结合多种教学形式

国土空间规划是一个庞大的知识体系，涉及众多的学科，更为有效的方式是将其思维方法与知识框架引入，再依据设计地段具体问题，选择适用的空间层级分析方法及相关学科知识单元，将其穿插入课程教学的各个阶段。因此城市设计课程应以课程集群形式灵活呈现，可概括为"大设计、小理论、配专题、引外援"四方面（图5）。

"大设计"是指城市设计课程体系仍需突出创作设计主线，保持"现状问题分析—设计方案形成—设计图则导则"的过程。"小理论"指在设计方案形成过程中需结合具体问题形成知识单元，以理论或实验教学模块的形式穿插到设计课程主线中。"配专题"是指针对一些较难的数据分析、信息收集问题，借助专题工作坊形式，如统计分析专题、R语言程序分析专题等进行学习。"引外援"则是通过定期聘请一些相关学科的知名学者开设专题讲座、参加竞赛或参与管理实践等方式，更全面、系统地学习相关知识。

图5　课程体系建设四个方面

五、结语

在城乡建设从粗放向精细化发展的阶段，城市设计作为提高国土空间建设质量的重要手段，势必在未来城乡建设中起到重要作用，适应国土空间规划发展阶段的城市设计专门人才也将是未来城乡建设的新需求。因此，探索城市设计课程体系的改革方法并与国土空间规划知识不断融合，是一项迫切的任务。但国土空间规划是宏大命题，更是国家大力推进生态文明建设的基础，所涉及的知识体系涵盖了城乡建设的全部内容，如何有效与城市设计结合并形成良性互动是一个需要长期探索的课题，希望本文提出的相关议题可以得到持续关注，使城市设计教育、教学体系得到持续建设与完善。

参考文献

[1] 王世福，麻春晓，赵渺希，等.国土空间规划变革下城乡规划学科内涵再认识[J].规划师，2022，38（7）：16-22.

[2] 段进，范拯熙，蔡天怡.新形势下城市设计制度建设的思考[J].时代建筑，2021（4）：16-20.

[3] 黄贤金.构建新时代国土空间规划学科体系[J].中国土地科学，2020，34（12）：105-110.

[4] 周庆华，杨晓丹.面向国土空间规划的城乡规划教育思考[J].规划师，2020，36（7）：27-32.

[5] 中华人民共和国自然资源部.国土空间规划城市设计指南[Z].2021.

[6] 《城市规划学刊》编辑部."构建统一的国土空间规划技术标准体系：原则、思路和建议"学术笔谈（二）[J].城市规划学刊，2020（5）：1-8.

[7] 石楠.城乡规划学学科研究与规划知识体系[J].城市规划，2021，45（2）：9-22.

[8] 周琳，孙琦，于连莉，等.统一国土空间用途管制背景下的城市设计技术改革思考[J].城市规划学刊，2021（3）：90-97.

[9] 金广君.当代城市设计创作指南[M].中国建筑工业出版社，2015.

图片来源

图2来源于参考文献[9]。
图3基于参考文献[8]修改。
其余图片为作者自绘。

作者：戴锏，哈尔滨工业大学建筑学院，自然资源部寒地国土空间规划与生态保护修复重点实验室，副教授，硕士生导师；陈心朗，哈尔滨工业大学建筑学院，硕士研究生；吴松涛（通讯作者）哈尔滨工业大学建筑学院，自然资源部寒地国土空间规划与生态保护修复重点实验室，寒地城乡人居环境科学与技术工业和信息化部重点实验室，黑龙江省寒地景观科学与技术重点实验室，景观系主任，教授，博士生导师；邱志勇，哈尔滨工业大学建筑学院，自然资源部寒地国土空间规划与生态保护修复重点实验室，副教授，硕士生导师

新农科建设背景下建筑院校乡村规划教学改革探索——以哈尔滨工业大学为例

冷 红 蒋存妍 于婷婷 袁 青

Exploration on Teaching Reform of Rural Planning in Architectural Colleges under the Background of Emerging Agricultural Science—Taking Harbin University of Technology as an Example

■ 摘要：乡村规划与建设是实施乡村振兴战略的重要支撑，建筑类高等院校培养的城乡规划专业人才未来将成为乡村规划与建设的主力军，因此，应积极推进作为工科的城乡规划专业与农业农村发展的交叉和融合，有针对性地在新农科建设背景下开展乡村规划课程教学改革。本文分析城乡规划专业乡村规划教学的基本情况和面临挑战，提出在新农科建设背景下，建筑院校乡村规划教学改革应重点关注知识建构、认知体验、实践引导和责任培养等几个方面，实现人才培养的多元化。

■ 关键词：新农科；乡村振兴；乡村规划；建筑院校

Abstract：Rural planning and construction is an important support for the implementation of the Rural Vitalization Strategy. The urban-rural planning professionals trained by architectural colleges and universities will become the main force of rural planning and construction in the future. Therefore, we should actively promote the intersection and integration of urban-rural planning as an engineering discipline and agricultural and rural development, and carry out the teaching reform of rural planning curriculum under the background of the construction of Emerging Agricultural Science. The paper analyzes the basic situation and challenges of rural planning teaching in urban-rural planning specialty, and proposes that under the background of Emerging Agricultural Science construction, the rural planning teaching reform in architectural colleges should focus on knowledge construction, cognitive experience, practical guidance and responsibility training, so as to realize the diversification of talent training.

Keywords：Emerging Agricultural Science；Rural Vitalization；Rural planning；Architectural College

基金项目：教育部新农科研究与改革实践项目："'共同缔造'导向下高校服务乡村振兴战略新模式研究"（2020391）；教育部新工科研究与实践项目："国土空间规划领域通专融合课程及教材体系建设"（E-ZYJG20200215）；黑龙江省教育厅新农科研究与改革实践项目（SJGZ20200057）；哈尔滨工业大学创新创业教育课程"乡村类规划竞赛指导课程"

一、乡村振兴战略和高校新农科建设背景

乡村兴则国家兴，乡村衰则国家衰。我国人民日益增长的美好生活需要和不平衡不充分的发展之间的矛盾在乡村最为突出，全面建成小康社会和全面建设社会主义现代化强国，最艰巨最繁重的任务在农村，最广泛最深厚的基础在农村，最大的潜力和后劲也在农村。自 2004 年开始，中央连续 19 年发布以"三农"为主题的中央一号文件，为中国农业农村发展提供了重要指引。党的十九大报告指出，农业农村农民问题是关系国计民生的根本性问题，必须始终把解决好"三农"问题作为全党工作的重中之重，实施乡村振兴战略。党的二十大报告则进一步强调全面推进乡村振兴，坚持农业农村优先发展，巩固拓展脱贫攻坚成果，加快建设农业强国。可以说，实施乡村振兴战略，是解决新时代我国社会主要矛盾、实现"两个一百年"奋斗目标和中华民族伟大复兴中国梦的必然要求，具有重大现实意义和深远历史意义。

乡村振兴战略的顺利实施，人才是关键，产业兴旺、生态宜居、乡风文明、治理有效、生活富裕都需要人的参与。2018 年 8 月，中央办公厅和国务院办公厅联合下发《关于以习近平新时代中国特色社会主义思想统领教育工作的指导意见》，明确提出要发展新工科、新医科、新农科、新文科。"新农科"正是以服务乡村振兴、美丽中国、健康中国等国家战略需要为己任，变革和发展传统农科的知识体系、学科专业体系、人才培养体系和科技创新体系，构建能够支撑农业农村现代化的高等农业教育新体系[1]。新农科建设的举措正是将现代科学技术融入现有的涉农专业中，并且要布局适应新产业、新业态发展需要的新型涉农专业，为乡村振兴发展提供更强有力的人才支撑。2019 年 12 月，在北京召开的新农科建设指南工作研讨会上，教育部高等教育司司长吴岩指出，要对高校人才培养模式进行改革创新，通过新农科建设提高国家各方面实力，全面提升高等教育服务国家战略和经济社会发展的能力[2]。

二、新农科建设背景下建筑院校乡村规划教学改革的重要意义

进入新时代，加快建设高等教育强国成为引领我国高校教育教学改革的核心目标。习近平总书记在清华大学考察时强调，要用好学科交叉融合的"催化剂"，加强基础学科培养能力，打破学科专业壁垒，对现有学科专业体系进行调整升级，瞄准科技前沿和关键领域，推进新工科、新医科、新农科、新文科建设，加快培养紧缺人才。

一直以来，作为承载农业人才的摇篮，农业高等院校在人才培养方面充分发挥了引领和支撑作用，促进了农业的发展[3]，也成为当前新农科建设的重要力量。与此同时，也必须充分地认识到，在全面推进乡村振兴国家战略的背景下，作为以工科为主体的建筑类高等院校也是为国家乡村建设和发展培养和输出人才的主力军，在乡村振兴战略实施中能够发挥出重要的作用和承担重大的社会责任。国家实施乡村振兴战略的重要支撑是乡村规划与建设，建筑类高等院校培养的城乡规划专业人才正是乡村规划与建设领域重要的就业主体，未来也将成为乡村振兴工作中的重要人才。自 2017 年以来，连续多年的中央一号文件都提出加强乡村规划和建设专业人才培养的要求。建筑院校的城乡规划学学科作为新农科的重要领域，应当肩负起自己的重要使命，围绕高校服务乡村振兴战略的总体目标，形成新工科与新农科共同推进的学科发展格局，培养具有新工科与新农科交叉融合的城乡规划人才，提升乡村规划专门人才供给的能力，这是新时代建筑类高等院校城乡规划学等相关学科面临的重要课题。因此，应积极在建筑院校城乡规划等相关专业开展新农科建设，聚焦中国特色农业农村现代化建设面临的新机遇与新挑战，以国家乡村振兴战略需求为背景，推进作为工科的城乡规划专业与农业农村发展的深度交叉和融合。

自改革开放以来很长一段时期里，中国建筑院校为快速城镇化进程和城乡建设输送了大量的高水平城乡规划专业人才，由于中国城镇化进程一直以城市人口规模增加和城市空间扩张为主要特征和发展路径，因此，城乡规划专业相应在规划课程设置和教学方面存在着重城市、轻乡村的情况。新时期城乡发展模式转型和乡村振兴战略的提出意味着国家发展战略需求的转变，由过去片面关注城市建设向城市与乡村融合的发展方式转变，城乡规划专业发展和人才培养也面临着新的挑战和新的使命。与之相应的，乡村规划的相关理论与设计实践类课程也逐渐成为建筑院校城乡规划人才培养过程中重要的教学环节，教学效果直接关系到国家实施乡村振兴战略建设人才的质量。作为培养城乡规划专业人才的重要基地，建筑类高等院校要与时俱进，积极承担起培养乡村振兴人才队伍的重任，紧密结合国情，面向国家乡村振兴战略需求，有针对性地在新农科建设背景下开展乡村规划课程教学改革，强化新农科特色，提升教学质量，实现国家需要与人才培养的紧密结合，这对于培养服务国家战略的城乡规划人才、推动实现全面乡村振兴具有重要的现实意义和显著的社会效益。

三、城乡规划专业乡村规划教学的基本情况和面临的挑战

作为典型的工科强校，哈尔滨工业大学是也是国内知名的"建筑老八校"之一，建筑教育的历史可以追溯到1920年中东铁路学校的铁路建筑科，办学底蕴深厚，城乡规划专业教育位于国内院校的前列。学校1959年成立城乡规划研究室，设立城乡规划专门化方向，在哈雄文先生带领下开展人民公社规划的研究和实践；1985年开始招收城市规划专业本科生，1991年开始在本科生中正式开设村镇规划相关理论课程并在学生毕业设计中开设村镇规划的设计课题。经过多年的发展，目前哈尔滨工业大学建筑学院城市规划系在本科生层面开设了村镇规划原理（城乡规划原理3），讲授村镇规划的基本原理知识和编制方法；开设了乡村调研实习和乡村竞赛创新创业等课程，并在开放式规划设计研究、毕业设计和研究生层面的规划设计研究等课程中设置了乡村规划设计方向，以各类乡村规划实践课程帮助学生深入了解乡村问题，提升学生专业实践能力。同时，在城乡规划管理、国土空间规划、城乡规划前沿等课程中也融入乡村规划相关知识。

多年来，哈尔滨工业大学虽然在乡村规划教学方面积累了丰富的经验，培养了大批人才，但也面临着挑战。其一，如何提升学生对于乡村规划课程学习的兴趣？工科建筑院校往往将设计课程作为主线贯穿教学进程，与设计课程相比集体建设用地、宅基地调整、农用地变更和农村产业发展等概念和知识对于学生而言较为陌生，学生对于乡村规划课程的重视不足、兴趣不大，在接受知识方面一定程度上存在认知转换方面的困难，包括从设计到规划的转换，从城市到乡村的转换和从单纯的物质空间向物质空间与社会、经济背景结合的转换。其二，如何构建适应乡村规划课程知识传授的教学模式？许多城市学生对农村生产和生活环境的亲身体验较少，而在农村学生中，长期的应试教育和题海战术使其对现实农村生产生活的体验认知也日趋模糊。授课对象普遍缺乏对规划对象的认知体验，认为乡村规划学起来没有城市规划那样直观。此外，乡村规划课程具有较强的实用性，实践课程是课程体系中的重要组成部分，也是决定乡村规划整体教学质量的关键。然而，在实际教学过程中，实践课程的组织实施对于教师而言存在一定困难，一是部分教师尤其是青年教师本身缺少乡村规划方面的经验；二是乡村调研组织需要大段时间，学期中较难安排；三是出于安全考虑，尤其是对于地理位置偏僻和相对落后地区的乡村，教师也有一定顾虑。

四、城乡规划专业乡村规划课程（服务乡村振兴）教学改革的思考

面向国家乡村振兴战略的重大需求，在新农科建设背景下，以哈尔滨工业大学为代表的传统工科建筑院校在乡村规划教学改革方面，应以面向"三农"问题为核心，强化工农交叉融合的学科特色，实现乡村振兴人才培养的多元化，重点关注知识建构、认知体验、实践引导和责任培养等几个方面。

（一）融入课程体系促进知识建构

交叉融合是"新农科"的重要特征，作为传统工科的城乡规划学科也是新农科的重要学科领域，在建设和发展"新农科"的背景下，应紧紧围绕服务乡村振兴的国家战略，形成新工科与新农科共同推进的发展格局，培养具有新工科与新农科交叉融合特点的乡村振兴人才，因此，应进一步推进课程体系的工农融合，促进乡村规划知识建构。一方面，加强针对现有乡村规划相关课程的建设研究，围绕国家乡村振兴战略，将新的理念、相关政策和典型案例不断融入课程，补充和完善教学内容，在此基础上，结合现代科学技术的发展，将新的技术方法如数据分析、虚拟现实、地理信息技术等融入乡村规划相关课程中。另一方面，将对"三农"问题的关注融入城乡规划专业其他相关理论和设计课程，例如结合住区规划、总体规划、社会调研、城市设计以及区域规划等方面的课程内容，有重点地开展乡村与城市在规模、空间布局、生态环境、公共服务设施分布以及基础设施建设等方面的比较，强化学生对目前城乡差别的认识和理解，促进乡村规划领域知识的建构和整合，完善乡村规划知识体系，真正实现"城""乡"知识体系的融合、工科和农科的融合。

（二）创设现实情境加强认知体验

在实际情境下进行学习，可以使学生通过"同化"与"顺应"过程达到对新知识意义的建构。对于乡村规划相关课程而言，单纯的书本讲授不具备乡村作为实际情境所具有的生动性、丰富性，因而与就在学生身边的城市情境相比，同化与顺应过程较难发生，学生对知识的意义建构受到影响[4]。

因此，在乡村规划课程教学中，创设现实情境是十分重要的，有助于学生加强对于乡村的认知体验。一方面，重视乡村情境的真实性，通过乡村实例分析和借助虚拟现实演示，为学生提供真实的村镇案例；另一方面，重视情境的问题性，与实际问题紧密联系，例如引导学生思考农村宅基地问题、产业发展问题、生态环境问题、养老问题、基本公共服务问题等。问题情境的创设不仅有利于提出问题，更重要的是根据学生现有认

知水平设置新问题，例如城市与乡村在生产及生活方式、土地产权模式、社会治理模式等方面的差异，使之与学生已有的知识经验产生激烈的矛盾冲突，激起学生的求知欲和好奇心，促进学生通过问题解释来建构知识，培养学生自主发现、分析和解决乡村问题的能力。进一步引导学生思考城市与农村的发展关系，将规划视野从城市规划到乡村规划，再到城乡统筹，以及从单纯的物质空间规划向社会、经济与环境结合的综合性规划转变。

（三）协同多元模式推动实践育人

城乡规划学是一门来自于实践，服务于实践的学科[5]。城乡规划专业所要求掌握的诸多知识和能力结构中，专业实践能力和知识应用能力是培育的核心和重点[6]。而扎根中国大地正是"新农科"的社会属性，解决"三农"问题是"新农科"的重要任务[7]。对于重在应用的乡村规划而言，实践课程教学在某种程度上是比理论课程教学更为重要的环节。因此，面向社会需求，通过校企协同、校地协同、校际协同以及竞赛引导等方式，创造协作式学习环境，运用多元教学模式推动实践育人具有十分重要的现实意义。

校企协同培养主要是高等院校与规划设计机构、企业合作建立协作关系和建设实践基地，为学生提供乡村规划实践锻炼的机会，学生能够在乡村规划实践中深入认识乡村，进一步学习书本之外的知识和提高实践技能。此外，也可以派遣教师到规划设计机构或管理部门的一线进行工作学习，积极参与规划实践，使教学活动始终密切结合规划实践，或是引入有丰富经验的规划师和管理者承担课程教学或开设讲座，向学生讲授如何把课堂知识与实际工作相对接，开拓学生的眼界[8]。

校地协同培养侧重与各级地方政府或村民委员会建立协作关系，例如教师作为驻地方村镇责任规划师，在为乡村规划建设提供社会服务的同时也为学生提供村镇规划实践的教育资源。学生在跟随教师深入农村的过程中进一步了解了农村农业农民，熟悉了农情。

校际协同培养更多地体现在开展校际联合教学方面，例如联合毕业设计。中国国土面积辽阔，地理环境复杂，地域社会经济背景差异性较大，而遍布全国、星罗棋布的乡村正是体现地域差异的重要载体。联合毕业设计使得不同院校的教师和学生团队有机会实地参与不同地域的乡村规划，也有助于高校之间教学理念方法以及师生之间思想火花的碰撞交流。其他类型的联合教学、联合评图等方式也有助于加强高校在乡村规划教学方面的合作和经验交流，共同提高乡村规划教学水平。

竞赛引导是另外一类重要的实践育人方式，例如中国城市规划学会乡村规划与建设学术委员会发起的"高等院校大学生乡村规划方案竞赛活动"，自2017年起已连续举办5届，累计吸引247所高校2万余师生参与，涉及村庄达912个，遍及国内31个省级行政区、217个地级市及自治州、589个区县，竞赛为高等院校师生深入各地真实的村庄开展调查提供了条件。在这一过程中，学生的认知体验和沟通能力以及实践技能都得到了明显提升，参与竞赛也促进了院校之间乡村规划教学交流，同时推动了多元力量共助与反哺乡村发展[9]。

（四）融合课程思政培养社会责任

"新农科"面向国际科技前沿、国家重大战略和经济社会发展需求，以立德树人为根本，以国家粮食安全、食品安全、生态安全和区域协调发展为重要使命[10]。在新农科建设背景下，乡村规划教学改革还应充分重视课程中思政教育内容的融入，加强学生社会责任和正确价值观的培养。

建筑院校城乡规划专业的学生未来将投身国家城乡规划和建设事业中，是推进国家乡村振兴战略实施的重要专业人才，人才培养质量直接关系到国家美丽乡村建设的质量甚至乡村振兴战略实施的成败。在人才培养过程中，应当充分认识到乡村规划教学不仅是为学生传授乡村规划相关理论知识和技术方法，更应在其中注重学生高尚思想品德和社会主义核心价值观的培养，将思政教育内容有效融入课程教学，贯穿课程教学始终，引导学生真正领会国家乡村振兴战略的重大意义，体会和了解"三农"问题的复杂性和艰巨性，增强其为人民谋幸福和为民族谋复兴的社会责任感和使命感，愿意为国家全面乡村振兴奉献自身的力量，在未来真正能够成为承担新时代全面乡村振兴重任的高质量专业人才。

哈尔滨工业大学在乡村规划课程政教学改革中注重深入发掘和识别课程思政元素，带领学生学习习近平总书记致学校建校百年的贺信，学习教师团队、杰出校友以及国内优秀专家学者、规划师和乡村扶贫干部在乡村振兴工作中爱岗敬业的先进事迹，各地乡村规划和建设以及乡村精准扶贫案例，培养学生的爱国奉献精神，提升学生的社会责任感和专业自豪感。结合近年来中共中央一号文件、《中共中央、国务院关于打赢脱贫攻坚战的决定》《自然资源部办公厅关于加强村庄规划促进乡村振兴的通知》以及国家乡村振兴战略规划等政策文件，开展思政要素与课程教学知识点的对接，建设课程思政资源库，进一步在课程中以专业知识讲授作为载体，积极融入思政要素。在课程教学中增加学习强国平台发布的乡村规划建设案例等数字媒体资料，结合案例讲授增强学生对乡村规划和建设问题的直观感受，弘扬和传播爱国、爱党、积极向上的正能量，培养学生的学习兴趣和为乡村振兴贡献力量的责任感[11]。

五、结语

多年来，建筑院校中作为工科的城乡规划专业为我国城乡建设事业的发展培养了大批专业人才，未来也将为国家乡村振兴战略实施行动培养更多的中坚力量。在新时代发展背景下，应进一步紧密结合乡村振兴战略需求，瞄准乡村规划建设关键前沿领域，面向"三农"问题，从加强新工科和新农科交叉人才培养的视角，开展乡村规划教学研究，以期为培养多元化、高质量城乡规划专业人才作出贡献。

参考文献

[1] 王从严.〝新农科〞教育的内在机理及融合性发展路径[J].国家教育行政学院学报，2020 (1)：30-36.
[2] 张艳，王梦涵，张默，等.〝新农科〞建设驱动下农科类人才需求转变与培养趋向研究[J].现在带教育管理，2020 (11)：8-13.
[3] 金绍荣，张应良.农科教育变革与乡村人才振兴协同推进的逻辑与路径[J].国家教育行政学院学报，2018 (9)：77-82.
[4] 何克抗.建构主义的教学模式、教学方法与教学设计[J].北京师范大学学报（社会科学版），1997 (5)：74-81.
[5] 殷洁，罗小龙.构建面向实践的城乡规划教学科研体系[J].规划师，2012 (9)：17-20.
[6] 吴晓，王承慧，高源.城乡规划学〝认知-实践〞类课程的建设初探——以本科阶段的教学探索为例[J].城市规划，2018 (7)：108-115.
[7] 郝婷，苏红伟，王军维，等.新时代背景下我国〝新农科〞建设的若干思考[J].中国农业教育，2018 (3) 55-58.
[8] 殷洁，罗小龙.构建面向实践的城乡规划教学科研体系[J].规划师，2012 (9)：17-20.
[9] 栾峰，殷清眉，孙逸洲，等.竞赛推动下的乡村规划教学改革探索[J].城市规划.
[10] 郝婷，苏红伟，王军维，等.新时代背景下我国〝新农科〞建设的若干思考[J].中国农业教育，2018 (3)：55-58.
[11] 冷红，袁青，于婷婷.国家战略背景下乡村规划课程思政教学改革的思考——以哈尔滨工业大学为例[J].高等建筑教育，2022，31 (3)：96-101.

作者：冷红，哈尔滨工业大学建筑学院，自然资源部寒地国土空间规划与生态保护修复重点实验室，教授，博士生导师；蒋存妍，哈尔滨工业大学建筑学院，自然资源部寒地国土空间规划与生态保护修复重点实验室，讲师，硕士生导师；于婷婷，哈尔滨工业大学建筑学院，自然资源部寒地国土空间规划与生态保护修复重点实验室，副教授，博士生导师；袁青（通讯作者）哈尔滨工业大学建筑学院，自然资源部寒地国土空间规划与生态保护修复重点实验室，教授，博士生导师

面向国土空间规划的风景园林实习实践课程多途径融合培养教学模式探索

赵 巍 朱 逊 叶晓申 李海波

Exploration of Multi-Ways Integrated Training Teaching Model of Practice Courses of Landscape and Architecture Oriented to Territorial Space Planning

■ 摘要：面向国土空间规划体系建设的迫切性，在实习实践课程培养模式上，使教学内容与思政元素相融合、高等教育与行业产业相融合、教育教学与科学研究相融合；注重"发现问题—调查研究—思考辨析—实施建议"的过程落地，注重师生双主体共同互动引导专业实践，以问题兼目标的双重导向进一步提升创新能力。

■ 关键词：国土空间规划；实习实践；教育教学；问题导向

Abstract：Facing the urgency of the construction of the territorial space planning system, the teaching content should be integrated with ideological and political elements, higher education should be integrated with industry, and education and teaching should be integrated with scientific research in the training mode of practical courses. Focused on the implementation of the process of "problem discovery, investigation and research, reflection and discrimination, and implementation suggestions", the interaction between teachers and students would guide professional practice, and the innovation ability would be further improved with the dual guidance of problem and goal.

Keywords：Territorial Space Planning；Practice Courses；Education and Teaching；Problem-Oriented

基金项目：教育部新农科研究与改革实践项目"'共同缔造'导向下高校服务乡村振兴新模式研究"（2020391）；教育部新工科研究与实践项目"国土空间规划领域通专融合课程及教材体系建设"（E—ZYJG20200215）；中央高校基本科研业务费专项资金资助（HIT.HSS.202210）；高校基本科研项目（XNAUEA5750000120）；哈尔滨工业大学本科教育教学改革研究项目"基于案例教学法的现代景观思想课程模式探索与实践"（XJG202110）

一、背景

2019 年印发的《中共中央、国务院关于建立国土空间规划体系并监督实施的若干意见》明确将主体功能区规划、土地利用规划、城乡规划等融合为统一的国土空间规划[1]。国土空间规划是以空间资源的合理保护和有效利用为核心，从空间资源（土地、海洋、生态等）保护、空间要素统筹、空间结构优化、空间效率提升、空间权利公平等方面进行突破，探索"多规融合"模式下的规划编制、实施、管理与监督机制[2]。国土空间规划内容关注了生产力及城乡发展布局、自然资源要素，是生态文明视角下的重要步骤和举措，促进了城乡规划、风景园林、地理学、社会学等众多相关学科的互补、交叉、融合[3]。

现有国土空间规划课程体系多结合课堂理论教学内容展开，实习实践课程作为理论教学的补充、拓展和深化，是高校教育中重要的实践教学环节，学生在学习理论和实习实践双向学习中接受国土空间规划内容的浸润，更好地发挥专业课主阵地和驱动引领的作用，使思想理论与社会实践接轨。

本科实习实践课程教学注重实践能力的培养，对于巩固课堂理论知识，培养学生创新精神、应变能力、实践能力等，以及提高学生的综合素质起着非常重要的作用。面向国土空间规划的实习实践环节，通过多融合培养模式，将实践课程与理论内容相结合，通过开展不同尺度、不同层面的国土空间规划内容实践，探索从本科生实践课程教学入手，结合风景园林专业特色，强化实习实践课程教育，将知识、理论、能力、实践等相结合，实现多途径融合的实习实践课程培养模式，建设好实践育人体系，知行合一，探索面向国土空间规划在高校实习实践类课程建设的有效做法。

二、实习实践课程培养模式

1. 教学内容与思政元素融合，建构国土空间规划政治认同维度

课程重点融入价值塑造目标，结合国土空间规划知识架构、思维方法和价值理念，挖掘和凝炼在理论知识与国土空间中所蕴含的精神内涵等思政元素，并有效融入课堂教学、实地调研、课后拓展、展示交流等环节，在课程内容与价值凝练的过程中，注重师生双主体全流程的互动及参与（图1）。

（1）选择学科发展历程中国家政策以建构政策内涵理解维度。通过在学科知识理论体系建构中选择标志事件、重大议题等，建构政策内涵理解维度。例如，习近平总书记生态文明思想，生动诠释了经济发展与环境保护的辩证关系，使学生深刻领会在全球化进程中，理解"绿水青山就是金山银山"的内涵，理解生态优先、绿色发展，积极参与全球生物多样性保护和治理所做出的中国行动，加强学生

环境意识，而且让其认识到国家政策和大国担当，增强"四个意识"，坚定"四个自信"。

（2）古老文明的智慧照鉴未来以加强中华优秀传统文化教育。中共中央办公厅、国务院办公厅发布《自然资源部 国家文物局关于在国土空间规划编制和实施中加强历史文化遗产保护管理的指导意见》等一系列文件，均要求发挥国土空间规划的引领作用，加强历史文化遗产管理保护。通过融入我国传统文明智慧在人居环境演替的典型案例，引导学生传承中华文脉。我国传统的聚落空间与绿色基础设施不断适应当地气候和地域条件，形成了天人合一的传统智慧和科学机理，体现了绿色建造理念和空间策略，揭示了传统聚落绿色基础设施建设的地形、气候、空间、生态调节机制[4]；城市声景是现代环境声学重要发展方向之一，但是在中国传统造园体系实践中，早已形成了声景的文化观念，并在发展过程中不断形成园林声景形式化提炼和审美意境营造，丰富了古典园林形式美的内涵，延展了声景研究技术范畴。要帮助学生领略中国智慧和中国匠心，从而聚焦国土空间规划下的历史文化遗产保护和管理，坚定文化自信。

（3）结合时事选题以引导培育和践行社会主义核心价值观。结合风景园林专业的公共属性及跨学科属性，在引导学生进行题目选择时，经常强调与时俱进的选题内容。例如《关于建立国土空间规划体系并监督实施的若干意见》中，就明确提出，到2035年"基本形成生产空间集约高效、生活空间宜居适度、生态空间山清水秀，安全和谐、富有竞争力和可持续发展的国土空间格局"。结合"健康中国2030"规划纲要，城市生物多样性保护、老龄化社会环境需求、城市公共环境品质提升等重点议题，通过对城市公共开放空间、城市公园、城市绿道等物理环境的现场踏勘和调研等系列实践活动，引导学生扎根中国大地深入了解国情民情，了解人民日益增长的美好生活需求，了解生态文明建设及可持续发展理念在专业实践领域的落地过程，使思政内容与学生在情感上产生共鸣，把国家、社会、公民的价值要求融为一体。

（4）解读实地调研案例以深化职业理想和职业道德教育。通过对调研现场的实地情况解读，注重渗透职业理想和职业道德教育，引导学生全面作出环境、文化、城市、社会、经济和精神贡献，以资源和环境保护为优先目标。例如，我国近代声学研究奠基人马大猷先生为推动我国环境噪声污染防治作出了巨大贡献，新时代我们又面临人为噪声的新问题，2022年6月，我国实施《中华人民共和国噪声污染防治法》，以法律形式作出了相应规定，还静于民，守护和谐安宁的生活环境。要引导学生直面城市问题，善于在实际情况中挖

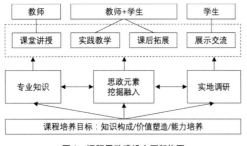

图1　课程思政建设主要架构图

掘和深入探索身边的工程问题和科学问题。结合看得见、摸得着、感受得到的国家发展、社会进步、人民生活改善的现实，使抽象理论回归生活世界，引导学生挖掘问题和解决问题的思路，同时提出解决问题的对策，实现实践教学的价值，从而逐步深化对学生的职业理想和职业道德教育。

2. 高等教育与行业产业融合，促进国土空间规划产教良性互动

面向国土空间规划新要求，进一步促使高校与行业企业等主体融合，共同参与实践育人，在基地建设、教学课程建设等方面深度开展产教融合，提升国土空间规划专业人才的创新实践能力。

(1) 案例数据库共建。在基础认知和技术提升实践课程模块中，邀请省规划院等相关行业专家，共同建设国土空间规划案例库，通过短期的理论讲授、实地实物讲授、设计过程指导等多种开放形式，从宏观尺度到微观尺度，引导学生利用理论知识结合实践内容，了解目前国土空间规划实践的优秀成果。共同建设的国土空间案例数据库，包括部分市级、县级总体规划案例库等内容，未来仍需持续增加案例数据和内容，补充和更新案例数据。

(2) 实习实践相关课程的教师与行业专家双主导。在相关的实习实践课程中，从选题立项开始，邀请国土空间规划行业专家合作。在低年级认知实习和高年级的实习实践课程中，分阶段设立目标，从认识问题、熟悉和了解生态、社会、经济、地理等多维度融合的内容，到调研分析再到运用专业知识探求解决问题的方案，根据实地情况进行实践型选题，坚持真题真做，以能够切实解决问题为目标。专家为选题立项、项目背景解读、项目达成目标、成果点评等教学过程重要节点提供支持，学生通过理论知识学习、实地设计操作、专家指导等过程，形成最终的设计解决方案。另外，完善实习实践相关课程教学评价，形成可持续改进的闭环系统，以进一步完善教学模式，更好地培养学生利用所学理论知识分析与解决实际工程问题的能力。

(3) 教师与行业企业共同合作，打造联合设计项目。鼓励专业教师与国土空间规划的相关设计及研究机构进行项目联合研发，并适当承接社会服务项目，构建校内工作室和项目孵化机制，进一步增强了高校服务于社会、企业的设计技术和科研能力。

(4) 建立实习实践联合基地。学院已经与规划设计院、地产公司等龙头行业企业建立实习实践联合基地。学生在进行较长期的实习课程时，可选择与学院共建的实习实践联合基地深入实习。面向国土空间规划背景，在后续的实习实践基地中，可拓展自然资源管理、国土空间勘测与规划、发展改革和政策研究等方向的研究单位或管理部门作为后续的拟建联合基地资源[5]。

3. 教育教学与科学研究融合，建构国土空间规划研究型设计体系

创新型社会需要大学培养具有实践能力、创新能力、多学科交叉学习融汇能力的人才，而研究型的教学内容与实践课程相结合，有利于培养学生针对共性及个性问题，运用科学研究方法和适当工具技术解决问题，以此提升创新能力[6]。教师以理论知识为基础，以现场情况和现实问题为依据提出相关目标或现存问题，引导学生思考、自主查阅资料和分析调查，并获得研究结论，培养学生的科学研究能力、逻辑思维能力及创新能力[7]。面向国土空间规划体系对新时代人才的需求，在规划设计研究过程中，提出研究型的科学问题和工程问题，将人才培养模式从知识与领会的浅层次学习，深入到能够运用相关知识、分析相关问题、综合联系相关方法、对某问题或事物进行标准评价等深层次学习，培养学生的批判、创新等综合能力和思维，培养和建立"发现问题—调查研究—思考辨析—实施建议"的模式。

(1) 引导式教学实践。在理论知识传授基础上提出相关议题及相关案例，引导学生独立发现问题，对问题和思路进行思考和总结，寻找解决问题的方法和途径。国土空间规划相关教学实践可提出一系列问题，例如"生态文明""以人民为中心"等，引导学生关注在国土空间规划中蕴含的科学问题和科学规律，以及不同文本语境下所面临的共性热点社会问题等。

(2) 融入研究方法与工具技术。以引导式教学为主要手段，结合学科、行业的发展特点，结合社会出现的热点问题等，在新观点、新问题、新方法中引导学生进行挖掘，探索问题产生的根源、问题解决的方法及路径，以及对成果进行预测及评价。国土空间规划开始普遍使用地理信息系统、大数据分析等软件及技术，在实习实践中，将设计成果作为以不同工具实现成果的目标，提升学生实际应用新技术、新方法的能力。

三、实习实践环节教学实施

实习实践课程一般包含理论内容讲授、现场实地认知或调研、师生互动讨论、成果分组汇报等教学过程，针对不同的实习实践课程，该教学过程略有调整。

1. 教学设计实施过程

(1) 理论讲授融入。实习实践课程仍需有理论讲授内容的融入，主要包含实习实践课程的目标与核心内容、涉及的课程知识等。更重要的是，针对不同的设计实践，选题的立足点与训练目标不同，在设计实践中所要解决的核心问题和建构逻辑也不同，将相关的基本原理与研究方向遵循设计过程的步骤，以理论知识专题讲授的形式穿插进设计实践过程，使学生在接受面向国土空间规划的相关知识时，更有针对性、更积极地探索相关理论内容及实践方法，实现教学相长。

（2）现场实地调研。通过对场地进行现场踏勘、客观物理环境数据收集、主观问卷调查、人物活动观察、大数据及热点数据挖掘等方法，引导学生通过健康、生态、安全等多维视角感受风景园林专业与人民、与社会、与国家在社会、经济、文化、精神等方面的关系，学生通过身体力行的调查实践，"以人民为中心"感受真实问题和现实生活的变化。

（3）师生互动讨论。对学生在现场认知、踏勘、调研及撰写报告的过程中，融合师生互动的讨论分析。引导学生应用理论知识及唯物辩证方法，综合全面思考问题，践行求真务实的精神，提升知行合一；引导学生对国土空间规划案例分析的讨论，提出理论知识问题、实践过程中遇到的实际困难、整体项目及设施节点落地的适用性等，提升学生处理复杂问题的综合能力，促使学生在理论与实践融合过程中不断成长。

（4）成果分组汇报。学生对实习实践成果进行汇报，由学生进行成果质询，由教师进行成果最后点评，坚持一切从实际出发，实事求是，直面真实问题，用专业的理论内容联系实际的城市问题，深化职业理想和职业道德，增加学生的人文素养及社会责任感，将社会主义核心价值观内化为精神追求，外化为自觉行动。

2. 教学活动中的互动

（1）学生教师双主体互动引导专业实践。在国土空间规划的实习实践教学中，以"学生教师互为主体和引导"的互动方式，激发学生积极参与、协同合作的意识及自主学习的能力。学生可自由组队，结合时事选题，自行选择国土空间规划中相关内容及主题方向；课下学生可采取收集材料及文献、小组讨论、头脑风暴、扎根理论、定性与定量结合分析方法，并与教师沟通交流，教师通过适当引导，将主题方向与细节部分进行凝练和拓展。在进行实地踏勘或现场调查时，由学生主动进行问题检索，教师引导学生发现调研现场的实际问题，调动学生发现问题的积极性。学生成果汇报由行业企业专家参与并点评，引导学生通过理论结合实际，并通过系列交叉学科知识进一步探索。

（2）以问题和目标为导向提升创新能力。问题导向是马克思主义认识论的基本要求[8]，以问题导向为载体贯彻教学过程，提高学生分析和拆解问题及任务、团队协同解决问题的能力[9]，激发学生创新思维，提升创新素质。例如，在讲授小尺度街区物理环境时，引出"人群在户外活动时的环境需求是什么"等问题，以"一切为了人民"为目标，让学生随机组队主动探讨客观物理环境与主观感知的关系、影响人类活动的客观及主观要素等知识点，理解景观设计手法对物理环境的影响原则及景观设计应用，提高学生对知识点的实际应用能力，切实提升实践创新能力。

四、结论

生态文明理念下的国土空间规划体系对相关专业教育具有深远影响，对相关学科的实习实践更是提出了与新时代接轨的需求。面向国土空间规划需求，在实习实践课程培养模式上，使教学内容与思政元素相融合、高等教育与行业产业相融合、教育教学与科学研究相融合；在实习实践环节教学实施上，注重"发现问题—调查研究—思考辨析—实施建议"的过程落地，注重师生双主体共同互动引导专业实践，以进一步提升实践创新能力。

参考文献

[1] 中共中央 国务院关于建立国土空间规划体系并监督实施的若干意见 [A/OL]. (2019-05-23) [2022-11-02].

[2] 谢英挺，王伟. 从"多规合一"到空间规划体系重构 [J]. 城市规划学刊，2015（3）：15-21.

[3] 黄贤金. 构建新时代国土空间规划学科体系 [J]. 中国土地科学，2020，34（12）：105-110.

[4] 董芦笛，樊亚妮，刘加平. 绿色基础设施的传统智慧：气候适宜性传统聚落环境空间单元模式分析 [J]. 中国园林，2013，29（3）：27-30.

[5] 吴殿廷，史培军，宋金平."国土空间规划的理论与实践"课程建设初探 [J]. 中国大学教学，2021（1-2）：42-45.

[6] 周光礼，周详，秦惠民，刘振天. 科教融合 学术育人——以高水平科研支撑高质量本科教学的行动框架 [J]. 中国高教研究，2018（8）：11-16.

[7] 郭丽霞，张立恒. 基于研究性思维培养的城乡规划专业社会学类课程教学设计研究 [J]. 华中建筑，2022，40（9）：143-146.

[8] 张勇，胡诗朦，陆文洋，等. 生态环境类专业的课程思政——以"环境问题观察"MOOC建设为例 [J]. 中国大学教学，2018（6）：34-38.

[9] 舒迎花，王建武，章家恩. 农学类专业课课程思政教学模式与方法探索——以"农业生态学"为例 [J]. 中国大学教学，2022（1）：63-68.

图片来源

图1：作者自绘。

作者：赵巍，哈尔滨工业大学建筑学院，自然资源部寒地国土空间规划与生态保护修复重点实验室，寒地城乡人居环境科学与技术工业和信息化部重点实验室，黑龙江省寒地景观科学与技术重点实验室，副研究员，硕士生导师；朱逊（通讯作者），哈尔滨工业大学建筑学院，自然资源部寒地国土空间规划与生态保护修复重点实验室，寒地城乡人居环境科学与技术工业和信息化部重点实验室，黑龙江省寒地景观科学与技术重点实验室，院长助理，教授，博士生导师；叶晓申，哈尔滨工业大学建筑学院，讲师；李海波，黑龙江省设计集团有限公司，副总经理，研究员待遇高级工程师

从"义庄私产"到"城市客厅"——"价值"导向的苏州平江历史建筑①遗产存续再生设计实验

巨凯夫　陈　曦

From "Family Private Property" to "Urban Living Room"— "Value-Oriented" Regeneration Design Experiment of Historic Architecture Heritage in Pingjiang Road of Suzhou

■ **摘要**：历史建筑保护与利用课程涉及现状研判、价值评估、修缮措施与方案、功能置换等复杂内容，本文以苏州平江路丁氏义庄的保护更新设计为例，探讨以价值为导向，整合诸多内容的教学实验方法。课程制定了"价值体验—价值定义—价值博弈"的教育路径，借鉴人类学方法增强学生对价值的实感体会。课程实验的目标是让学生了解建筑遗产价值的多样性、不同价值间的复杂关系、价值对于保护方案的导向作用，最终将价值观念内化为思考方式。

■ **关键词**：建筑遗产；价值观念；保护与更新；人类学

Abstract：The curriculum of historic building restoration and renovation involves sophisticated contents such as current condition investigation, value assessment, repair measures and strategies, functional replacement, etc. Taking the Yizhuang of Ding Family on Pingjiang Road in Suzhou as an example, this paper explores "value-oriented" pedagogical experimental method which integrates multiple contents above. The course formulates the educational path of "value experience-value definition-value game" and introduces anthropological methods to enhance students′ real sense of value. The goal of the curriculum experiment is to let students understand the diversity of heritage value, and the complex relationships between different values, the guiding role of value in the conservation plans, and ultimately to internalize values as a way of thinking.

Keywords：Architectural Heritage；Values；Conservation and Renovation；Anthropology

一、"专题保护设计"早期课程经验与反思

基金项目：中国−葡萄牙文化遗产保护科学"一带一路"联合实验室建设与联合研究项目.项目编号：2021YFE0200100

　　苏州大学"历史建筑保护工程"本科专业（以下简称"历建专业"）创办于 2016 年，学制 4 年，一、二年级与建筑学、城乡规划、风景园林专业共享建筑学基础教育课程，三年级转入专业课程的学习。专业课程参照我国第一个历建专业——同济大学历史建筑保护工程的

课程体系[1]，包括理论类、设计类和实践类专业必修课程（表1），以及专业选修课程若干。

"专题保护设计"在课程体系中占核心地位，教学难点在于转换学生的建筑学思维，理解历建专业的诸多概念；由于历建专业学制较短，保护设计课程还需考虑教学内容与实际工作的对接问题。因此，课程最初采取模块化教学方式，参照保护修缮文本的一般体例，设计了"课程导论、现状勘测与分析、历史沿革研究、价值评估、修缮原则及方案设计"等教学板块，同时，将理论课所学知识嵌入相应版块。这样的课程设计保证了学生可以快速把握历建专业的重要知识，从毕业生反馈来看，绝大部分学生都可以顺利过渡到设计或科研工作。

另一方面，笔者也对模块化教学可能存在的副作用存有警惕：学生是否能够完全理解每个板块的教学目的、板块之间的逻辑关系，以及每个板块对于保护工作的意义；模块化教学会否使同学将保护设计误解为程式化的工作，产生思维惰性，阻碍同学们对于建筑遗产丰富内涵的进一步认知。导致上述问题的主要原因之一是原课程设计偏重于学生对技术性内容的掌握，而挤压了对建筑遗产价值进行思辨的时间。

在某种意义上，诸多技术性环节的目的是探究保护对象的价值，并运用合理技术性手段保存和传播价值。在模块化教学中虽然有针对价值评估的专门训练，但其主要功能是承接前后教学板块（图1）——基于现状和历史沿革研究来评估价值，基于价值评估制定修缮策略和方案，而在其他若干板块中价值教育并不在场；原课程关于价值的讲述以《中华人民共和国文物保护法》中作为文物判定标准的"历史、艺术、科学价值"为重点，三大价值统属信息类价值，保护设计部分也相应地以延续建筑信息为目的，只进行"保护修缮设计"，这导致同学对三大价值之外的价值内容缺乏深刻体会，更有同学将遗产保护的概念窄化为"修房子"。在建筑遗产保护工作中，相较技术性内容，针对保护对象价值的判定具有较强的主观性，正因如此，将价值贯穿课程教学就更容易激发学生的想象力与思辨精神，打破对于课程和专业的僵化理解，因此，课程尝试将"价值"嵌入每一个教学板块，使之成为贯穿保护设计教学的线索。

二、课程改革构想

在明确以价值引导保护设计的思路后，课程的主旨在原来的基础上增加了关于价值认知的部分，调整为：①让学生了解保护设计各个环节间的基本逻辑关系，熟悉完成各环节所应选择的方法（该条为原主旨，侧重于对保护手段的技术性掌握）；②引导学生理解建筑遗产价值的多样性，在保护设计的全过程对保护对象的价值进行主动的认知，理解价值对于保护方案的导向作用（该

苏州大学历建专业·专业必修课程 表1

理论类	设计类	实践类
历史建筑保护概论	专题保护设计（包括旧建筑改造，和以传统建筑、近代建筑、园林、历史街区或传统聚落为对象的保护设计），每个专题课程时间为8周	传统工艺工坊
历史建筑形制与工艺（古代部分）		保护现场实习
历史建筑形制与工艺（近代部分）		历史环境实录
保护技术		设计院实习
遗产经济管理及伦理	毕业设计	

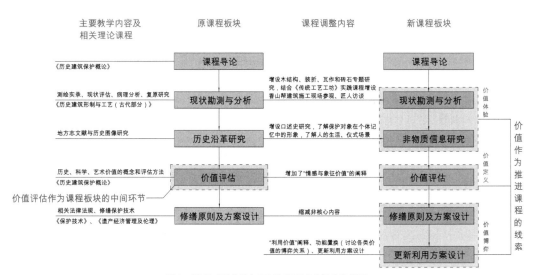

图1 "传统建筑修缮与更新"课程改革技术路线图

条为加设主旨，侧重于价值思辨）。

"保护是存和续的结合，是再生的前提，而再生是存续的目的[2]"，历史建筑的价值在存和续两个层面得到更为全面和具体的体现，以往的教学对于如何保存历史建筑给予了更多关注，而在调整之后增设了"更新利用设计"板块——这一改动将促使学生对历史建筑如何在当今社会条件下延续作出回应，从而引发对于历史价值与当代价值、文化价值与经济价值等多角度的思考。课程题目也相应地由"保护修缮设计"调整为"修缮与更新设计"。在授课方式上，引入人类学方法[3]，让学生不仅仅将保护对象视作客体，还要将自己置身于权益相关者[4]的位置，去发现保护对象对于不同群体的价值。

在重新定位和调整之后，"专题保护设计"由"1+1=2"的模块叠加，变为"（1+1）× 价值变量 > 2"的综合性设计课程，可期待的结果有：（1）经由价值的串联，学生对于板块知识的理解将更为系统；（2）对于价值的广泛和深入的理解将打破学生对于课程和专业的程式化认知；（3）人类学方法的引入将使学生意识到保护工作"虽讨论物，而关乎人"，真切地理解在建筑物质形态背后的人的生活、情感与思想，使保护方案带有人文的温度。

三、课程设计

根据上述构想，本课程设计如下板块作为课程主干（图1）：(a) 课程导论；(b) 现状勘测与分析；(c) 非物质信息研究；(d) 价值评估；(e) 修缮原则及方案设计；(f) 更新利用设计，并将相关实践课程调整到本课程的时间段内作为配合。遗产价值自被人类认识以来产生了浩如烟海的研究成果，价值的分类体系存在着时间和区域性的差别[5]，笔者参阅各类研究成果和我国文物法律法规，结合苏州地区传统建筑的特征，选择《中国建筑遗产保护基础理论》的价值分类，以"信息价值、情感与象征价值、利用价值"作为课程线索[6]。课程结合板块内容进行渐进式的教学设计，初期使学生建立对于价值的朦胧认知与体悟，中期将感性认知转化为专业认知，在此基础上抛出各类价值博弈的问题深化对价值的理解。以下举"传统建筑修缮与更新设计"为例对课程主体内容进行说明。

(a) 首先对课程的意义、目的、内容、时间安排等作基本的介绍。(b) (c) 两部分的价值教学目标是建立对保护对象多样价值的感性认知，(b) 除对建筑本体进行研究外，还根据苏州地区传统建筑结构特点增设了专题研究，并将实践课"传统工艺工坊"调整至该时段内，安排香山帮工匠访谈与古建筑修缮施工现场参观；(c) 将题目

由"历史沿革研究"调整为"非物质信息研究"，教学内容增设了对建筑主人或使用者的口述史访谈，内容扩充的目的是让学生广泛地接触建筑的各关联域，对保护对象产生更多的共情，对价值产生更为丰富的体验。(d) 的教学作用是将学生对价值的感性体验理性化、专业化，将经过梳理后的价值评估作为下一阶段的设计依据。(e) (f) 是价值向设计转化环节，(e) 缩减了非核心性的技术内容，将节省出的课时匀入 (f) 部分，(f) 分为功能置换与更新利用方案设计两部分，在功能置换部分设计了密集的讨论环节，对不同价值间相互关系的探讨将在这一部分展开，此部分的教学目标在于使学生认识到保护工作不仅要保护历史信息，还要回应当下的经济文化环境[7]，认识到保护工作伴随着各类价值间的矛盾与博弈，认识到保护工作并不是全面地保存所有价值，每一个干预措施往往都不可避免地对某一方面的价值产生影响，因此，需要对价值进行判断和取舍。在所有课程结束之后，用一次讨论会对"价值体验——价值定义——价值博弈"的课程过程进行梳理，将价值内化为同学的思想，完成价值教学闭环。

具体的授课形式由"单向讲授为主"调整为"集体讨论为主"，在关键的时间节点以讨论会的方式引导学生对价值进行认知，老师充当话题的提出和引导者，尽量避免给出确定性结论，增强学生的参与感和主动思考的意识。

四、课程实践

丁氏义庄位于苏州平江历史文化街区，历史上为一路六进的传统建筑，原为丁氏家族行义举救济穷人，激励子孙之所，后有多户人口迁入，搭建隔墙、吊顶分隔空间，原有建筑的空间格局和结构被添加物遮蔽（图2）。近年人口逐步迁出，义庄呈空置状态，由平江路管理中心负责管理，并计划对其进行修缮利用。丁氏义庄属苏州市控保建筑[2]，和文物建筑相比，控保建筑的历史、科学、艺术价值相对于其他价值并没有绝对性的优势，这一特点使其更适宜于价值教学。下面以苏州大学2019级历建专业专题保护设计课程"苏州平江路丁氏义庄修缮与更新设计"为例介绍课程实验的具体过程。限于篇幅，且因本课程的修缮设计部分更多地基于技术判断而非价值判断，故省略了相关内容的介绍。

先导工作：拆房子——初识义庄

正式课程前的准备工作是拆除建筑内添加的隔墙、吊顶（图3），暴露出建筑本体，并让学生观察建筑。"拆房子"对于学生来说是一件新鲜事，经由自己的劳动使建筑精美的结构重见天日时，还会获得寻宝般的成就感。

图2　丁氏义庄现状平面图

图3　拆解添建隔墙现场

图4　香山帮匠人访谈

乾隆姑苏城全图，红框处为场地所在区域位置，红线为丁香巷

丁氏宗谱义庄组全图，红框处为从左到右分别为义整、义庄、家祠

同治苏城地理图，红框处为场地所在区域位置，此时陆家巷已改为某隆巷

民国三年新测苏州城乡明细全图，红框处为推测建筑范围，此时地图表明了所在区域的桥梁

民国二十年汪伪吴县城厢图，红框处为场地所在区域位置，此时场地北部桥梁增多

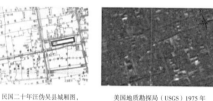

美国地质勘探局（USGS）1975年卫星图，红框处为推测义庄范围，此时义庄高侧有明显空地

谷歌地球（Google Earth）2009年卫星图，红框处为项目范围，此时西侧房屋后半似乎仍保持原状

谷歌地球（Google Earth）2018年卫星图，红框处为项目范围，此时周边已经与现状相差无几

图5　丁氏义庄历史图像研究

拆解和清理工作结束后，在现场进行了短暂的讨论会，请大家畅谈对于更新利用的设想，既有中规中矩的回答，如将其改造为民宿、博物馆，也有更天马行空一些的，如改造为精品酒店、艺术家工作室、密室逃脱游戏馆等。显然此时学生关于保护设计的想法更多地基于个人的喜好与想象。

阶段1：义庄故事——对价值的感性体验

（1）实录与匠人访谈——基于建筑本体研究的价值体验

为使学生对建筑空间有整体的认识，对丁氏义庄现状进行了测绘实录并建模，借助建筑学语言解读空间，并尝试复原义庄的历史原状。期间要求学生分组对苏州地区传统建筑的大木结构、装折、瓦作和砖石做法[8]进行专题研究，并结合传统工艺工坊实践课程，安排了传统建筑施工现场的参观和香山帮匠人访谈（图4），帮助学生想象义庄营造的过程。

（2）文献与口述史——基于非物质信息研究的价值体验

现场工作暂时告一段落，课程转向对非物质信

息的搜集整理：通过查阅历史文献和图像追寻丁氏义庄的历史沿革（图5），理解丁氏义庄客观的历史；采访丁氏义庄曾经的住户、邻居，从他们的主观记忆中，了解丁氏义庄里的生活场景，个体记忆虽然具有较强的不确定性，但却是建筑遗产非物质形态的重要组成部分[8]。我们幸运地偶遇了曾长年居住在义庄内的丁氏家族的成员丁高明先生，邀请他在义庄内进行了一次口述史访谈（图6）。

图6　口述史现场

第一阶段的所有工作拼合出一个"义庄故事"，学生对丁氏义庄产生了共情，对义庄的价值有了感性的体悟。测绘与文献工作让他们认识到历史上的丁氏义庄有庄重的氛围感，并不像现状这样杂乱无章；匠人与丁先生的讲述，让学生联想到义庄曾凝结了族人齐家济世的殷切愿望，今天则是丁氏子孙历史记忆与情感的载体。价值认知的发生使同学自动地调整对保护方案的设想，密室逃脱之类的功能定位在此阶段后不再被提起。

阶段 2：信息价值、情感和象征价值的定义与阐释

为使第一阶段的感性体验转化为理性的专业认知，课程适时地阐明了价值的专业分类：借助于专业手段（测绘、文献整理）所判定的相对客观的价值即为信息价值，通过情感等非专业手段（参观、口述史）体验到的，同时难以用技术标准进行衡量的相对主观的价值即为情感和象征价值。这当然是不够严谨的解释，但是相对于严谨的学术语言，"模糊正确"的定义更容易为现阶段的本科学生所理解。

阶段 3：价值博弈——更新利用设计的完成

在对阶段 2 所阐释的价值消化理解后，学生的思想出现了保守的倾向，担心对建筑的干预将有损其价值。于是，该阶段的讨论会上，笔者通过一些提问引出"利用价值"的概念：一个遗失大量历史信息的改造肯定是糟糕的方案，但是一个完整保留历史信息，却无法产生经济效益和社会效益的方案是否是好方案？如果你是甲方、丁氏子孙、游客，或者是居住在平江路上的大爷大妈，你希望把丁氏义庄改造成什么样子？这些问题引导学生置身于权益相关者的角度，对建筑遗产的当代价值进行更为综合全面的思考。

最终更新利用方案呈现出不同的走向：①认为信息价值最为重要的同学将义庄功能置换为公益性的博物馆、图书馆，同时融入了轻餐饮、文创等盈利性质的功能（图7）；②注重情感与象征价值的同学，将功能置换为饭店，设计了专门的家族聚餐空间（图8），希望将义庄打造成丁氏家族成员阶段性回归相聚的场所；③想让义庄承载更多城市功能的同学则在保留主体结构的前提下，将义庄改造为贯通南北的集市（图9），为平江历史街区增添一条富有特色的室内廊道。

不同方案反映出同学们希望兼顾各类价值的努力，同时，他们也认识到三类价值的重要性并不能等量齐观，保护工作往往面临不同价值的协调、取舍。这样的思辨过程引导同学们从不同的角度出发延续丁氏义庄的生命，使它从一座封闭的私家宅院，变身为一座纳古人之情怀，又融于当下生活的城市客厅。

尾声：课程的回顾——价值判断对保护设计的影响

在课程结束之后，我们进行了简短的回顾。大家一起回想了如何对各类价值产生懵懂的印象，又如何将之理性化；回想起初识义庄时同学们对于保护方案不着边际的想象，对比斟酌之后的最终方案，大家意识到了价值对于保护设计的导向作用。

五、结语

本文以"苏州平江路丁氏义庄修缮与更新"课程为例，介绍了苏州大学历建专业以价值为线索贯穿保护设计教学的思考。这一想法的缘起，既因为价值与课程密切相关，也因为价值观念是保护工作者专业素

图7 图书馆定位的更新设计

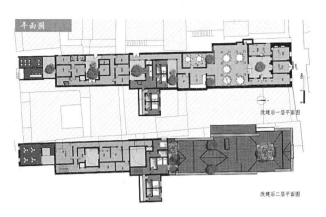

合和里·秉燭夜話

菉葭巷·一見如顧

和合里·合家團圓

菉葭巷·鄰水茶館

图8　家族式饭店定位的更新设计

图9　城市集市定位的调研与更新设计

养与社会责任感的体现。课程的尝试远未达到尽善尽美，尤其增设的"更新利用设计"挤压了原有其他课程板块的时间，但笔者相信通过缩减非核心性的技术内容换取价值观念的树立，总体上利大于弊。培养出兼具工匠精神与思辨意识的"哲匠"，是本专业对学生的深沉期许。

致谢：感谢平江路管理中心和计成文物研究院长期以来对苏大历建专业的支持。

注释

① 本文取"历史建筑"的广义概念，并不特指《历史文化名城名镇名村保护条例》规定的非文物建筑类型。

② 控保建筑是苏州市对尚未公布为文物保护单位，但具一定价值的古建筑的分类，详细定义可参照《苏州市古建筑保护条例》。

参考文献

[1] 常青主编.历史建筑保护工程学 [M].上海：同济大学出版社，2014：208-212.

[2] 常青.我国城乡改造中历史空间存续与再生设计研究纲要 [J].建筑设计管理，2013，30（1）：47-49.

[3] 常青.建筑学的人类学视野 [J].建筑师，2008（6）：95-101.

[4] （西）萨尔瓦多·穆尼奥斯·比尼亚斯著，张鹏，张怡欣，吴霄婧译.当代保护理论 [M].上海：同济大学出版社，2012：141-143.

[5] 薛林平.建筑遗产保护概论 [M].北京：中国建筑工业出版社，2013：08-15.

[6] 林源.中国建筑遗产保护基础理论 [M].北京：中国建筑工业出版社，2012：80-86.

[7] 李浈，雷冬霞.历史建筑价值认识的发展及其保护的经济学因素 [J].同济大学学报（社会科学版），2009（5）：44-51.

[8] 祝纪楠编著，徐善铿校阅.《营造法原》诠释 [M].北京：中国建筑工业出版社，2012.

[9] 陈薇.城市"历史·记忆·生活"的多元性和复杂性及求解 [J].世界建筑，2014（12）：50-51.

图片来源

图 1 作者自绘。

图 2 苏州大学 2019 级历史建筑保护工程专业本科生集体绘制。

图 3 作者自摄。

图 4 作者自摄。

图 5 苏州大学 2019 历建专业陈智培绘。

图 6 作者自摄。

图 7 苏州大学 2019 历建专业魏东、付师妤、陈颖绘。

图 8 苏州大学 2019 历建专业王沁、陆映燊、谢文豪绘。

图 9 苏州大学 2019 历建专业倪潇阳、蒋承均、赵文清绘。

作者：巨凯夫.苏州大学建筑学院讲师.苏州大学历建专业教务秘书.同济大学建筑历史与理论专业博士；陈曦.苏州大学建筑学院副教授.历史建筑与遗产保护所所长.同济大学建筑历史与理论专业博士

史论教学的回望与审思——《外国建筑史》课程教学的几点感悟

朱　莹

Retrospect and Reflection on the Teaching of History Theory—Some insights from the course teaching of "History of Foreign Architecture"

■ 摘要：本文通过剖析当今时代建筑史教学的难点与重点，以参加"2018 年建筑史教学观摩交流会"为起点，融合其后 4 年间的一线史论课程教学经历，结合《外国建筑史》中"文艺复兴的开端——佛罗伦萨大教堂穹顶"为具体课程案例，尝试以学科交叉、情景再现、历史"穿越"等代入式"回望"的教学方法，引导学生去自主审思一位建筑师、一座建筑、一个时代，促使学习思维与讲授内容的深入互动。笔者希望通过对现时代建筑史教学的定位和理解，以美育为核心，传承建筑史教学传统，建构更全面的教学"生长体系"，并能紧跟时代浪潮，给予学生更多的人文性、交融性、体验性的教学关怀，更好地促进建筑史教学发展。

■ 关键词：外国建筑史；佛罗伦萨大教堂穹顶；生长体系

Abstract：This paper analyzes the difficulties and key points of the teaching of architectural history in today's era. Starting from participating in the "2018 Architectural History Teaching Observation and Exchange Meeting", it integrates the teaching experience of the first-line history theory courses in the following four years. Combining "The Beginning of the Renaissance - Dome of Florence Cathedral" in "History of Foreign Architecture" as a specific course case, try to use the teaching methods of substituting "look back" such as interdisciplinary, scene reproduction, and historical "traveling" to guide students to consider an architect, a building, or an era independently, and promote the in-depth interaction of learning thinking and teaching content. The author hopes that through the positioning and understanding of the teaching of architectural history in the modern era, with aesthetic education as the core, inheriting the teaching tradition of architectural history, and constructing a more comprehensive teaching "growth system". Keeping up with the tide of the times, giving students more humanistic, blending and experiential teaching care, and better promoting the development of architectural history teaching.

Keywords：Foreign architectural history；Florence Cathedral Dome；Growth system

基金支持：2020年度黑龙江省高等教育教学改革研究项目，SJGY20200224，建筑学建筑史论课程"美育"体系的建构、融贯与实践研究；2020年度哈尔滨工业大学教学发展基金项目（课程思政类，课程名称：外国建筑史）

1 引言：难点与突破

《外国建筑史》教学具有几个特点，因课程内容庞大而课时较长、知识点较多，又因跨文化研究而稍显"高深"，加之要有一定的西方古代、现代历史的知识储备，才能精准地理解一位人物、一栋建筑的"前世今生"。同时，建筑学背后所承载的艺术性、技术性、文化性、社会性等诸多内涵，又将对历史的解与析推向多学科交融的阐释。建筑历史自身在时间的演化中所表征的复杂性、非线性又时刻展现其嬗变的情节魅力和宏大的叙事内容。

在历史的"褶皱"中，在建筑的史诗中，在人物的生平中，在变化的手法中，在精彩的思潮中，特别是当下信息时代、媒体涌现、知识爆炸、虚拟现实等多元媒介、技术，使《外国建筑史》课程的讲授，带其特有内容难度和方法挑战在"冰与火"的两极间博弈。课程中，教师可能热情如火、滔滔不绝，学生可能冷若冰霜、昏昏欲睡；亦或教师博古通今略显"高冷"，学生急切求知、窃窃私语，因费解而内心火热。因此，怎样打造这个时代建筑历史课程的强心剂，怎样建构一种窥豹一斑、多元贯通的历史课程"综合体"，怎样代入一种生动的、鲜活的、情境感强烈的历史课程"初体验"，怎样搭建跨越中西、古今差异和鸿沟的知识平台等，这些都是值得思考和求索的。

哈尔滨工业大学建筑学专业的外国建筑史课程，走过半个多世纪的教学历程，由三代建筑史学人积淀了自身的传统和内核，从硬传统的讲解和软传统的深挖、描述性史学向阐释性史学的转向，均为外国建筑史课程的讲授奠定了自身的根基和特点，而时下，信息时代的知识点内容的触手可及，数字技术下建筑案例的随时在线穿越，多维知识网络的信息爆棚，外国建筑史不再停留于教材中的黑白照片和文字中的求知若渴，更多的是海量信息和虚拟再现后的非真实传达。如何调动学生积极地求知和探索，如何将"古老"激发现代的再认知，如何将"过去"转为现在的再认识，如何从过去中学习美的创作，如何从历史中挖掘时代的设计等，诸多随时代变迁而产生的问题，正挑战这一传统的课程。

回望，2018年10月26日东南大学建筑学院主办的第一届"2018建筑史教学观摩交流会"活动[1]，便成为突破与尝试的一次教学契机。本次活动通过国内知名建筑院校的青年教师现场示范、建筑历史领域资深教授作为评委点评、听众提问等的环节设置，搭建了一个互通有无的展示平台和取长补短的学习机会。依据观摩会要求，青年教师可自行择取一个主题、讲课时长30分钟。这一要求的制定，教师所提供的不仅是一个课件，更是体系中独立单元的择取，不仅是讲授，更是

与时代结合、引发兴趣及个人特点的展现。笔者有幸受邀参加这次交流[2]。四年后再次回首此次示范，其讲授过程和内容的组织也为史论课程的故事性"回望"和阐释性"审思"的特点挖掘，奠定良好开端和基础。

2 选择：定位与基调

对《外国建筑史》的课程定位：外国建筑史，以情境的回望和美育的回想，从横向上，打通技术、艺术、社会、人类学等学科屏障，建构学科交融、知识互生的、以问题为导向的教学体系；从竖向上，搭建一个学科的古与今相对完整的脉络。时间轴线上的历史，是从无到有的过程，从简单到复杂的逻辑；空间轴线上的历史，是不同地域自然、文化、社会背景下的点状"涌现"，行为轴线上的历史，是从粗放到知识细化的过程，是建筑人物、建筑流派间的"华山论剑"和"谁与争锋"。

对30分钟讲学的内容定位：笔者选择了《文艺复兴开端——佛罗伦萨大教堂穹顶》这一主题（图1）。这部分一直都是古代史的重难点，"重"在大穹顶的建造正处于中世纪到文艺复兴的转折时期，承上启下地标志着新时代的开端。大穹顶的建造之于建筑历史的发展、建筑师的历史地位、人文主义的觉醒等，有着重要的意义。难点，首先是如何建造，大穹顶仅次于罗马万神庙的穹顶跨度，对那个时代而言是"烧脑"的难题。时势可以打造英雄、英雄也塑造时代，如何以小见大，从评价大穹顶的缔造者菲利波·布鲁内列斯基[3]（Filippo Brunelleschi）到评价那个时代？如何窥豹一斑，从佛罗伦萨的崛起到文艺复兴的开端、从手工工场的出现到资产阶级的精神象征，均是需要思考、挖掘和整合的内容。

美育的主旨基调："地球是平的[4]"、信息爆炸、人工智能的迅猛发展……身处这个革新的时代，90后学生的接受和认知能力已然很强，有自己的主张和想法，知识的获取途径丰富且多元。特别是外国建筑史中的历史通识内容已经在初高中进行了学习。教师如何"老调重弹"，且从建筑

图1 题目的确定

的视角、遗产的价值、美的内核等拨冗提纯？如何在纷繁复杂的历史现场中窥豹一斑，既能纵深提炼又能横向地在多学科的拓展中丰富旧有体系。笔者以"美育"为主旨，解析案例、思潮、人物的背后，是对不同时代美的阐释，是对美的内涵、美的意义、美的价值等的解读和深挖，这才是跨中、西历史现实、文化差距所要传达的精神内核。

人文的主题基调：美的创造是鲜活的、美的表达是有情感的。针对 30 分钟的课程内容，笔者希望的讲述应是一种契合时代的、情节生动的、人物性格鲜活的"故事"。让那座已经伫立在佛罗伦萨 500 年的大穹顶回到最初诞生的那一刻，带着学生重新体验建造的过程、体会建筑师的人生起伏、体味大穹顶之于时代的意义，以此确定笔者人文性的基调和故事性的讲授。以《圆顶的故事》为构思蓝本，以菲利波·布鲁内列斯基为主人公，通过佛罗伦萨大教堂穹顶和建筑师生平为两条主线，融合"欧洲——意大利——佛罗伦萨"的时代背景、"手工工场——资本主义萌芽——文艺复兴"的发展线索，点名大穹顶的建造意义、凸显大穹顶的建造难题，之后两条主线终于交汇，即为穹顶的建造。其后强化建造的技术和建筑的意义的知识点和重难点。

3 叙事：知识与情境

3.1 复原一个场景

考虑到文艺复兴开端的时间已经距今将近 600 年，且又是西方的地缘背景，对于大学三年级的本科生而言，如何生动、形象且准确地"回到"那个历史阶段，需要一种时代铺垫和历史背景的引入，即为"引子"。"15 世纪的佛罗伦萨已经是欧洲最繁荣的都市，韦基奥桥和韦基奥宫都已竣工，艺术家乔托建造的 91 米高的佛罗伦萨大教堂钟楼也早在 1359 年建成，全市人口达 5 万之众。这些骄人的成绩在古罗马帝国时也是罕见的。伏尔泰称世界史上最伟大的纪元之一已初露光芒。[5]"（图 2）。背景之后，继续铺陈圆顶故事的叙事线索。

"1418 年 8 月 19 日，在恢弘的佛罗伦萨大教堂破土 100 多年后，为了加快这座迟迟未能竣工的天主教堂的进度，佛罗伦萨不得不在这一天发布了一项选拔公告……"通过这个伏笔，继续点名大教堂的建造价值，"佛罗伦萨自治体早有明文规定，这座教堂将尽其可能地以最华丽、最宏伟的方式建造，一旦大功告成，它变将成为最无与伦比之华美和尊荣的圣殿，足以使托斯卡纳任何其他教堂都相形见绌。[6]"（图 3）

以此，时代背景的精准带入、大教堂建造伏笔的展开、大教堂建造意义的点题，层层深入，在时代线索与故事线索的双向编织下，"文艺复兴史上惊天泣地的一页传奇"娓娓道来。

3.2 抛入一个主题

与此同时，放眼当时世界大背景，此部分为通识教育，但却是建筑历史必讲的，这样才能理解圆顶建造的意义和价值，是揭示更深层内核的关键。遵循从大到小、环环相扣的层级，讲述"欧洲——意大利——佛罗伦萨"历史，将三个层级嵌套讲起，细细梳理"同一时代的不同地域"之间千丝万缕的联系和见微知著的影响。"西罗马帝国崩溃后，意大利先后被东哥特王国、拜占庭帝国、伦巴第王国统治。查理曼帝国曾经将北部和中部意大利纳入帝国范围。查理曼帝国分解为三个法兰克王国后，最终在东法兰克王国基础上建立对意大利拥有主权。但是神圣罗马的一体化进程本身阻力重重，逐渐沦为松散的联盟。在此背景下，对意大利的控制力逐渐削弱。13 世纪后半期，一直处于封建割据状态，没有形成为统一的中央集权的封建国家。各地经济发展不平衡，北部经济发展很快，中部和南部相对落后。北部兴起了封建时期欧洲最早的工商业城市，随后以这些城市为中心形成了一些城市共和国。热那亚和威尼斯是著名的商业城市共和国；米兰和佛罗伦萨是著名的工业城市。从 13 到 15 世纪，达到极盛时期。[7]"（图 4）

历史背景的清晰论述后必须要凸显课程主题，遵循"佛罗伦萨、意大利历史——工场手工业——

图 2 历史背景的引入

图 3 圆顶建造故事线索的展开

资产阶级——文艺复兴"，这个切入是课程的重点，要清晰且直接，剔除繁杂的因素凸显发展线索，通过时代背景的铺陈以突出重点。"以罗马之女自诩的佛罗伦萨，13世纪时，因羊毛和纺织业的迅速发展而崛起，成为当时意大利重要的城市，并强化了它在海外的商业和金融业。随着市场的扩大，商品需求不断增加，富有商人已从包买原料到包销产品，直接控制了独立经营的手工业者。失去独立经营自由的手工业者成了包买商的雇佣工人。以此为起点，兴起了新的手工业生产形式——工场手工业……那些开设手工工场拥有生产资料的工场主，和城市的富商、银行家等一起开始形成新的阶级——资产阶级，雇佣关系产生了资本主义生产的最初萌芽"。继续"引申：资本主义的萌芽——手工工场出现，为文艺复兴培植了土壤。手工工场时期，是农业时代过渡到工业时代的准备阶段。资本主义的萌芽产生了新的阶级，即资产阶级。[8]"之后，着重阐释"资本主义萌芽——文艺复兴：随之产生了资产阶级与封建制度的对抗。他们相信人的力量，认为人是应该有所作为，应该创造业绩，应该享受现实生活。对待实际问题不是从神出发，而应从人出发，这种思潮叫人文主义。总的来说，人文主义就是肯定现实，颂扬世俗，认为血肉之趋势最可贵的。人性是最崇高的，个人才能是最高尚的。强调以"人道"反对"神道"，以"人权"反对"神权"，提倡尊重人和以人为中心世界观即所谓的个性解放。[9]"（图5）

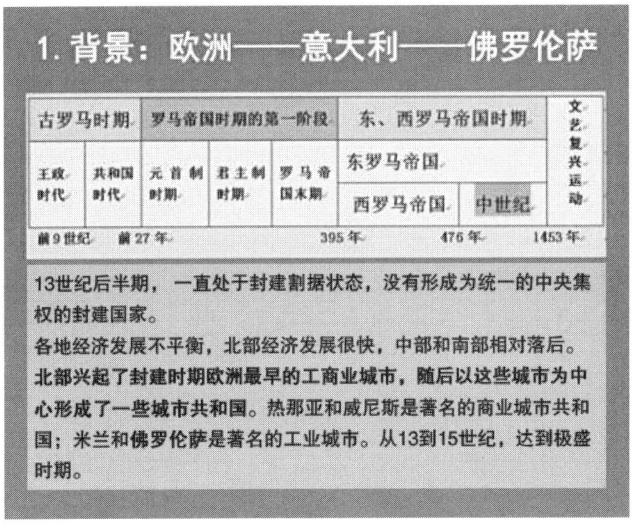

因此，课程在时代背景的介绍中要放得出去，从政治、经济、文化、艺术等多元背景的编织，即从关照整个时代到独特地域的深挖，也要收得回来，必须凸显主题——文艺复兴开端，必须引导思路——大穹顶的建造意义和价值，必须带入时代——时代历史因素编织的网状结构。

3.3 讲述一个故事

承接时代线索和故事线索，课程的讲述凸显人文性的特质，以故事性的叙述方式时刻紧抓学生注意力，点名建造的重大意义。1294年，佛罗伦萨大教堂（圣母百花大教堂）开始建造，但是先是总设计师迪奥坎比的离世（佛罗伦萨壮丽的韦基奥宫和宏大的防御系统都是他设计的），再是黑死病的袭击，佛罗伦萨元气大伤，使得这项工程被搁置下来。其实在1366年的时候，应工程处之邀，大教堂的总建筑师吉奥瓦尼和石匠奥拉万提就圆顶的模型就有过一次竞争。最终奥拉万提的设计胜出，他要建造直径46米的大穹顶，以打破之前罗马万神殿保持了1000多年的纪录。而大教堂的墙面高44米，建成后将会雄立于整个城市之上。尽管奥拉万提的模型充满了挑战性，但还是被大教堂的建造者们奉为圭臬，因为他的设计，足以激起佛罗伦萨人的雄心。但奥拉万提的设计仅仅是理论上的，如何把它变为现实？在之后的50年里，佛罗伦萨大教堂的工程进展依然举步维艰——问题集中在教堂硕大无比的圆顶上，全佛罗伦萨乃至整个亚平宁半岛，都没人知道该如何建造，圆顶的建造成为那个时代最具挑战性的难题。[10]（图6）

给出时代最烧脑的难题，继续阐明难在哪里？这为后文的"技术流"，也就是课程的重、难点阐释打下基础。"难在哪里？" 穹顶跨度极大，八角形的

---

1. 背景：欧洲——意大利——佛罗伦萨

古罗马时期	罗马帝国时期的第一阶段				东、西罗马帝国时期	文艺复兴运动
王政时代	共和国时代	元首制时期	君主制时期	罗马帝国末期	东罗马帝国	
					西罗马帝国 中世纪	
前9世纪	前27年			395年	476年 1453年	

13世纪后半期，一直处于封建割据状态，没有形成为统一的中央集权的封建国家。

各地经济发展不平衡，北部经济发展很快，中部和南部相对落后。北部兴起了封建时期欧洲最早的工商业城市，随后以这些城市为中心形成了一些城市共和国。热那亚和威尼斯是著名的商业城市共和国；米兰和佛罗伦萨是著名的工业城市。从13到15世纪，达到极盛时期。

图4 历史层级的梳理

引申：资本主义的萌芽——手工工场出现，为文艺复兴培植了土壤。

手工工场时期，是农业时代过渡到工业时代的准备阶段。资本主义的萌芽产生了新的阶级，即资产阶级。随之产生了资产阶级与封建制度的对抗。

•他们相信人的力量，认为人是应该有所作为，应该创造业绩，应该享受现实生活。对待实际问题不是从神出发，而应从人出发，这种思潮叫人文主义。

•总的说，人文主义就是肯定现实，颂扬世俗，认为血肉之趋势最可贵的，人性是最崇高的，个人才能是最高尚的。强调以"人道"反对"神道"、以"人权"反对"神权"，提倡尊重人和以人为中心世界观即所谓的个性解放。

图5 时代主题的强化

但奥拉万提的设计仅仅是理论上的，如何把它变为现实是现实，在之后的50年里，佛罗伦萨大教堂的工程进展却依然举步维艰——问题集中在教堂硕大无比的圆顶上，全佛罗伦萨乃至整个亚平宁半岛，都没人知道该如何建造，圆顶的建造成为那个时代最具挑战性的难题。

图6 时代最"烧脑"的难题

鼓座基部直径达43米，尺寸几可比拟罗马的万神殿。建造鹰架，起拱线又离地面很高，吃不住太重的压力，一般造法不适用于如此雄伟的建筑。石料运输：穹顶的横向力极大，容易造成拱形坍塌。且当时佛罗伦萨的建筑师们认为飞扶壁破坏了建筑整体的美观和简洁度，哥特式的解决方案未纳入考虑。

接下来，建筑师出场，教授中以建筑师菲利普·伯鲁乃列斯基的命运契合大教堂穹顶的建造展开，以人物的生平线索组织建造的过程线索。"1418年，41岁的金匠兼钟表匠菲利普·伯鲁乃列斯基横空出世，他提供了一个大胆而迥异于正统的解决方案。其实早在16年前，伯鲁乃列斯基就已经有机会成名。1402年，佛罗伦萨市民为了纪念他们逃过瘟疫灾难，进行过一项选拔：为大教堂洗礼堂铸造青铜大门。那一次，伯鲁乃列斯基本该是有机会的，但最终他还是惜败于另一个金匠洛伦佐·吉尔贝蒂。最终，洛伦佐的方案成就了后来名垂天下的"天堂之门"。而伯鲁乃列斯基却还要再等待16年。失败后的伯鲁乃列斯基与多纳泰罗结伴前往罗马。此时的罗马在饱经战火、瘟疫、地震之苦之后已经破烂至极，人口也只剩下两万，其景象之凄凉，与正在上升的佛罗伦萨不可同日而语。之后的13年间，他把自己的大部分时间都留给了罗马这个大废墟。他在罗马期间对万神殿的不懈研究对日后佛罗伦萨大教堂穹顶的建造起到了至关重要的作用。如何抵消圆顶产生的巨大压力：推力，拉力（压缩力和张力）。"继续建造，以故事性、人文性串联[11]（图7）。

讲授中，继续以跌宕起伏和充满了人物命运的情节还原建造过程。"伯鲁乃列斯基回来了，为了建造那座梦寐以求的大穹顶，他回来了。"真是冤家路窄，他的竞争对手，就是13年前的老冤家吉尔伯蒂。如今的吉尔伯蒂已经飞黄腾达了，而伯鲁乃列斯基此时却还是不名一文。花了整整三个月时间，伯鲁乃列斯基精心打造了穹顶的模型，模型成果显得离经叛道，惊世骇俗：他居然否定了此前建筑界对于拱鹰架（脚手架）使用的金科玉律。工程处的执事们要求伯鲁乃列斯基详细论证他模型的合理性的时候，他拒绝了。当然，实际情况是，伯鲁乃列斯基的穹顶是八瓣的，而不是半圆的穹顶。这个令人耳目一新的设计虽然博得了一部分执事的好感，却也没能够马上征服所有执事的心（图8）。伯鲁乃列斯基在罗马那些经年累月的实践经验，以及作为钟表匠对于机械方面得天独厚的理解力帮助了他，他制造了巨大的"牛力吊车"：此后数十年，总重32000吨的大理石、砖石和灰泥将由这座吊车运送到高空。直到这个时候，工程处才真正认同了伯鲁乃列斯基在穹顶建造中的领导地位：这一次，他终于报了多年前的"一箭之仇"[12]（图9）。

3.4 强化重难点理解

人物的命运牵引大穹顶的建造过程，"同命运、共呼吸"的讲授中，通过侧面的知识点贯穿，将重点、难点凸显出来并单独强调。建造：第一，为了让基座能承担其上拱的负担，穹顶的重量势必要减轻。伯鲁乃列斯基采用了双壳（double shell）结构，即拱形壳内还包着一个内部的拱形结构，而两层拱中间则是空心的，形成夹层，这一

图7 建筑师与大圆顶

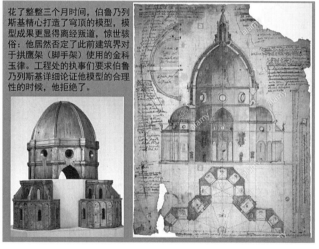

图8 大胆的设想

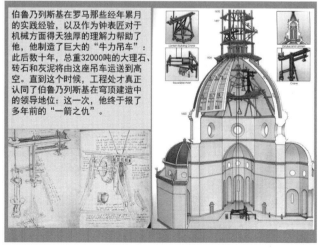

图9 发明家也是建筑师

设计较一个实心的"大壳"更加轻盈，而且不但使得穹顶重量最小化，还为穹顶后续的修缮提供了维修通道。第二，伯鲁乃列斯基选择采用了肋状骨架形式，8根白色主肋（primary rib）露在外部，分别从鼓座的八个顶点向上延伸汇聚于顶端；在每两根主肋之间都再有两根隐藏不露于外的辅肋（secondary rib），8根主肋和16根辅肋共同组成一个笼状结构。第三，穹顶又如何不使用飞扶

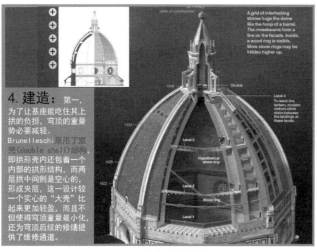

图10　结构的融合与创新

图11　佛罗伦萨大教堂穹顶的意义

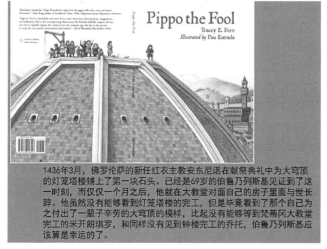

1436年3月，佛罗伦萨的新任红衣主教安东尼诺在献祭典礼中为大穹顶的灯笼塔楼铺上了第一块石头。已经是69岁的伯鲁乃列斯基见证到了这一时刻，而仅仅一个月之后，他就在大教堂对面自己的房子里面与世长辞。他虽然没有能够看到灯笼塔楼的完工，但是毕竟看到了那个自己为之付出了一辈子辛劳的大穹顶的模样，比起没有能够等到梵蒂冈大教堂完工的米开朗琪罗，和同样没有见到钟楼完工的乔托，伯鲁乃列斯基应该算是幸运的了。

图12　后世的影响

壁便能抵消掉横向力？伯鲁乃列斯基使用了数组水平方向的柱石和铁链，环成桶箍，分别圈在穹顶内壳的不同高度上（其中最顶端与底部基座环各一个），与穹顶重量所产生的侧推力相抵。此外，穹顶的泥瓦砌砖运用了"鱼刺骨"的排列图样（herringbone pattern）[13]（图10）。意义：结构上，融古罗马穹顶、拜占庭鼓座、哥特的双圆心拱券。第一，突出穹顶，用12米高的鼓座（拜占庭式，但不用帆拱），鼓座厚4.9米；第二，减少穹顶侧推力：1）双圆心形穹顶；2）骨架券结构；3）穹顶做内外壳，中式的，创新的；4）穹顶底部设一圈铁链加固。其结构技术远远超过了古罗马和拜占庭。外部，一反古罗马和拜占庭穹顶那半露半掩的做法，而把穹顶全部暴露出来，还建了采光亭，在外观上，创造了全新的建筑形象（统一构图、首创性）。在结构上的巨大创新（首创）平面：冲破天主教反对集中式平面（斥为异教的）的戒律，在拉丁十字平面上做集中式穹顶。内部：在室内空间上，创造了宗教建筑空间新观念（图11）。

3.5　提升一种认知

在完成了"引子—背景—因素—难题—建造—意义"等的讲授内容后，要进行主旨的升华。建筑师伯鲁乃列斯基的个人成就表现在勇气上，在他那个时代，全意大利都仰慕哥特风格。而他重新启用了古典形式，推陈出新，并创造了全新的建筑样式，为一个生机勃勃的时代开辟了道路，掀开了整个欧洲文艺复兴历史的一页。引导学生理解建筑师时代责任和社会职能。"伯鲁乃列斯基从测量工具的改进，到所用砖块和灰泥的检测，他都亲力亲为，工程也顺利地得以进展。到1428年春天，穹顶的建造已经到达了鼓形座上方21米多的高度。但不久之后的'怪兽'沉没，大理石运输遭遇到困难，伯鲁乃列斯基本人甚至一度被关入监狱，穹顶的建造陷入前所未有的窘境。直到1434年，工程才得以重新启动。1436年是转折的一年，这一年，佛罗伦萨迎来了教皇尤金尼亚斯四世。教皇主持了伟大的献祭仪式，而圣母百花大教堂也终于等到了快完工的时刻。在伯鲁乃列斯基带领下，灯笼塔楼开始被建起，而这个建筑无疑开创建筑美学的新境界：日后大多数灯笼亭，包括大名鼎鼎的梵蒂冈教堂，都是按此式样建造的。[14]"1436年3月，佛罗伦萨的新任红衣主教安东尼诺在献祭典礼中为大穹顶的灯笼塔楼铺上了第一块石头。已经是69岁的伯鲁乃列斯基见证到了这一时刻，而仅仅一个月之后，他就在大教堂对面自己的房子里面与世长辞。他虽然没有能够看到灯笼塔楼的完工，但是毕竟看到了那个自己为之付出了一辈子辛劳的大穹顶的模样，比起没有能够等到梵蒂冈大教堂完工的米开朗琪罗，和同样没有见到钟楼完工的乔托，伯鲁乃列斯基应该算是幸运的了。[15]"（图12）

3.6　承接下一时代

从"时代—建筑—人"的讲解完成后，课程也进入尾声，再次点题，强化认知并开启下一课的讲述。正如阿尔伯蒂所赞扬的"可以想象得出，当时这高大的穹顶是如何睥睨整个托斯卡纳，将其余城邦所有的繁荣文明都纳入其阴影下，无声诉说佛罗伦萨的盛世。"百年之后，当米开朗琪罗设计梵蒂冈大教堂的时候，有人对他说，他有机会超越伯鲁乃列斯基了，他的回答是"我造的穹顶也许比他的更大，但却不可能比他的更美……文艺复兴全面开启（图13）。如今，这座如小山般雄浑的圆顶依然俯视着整个佛罗伦萨。五百年如一日"。

4　结语

"2018建筑史教学观摩交流会"得到了建筑历史学术界资深教授的鼎力支持和现场点评[16]，句句中肯，言语间揭示经验，点滴间都是传授，观摩会是青年老师的展示，也是史学界前辈对后生新锐的关注和关爱，更是对建筑历史领域几代人不懈的专业求索和传统传承（图14、图15）。之后"2021建筑史教学观摩交流会"于2021年5月，由教育部高等学校建筑学专业教学指导分委会建筑历史工作委员会、昆明理工大学联合主办，昆明理工大学建筑与城市规划学院如约举办，共有全国近50所院校共100余名从事建筑史教学的教师代表参加。"2023建筑史教学观摩交流会"将由华侨大学承办。

历史如此发生，现实如此演绎，在建筑历史知识的长河中，只有揭示美的意义和价值才是跨越中西差异和古今的一种链接。只有带着古今对话、关照时代、激发创新的精神，才能拨开繁杂凝练历史、才能"穿越"过往透析本质。而知识的传授还在于巧妙，巧妙的背后是大量的积淀，书籍的阅读，知识的储备，人生的阅历，现场的游历，都缺一不可。课程不论怎样有趣、不论怎样讲述，知识点的准确性、意义阐释的深刻性是必需的。

历史的回望，不是知识的灌输，而是培育，培育一种兴趣、培育一种热爱，培育一种气质，这才是历史课后给学生的"遗产"。"回望"不是填鸭，而是一种人文性的娓娓道来，将学生抛入另一时空、代入另一情境，以鲜活的姿态、生动的诠释和曲折的历程引导学生理解历史的前世今生；历史不是将书本中的人名、定义和图片死记硬背，而是充满情感的故事大片，充满跌宕起伏的现实映射。教学的审思，是审视后的思考，思考后的审视。外国建筑历史教学是漫长且充满挑战的，挑战教师的不仅是这个时代学生的特点和秉性，更是不断生长、精进的知识体系本身

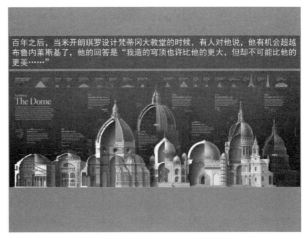

图13　圆顶的建造表征着文艺复兴的开端

图14　交流会现场

图15　交流会观摩现场

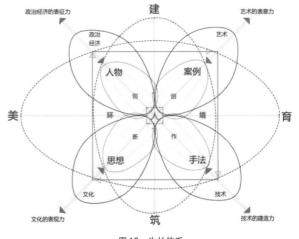

图16　生长体系

（图 16）。如何面对信息资源、数据时代、人工智能，如何面对 21 世纪学习革新、如何面对信息爆炸下的建筑历史知识体系的增值，更是如何不断提升自己的知识储备和教学方法，进行"背景—知识—意义—重点—难点"的融会贯通，搭建"艺术—社会—文化—经济—政治"线索的共同编织，提升"时代／环境—人—建筑创新"的核心素质，凝练"美育"的核心思想……

回望与审思，建筑历史教学，前路漫漫，任重而道远，终将上下而求索……

注释

① https：//arch.seu.edu.cn/2018/1029/c9118a244207/page.htm。2018 年 10 月 26 日东南大学建筑学院中大院求是堂，会聚来自全国近 80 所院校共 160 余名从事建筑史教学的教师代表，观摩示范、切磋交流、互动有无，在一天内进行了精彩纷呈的教学活动。建筑史教学示范邀请 10 位一线中青年教师，通过每位教师示范教学 30 分钟、6 位专家评委点评 10 分钟的方式进行。

② http：//jzxy.hit.edu.cn/2018/1030/c9466a216654/page.htm。专家评委向 10 位授课示范教师颁发了"第一届建筑史教学观摩示范交流会 (2018) 优秀授课教师"证书。此次会议由陈薇教授倡议发起，前全国高等学校建筑学学科专业指导委员会确定。东南大学建筑学院主办，得到《中国建筑教育》的支持，通过该活动搭建了教师学习和交流的平台，促进了科学先进、丰富多样的教学方法探讨，推动了本科建筑史教学向更高水平迈进。

③ 菲利波·布鲁内列斯基（意大利语：Filippo Brunelleschi，"Brunelleschi"又译布鲁内莱斯基、伯鲁乃列斯基，1377 年—1446 年 4 月 15 日）。意大利文艺复兴早期颇负盛名的建筑师与工程师，他的主要建筑作品都位于意大利佛罗伦萨。根据伯鲁乃列斯基的熟人兼传记作者安东尼奥·马内蒂的说法：他"得以享有埋葬在圣母百花大教堂的殊荣，在世时已经雕好一个大理石胸像，以这样一个辉煌的墓志铭作为永恒的纪念。"

④ 《地球是平的》是作者弗里德曼先生以它独特的视角讲述了世界正在变平的过程。他在书中援引了很多热点话题，介绍了诸多令人瞩目的市场和炙手可热的行业。开放源代码、外包、离岸生产、供应链和搜索技术等被描述成为铲平世界的 10 大动力，书中写到的许多现象新鲜但不陌生，更有一些是我们工作中接触过甚至直接参与的商业行为。但是当弗里德曼把所有这一切编织在一起的时候，却揭示了一个正在发生的深刻而又令人激动的变化全球化的趋势。

⑤ 罗斯·金，陈亮译，圆顶的故事 [M]。上海：上海社会科学出版社，2003，P2-4。

⑥ 罗斯·金，陈亮译，圆顶的故事 [M]。上海：上海社会科学出版社，2003，P4。

⑦ 参见：https：//www.douban.com/note/169245538/。

⑧ 参见：https：//baijiahao.baidu.com/s?id=15897135434 22013817&wfr=spider&for=pc。

⑨ 参见：陈志华。外国建筑史：19 世纪末叶以前 [M]。中国建筑工业出版社，1997。P143。

⑩ 罗斯·金，陈亮译，圆顶的故事，上海：上海社会科学出版社，2003，P6-12。

⑪ 罗斯·金，陈亮译，圆顶的故事，上海：上海社会科学出版社，2003，P14-62。

⑫ 罗斯·金，陈亮译，圆顶的故事，上海：上海社会科学出版社，2003，P50-74。

⑬ 罗斯·金，陈亮译，圆顶的故事，上海：上海社会科学出版社，2003，P98-114。

⑭ 罗斯·金，陈亮译，圆顶的故事，上海：上海社会科学出版社，2003，P150-166。

⑮ 罗斯·金，陈亮译，圆顶的故事，上海：上海社会科学出版社，2003，P168-174。

⑯ "2018 建筑史教学观摩交流会"点评嘉宾（按姓氏笔画排序）：同济大学卢永毅教授、哈尔滨工业大学刘松茯教授、东南大学陈薇教授、南京大学赵辰教授、清华大学贾珺教授。会议尾声时，王建国院士到场发言，期待不断开展此类活动，深化本科教学，提高教学水平。

图片来源

图 14、图 15 为作者自摄，其余图片均为作者自绘

作者：朱莹，哈尔滨工业大学建筑学院，副教授，寒地城乡人居环境科学与技术工业和信息化部重点实验室

近代天津住宅卫生空间
——一种异文化想象下的互融与实践

梁欣婷　徐苏斌　青木信夫

Space for Personal Hygiene in Modern Tianjin Housing—A Mutual Integration and Practical Process of the Imagination from Foreign Cultural

■ 摘要：随殖民进入中国住宅内的卫生空间和设备是一种全球现代性的符号与象征，对其讨论、占有和使用表现出时人对建筑设计现代化和日常生活现代化的向往。近代天津租界新建住宅内卫生空间设计的发展过程及相应特征，凸显了其商品价值和社会价值，形成了抽象的现代身体经验和复合的日常生活新概念。在殖民力量、本土经济水平、社会文化话语以及居住者日常生活实践的复合作用下，近代中国住宅内的卫生空间设计体现了一种文化互融而非移植的过程。

■ 关键词：天津；近代；住宅；卫生空间；现代性

Abstract：The space and facilities for personal hygiene that entered Chinese housing with the colonization is a symbol of global modernity. People at that time expressed their yearning for the modern architecture design and the modern daily life in their discussion, possession and use. The development, diffusion, internalization process and corresponding characteristics of hygiene space and technology in newly built houses in modern Tianjin Concession showed its commodity value and social value, and formed the modern abstract body experience and new concept of compound daily life. Under the combined action of colonial power, local economy, cultural discourse and residents' daily life practice, the design of hygiene space in modern housing reflected a process of cultural integration rather than transplantation.

Keywords：Tianjin；Modern；Housing；Hygiene Space；Modernity

基金项目：国家自然科学基金项目 (51878438)：东亚近代英国租界与居留地的规划与建设比较研究；国家社科基金艺术学重大项目 (21ZD01)：中国文化基因的传承与当代表达研究。

0 引言

　　自 20 世纪初开始，部分居住在天津租界新建住宅内华人的个人卫生习惯发生了变化，除了现代卫生概念的传播、法规条例的强制，具有现代生活理念的住宅与家居设计似乎在体现这种变化方面发挥了主导作用。随殖民而来的卫生空间和卫浴设备承载了住宅内部绝大部分的个人卫生活动，如罗芙芸指出，它是实现卫生现代性完整闭环中"不可缺少的一环"[1]222，为现代个人卫生的概念的具象和强化提供了物质条件。依托于建筑技术和设备的革新、城市给水排水工程的完善，住宅内的卫生空间将个人卫生与公共卫生①[2]连接，使用者的身体被编织进了社会的网络中。

卫生空间在租界内新建住宅中固定下来，其组成、位置、设备等也随着在殖民母国的变化呈现出平行的发展状态。它创造了舒适便捷的"摩登生活"方式，更产生和建立了一种"新的社会地位、社会关系和社会交往模式"[3]，成为住宅现代化的"一种标志和评价指标"，以及城市现代化进程的"有力注解"[4]。观察近代天津租界新建集合式住宅②内卫生空间的发展轨迹，文章试图围绕两组关系——卫生空间的商品价值与社会价值，卫生空间的物质显现与文化内涵表达——探讨三个问题：经济和文化层面的影响如何反映在卫生空间的设计上？卫生空间的设计和物质条件如何改变华人使用者的身体经验？这些有关住居的身体经验又如何形成了现代"家"的情感内涵？

1 近代天津租界住宅卫生空间的引入与传播

近代中国城市住宅中，现代卫生空间和卫浴设备的出现与殖民直接相关。天津租界新建住宅中留置功能专门化的卫生空间、配置可连接市政管网的现代卫浴设备，在设计、技术与物质等方面直接跳过了在殖民母国或其他殖民地的实验过程。这一"舶来品"及其背后的文化特性在传入中国时并未定型，因而呈现出与欧美国家并行发展、并不断受环境影响而进行微调的状态。

检视西方卫生空间的发展，可以发现，这一专门的空间进入住宅是一个渐进过程：依托于医学理论的发展和新兴资产阶级对清洁身体、强健身体的追求，能够在家中每日沐浴成为他们的"日常惯例"[5]，它将个人卫生与所有社会问题的解决方案联系起来，[6]205反映出卫生理性主义的价值。

当城市本身的物质条件可以实现接管到户，在卫浴设备的材料与手工技术等物质条件的配合下，住宅中专门的卫生空间的存在逐渐合理。

根据自己在母国的生活习惯，早期殖民者或外籍建筑师即已经拥有了一套彼时较为完整的住宅设计方法。即便20世纪初期前后天津租界市政管线系统并未展开或不完整，但在新建住宅——尤其一些以利润最大化为目标的由地产商开发的联排住宅中留置出专门的卫生空间似乎已经约定俗成，即使这些联排住宅的居住单元在严格的建筑线控制下采用了更加紧凑规整的平面设计，不能保证所置卫生空间有良好的对外采光通风。例如，始建于1883年的海关高级职员宿舍（图1-1）在单开间的限制下仍拥有两套卫生空间：供仆役使用的便所位于地下一层楼梯下部，供主人使用的浴室位于二层卧室中间，并置有"西式大澡盆"[7]，而此时法租界并未展开自来水供应和下水道工程。③[8]170, 176

19世纪末到20世纪20年代，随着技术和设备条件的进步，欧美各国的卫生空间于住宅中的位置逐渐从厨房旁边，转变为卧室的附属。[9]154美式如厕、盥洗、沐浴三位一体的"紧凑型浴室"（图2）由旅馆套间进入普通家庭，成为全球性的现代沐浴象征，不仅提供了清洁需求，还使人们获得了"千百年来一直追求的舒适度"[10]669-706。这一阶段内，除了功能设施齐全的独立式高级洋房（图3），20世纪上半叶天津租界内数量最多的集合式住宅居住单元中的专门的卫生空间设计，在组成、位置、设备和技术应用等方面也随之发生着变化。

2 集合式住宅居住单元的卫生空间设计

20世纪初的天津，多数英租界居民家中已用上了自来水，住宅中出现了水冲式便所，有的开始使用抽水马桶。[11]联排住宅居住单元内的便所只能提供最基本的如厕功能（有的带有盥洗功能），少数位于楼梯下部或住宅后部临近厨房的隐蔽角落，多数远离主要居室独立存在，且面向院落开门，如普爱里联排住宅的居住单元中（图1-2），

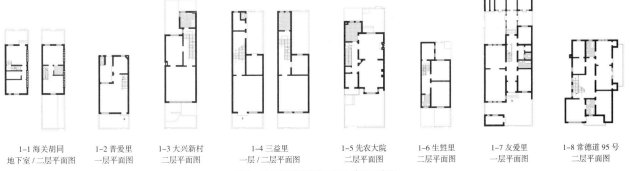

| 1-1 海关胡同
地下室/二层平面图 | 1-2 普爱里
一层平面图 | 1-3 大兴新村
二层平面图 | 1-4 三益里
一层/二层平面图 | 1-5 先农大院
二层平面图 | 1-6 生牲里
二层平面图 | 1-7 友爱里
一层平面图 | 1-8 常德道95号
二层平面图 |

图1 联排住宅居住单元卫生空间示意图

便所独立于住宅位于后院。正如胡香泉在《论居室》中提到，这种空间上的隔离便于清扫、有益卫生，[12] 更为关键的则与当时人们的生活习惯相关——在住宅内置入一组看起来是先进的水洗式便所，其开口面向室内，对于一直以来使用掏汲式便所或恭桶的居住者而言，室内留有一间随时可能会发出异味的便所实在难以想象。但事实上，能够拥有卫生空间仅是少数高级联排住宅的特权，绝大部分新建住宅的设施仍旧简陋，并没有专门的卫生空间和设备。

至 20 世纪 20 年代中期，基于英法日意等租界工部局的市政设施完善和一系列法规条例的管控，租界范围内主要居住区域的住宅得以从供水到排污形成完整的系统，④ [11] 一间包含抽水马桶、盥洗面盆和浴缸的房间"浴室"，随着新式里弄和公寓的出现成为住宅的标配。较为高级的联排住宅中还包含供仆役使用的仅有如厕功能的便所，一般位于一层，远离或独立于主要居室。此外，住宅的卫生空间出现将紧凑型浴室"拆分"成套间组合的形式。如在 1937 年建造的文新里集合式住宅的居住单元中，卫生空间位于二层楼梯口，为相邻两房间组合：较小的一间窄门外开，约 80 厘米的面宽被盥洗池占满；大的一间临窗有浴缸，窗下墙壁凹进放置热水汀，另一侧则为抽水马桶的位置，管道全部暗埋处理（图4）。另一种套间组合形式将便所从浴室抽取出来，如陕西路 110 号单元式公寓住宅（图5）。这一做法多出现在日租界的住宅案例中，与日本的卫浴文化相关——卫生空间作为日本近代住宅必不可少的空间单元，随着居住规格的提升而功能趋于细化。

对一般的按照一字型排列的联排住宅⑤ [13]67 来说，浴室的具体位置与居住单元的开间相关，多位于二层及以上与卧室配套。单开间的居住单元，没有类似走廊的水平交通空间，房间多做前后套间；楼梯成为各个房间的组织中心，将住宅前后二分为主要居室和服务用房。此时浴室大都位于与楼梯相邻的亭子间或住宅后部，面向后院开窗。如大兴新村单开间居住单元中的亭子间浴室（图1-3）和三益里单开间居住单元中二层向北的浴室（图1-4）。

间半式是天津新式联排住宅中数量最多的一种类型，半间作为楼梯间与走廊空间。浴室常位于住宅二层后部或亭子间，与一层的厨房上下对位以求管道整合，以先农大院的住宅较为典型（图1-5）；但大多数情况，供主人使用的卫生设备齐全的紧凑型浴室脱离了住宅后部的服务空间或亭子间，跻身到半间的前部与主卧室一墙之隔，占据了良好的采光通风位置，如生牲里等（图1-6）。双开间与二间半式的居住单元由于面积较大，上述浴室的几种位置均有出现，灵活地

图 2 1915 年芝加哥克雷恩公司（Catalogue，Crane&Co.，Chicago）商品目录中的紧凑型浴室　图 3 天津市五大道历史博物馆浴室设备藏品

图 4 天津市文新里某居住单元卫生空间照片　图 5 天津市陕西路 110 号住宅某居住单元卫生空间平面示意图

配合着平面设计。如主副楼组合的友爱里联排住宅，主楼的两层均设置了包含如厕、洗浴和盥洗的浴室，它们脱离副楼属于仆役的服务空间，毗邻主楼梯、依靠独立的天井进行通风采光（图1-7）；又如常德道 95 号二间半式居住单元二层前后共设置两个浴室供四间卧室使用，并另设有通向卧室的门（图1-8）。浴室为主人提供了独立完成个人卫生活动后直接进入卧室的机会，同时空间品质逐步提升——空气流通、能够沐浴阳光甚至观赏前院或街道景观，被逐渐纳入私人休憩空间的范畴，其意义已经超越了最基本的卫生内涵，成为享受生活的代名词。

不必过度受制于单元开间或自然条件，不论与主卧室相连或分隔，仍属于私人休憩区域。公寓住宅居住单元中的公共区域如起居室、餐厅，私人区域如卧室、浴室，以及服务区域的位置关系不再借用高度来组织，而是根据住宅总平面和套型进行设计，将不同功能房间在同一平面铺展。公寓的建设推进了现代卫生空间及其所建构的社会文化的扩散，套房内浴室的位置和组成更加灵活，如茂根大楼的浴室仍旧紧邻两个主要卧室，在采光和景观方面都占据好的朝向（图6-1）。许多公寓住宅也会因为对设备管线的简化和集约的要求，将卫生空间与其他服务空间整合，浴室朝向后院或内天井，仆役便所靠近服务楼梯，如单元式公寓新佳里（图6-2）、益友坊（图6-3）、民园大楼（图6-4）等。在与旅馆相似的廊式公寓住宅中，厨房和浴室等服务空间集中沿建筑内

廊一侧布置，这些"黑房间"依靠先进的电气设备和管道井，不用过度考虑自然环境的影响而实现面积利用的最大化，如义品大楼（图6-5）。具有现代主义美学的多高层公寓成为城市景观的普遍标志，在租界快速建设时期，为地产开发商提高土地利用率、获得最大利益提供了经济可行的解决方案。公寓的广泛生产有助于传播住宅卫生空间及设备的现代理念，其创造的身体经验逐渐成为现代日常生活的一部分。公寓住宅因其展示了城市文明的现代性和建筑技术的先进性，以及便捷舒适的生活图景，受到大批向往现代生活的华人中产阶级之青睐。

3 现代卫生空间的商品价值和社会价值

20世纪初，那些入驻租界，租赁或购置外商释出的高级洋房的华籍富裕官商，是继外商与领事之后，体验专门化的卫生空间、舒适的卫浴设备的最初华人受益者。20世纪20年代，天津租界区成为新的经济中心，完备的市政设施和安全的环境吸引了大量华人在其中居住或置产，住宅的供不应求和地价的持续飙升推动天津近代房地产业进入空前繁荣的黄金时代。[14]住宅被纳编入空间的商品系统，具体样式和建造由政府和房地产投资者所决定。新式住宅被不断开发，包含各种卫生设备的卫生空间的出现改变了其平面功能，卫生空间的位置、大小、数量是区分住宅类型的标志，并成为"房屋是否合于现代化及需要之标准，亦为估定房屋价值之要素，故实为时代之产物"[15]。

住宅中设计有包含抽水马桶、盥洗面盆和浴缸的浴室，不但符合现代卫生的要求，更是舒适的现代家庭景观的标志，在中国人与外国人之间、甚各个殖民国家之间"成为表达国家特性和骄傲的装置"[1]208。在华人精英阶层的普遍认知中，住宅卫生空间首先与居家卫生观念、家庭或住宅改良等内容紧密相连。留日归来的盛承彦在1921年发表的《住宅改良》系列文章中建议住宅设计应配备便所、浴室以合卫生要求，20世纪20年代中期《妇女杂志》展示的一系列有关现代住宅或理想住宅的畅想，关于浴室的论述也主要从居宅卫生或个人健康角度出发。进入30年代，《中

国建筑》《建筑月刊》等专业期刊中选择的优秀住宅案例或设计中几乎都拥有一间浴室，各种类型的大众刊物将其视为新家庭的必需品（图7），并用最直观的照片和文字描绘和赞美浴室中发生着的现代的卫生习惯和身体经验，在习而不察间引发了大众对美好的现代生活的想象与期待。

因此，如果预算满足，租赁或购置一处位于租界内拥有卫生空间的住宅成为更多华人精英阶层的选择。能够在自己的家中获得卫生设备带来的现代性体验，是个人的文化教养、经济基础和社会地位的外显；对家庭内部而言，基于空间和设备的商品价值因素，自上而下的空间组织和选择暴露了家庭空间中运作的等级关系，以区别现代生活体验者与服务者的不同身份，即汪民安所指出："室内的空间权力配置是对社会空间权力配置的呼应，是对它的再生产。"[16]163具体来说，当住宅包含多个卫生空间时，主人和仆役的个人卫生活动产生了明显的空间隔离。主人靠近卧室的浴室代表了现代家庭生活的舒适和隐私，仆役窄小的便所则与服务空间组织在一起远离或独立于主要居室。主人浴室配备西式固定装置，供"现代"家庭使用，仆役便所中往往仅有可冲水的蹲便池——即便已比旱厕和恭桶干净卫生很多，但传统的如厕身体习惯并未改变。这一现象暗示了围绕卫生空间所建构的关于现代与传统、西方与东方、主人与服务者身份的二元对立。

成为商品的卫生空间和设备，在呼应租界市政设施建设、技术发展等物质基础对"卫生现代性"管控基础上，还被赋予了面向社会和家庭两个向度的文化内涵，人们可以借助消费的手段去实现自我满足和身份认同。进一步的，对现代卫生空间和设备的占有与使用，产生了异于传统的、以"隐私"和"舒适"为关键词的身体习惯和经验，而这些皆成为创造现代"家"的感觉的一部分。

4 现代的身体经验与"家"的感觉

个人在家庭中通过感官去认知和观察，个体将自我与外界相连接，所见所闻所思所想的各种家庭经历构成了现代意义上"家"的感觉。[17]自新文化运动开始由精英阶层和知识分子引导的关

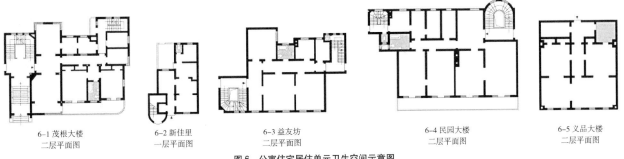

6-1 茂根大楼　　　　6-2 新佳里　　　　6-3 益友坊　　　　　　6-4 民园大楼　　　6-5 义品大楼
二层平面图　　　　　一层平面图　　　　二层平面图　　　　　　二层平面图　　　　二层平面图

图6　公寓住宅居住单元卫生空间示意图

图 7 新式浴室设计

于现代家庭观的思考和对个体性的追求，为在家的切身感受完成了文化的洗礼。获得这种感觉的重要条件即家庭中个人主观能动性的增强。

近代中国经济文化的转变，将生产和部分生活活动从封闭自足的家庭中抽离，家庭成员作为个人在社会中的独立性必然增强，个人作为独立、自由的利益主体和社会关系的基本单位的趋向逐渐明显。更重要的是，传统家长制的家族组织在现代知识青年对西潮下"新家庭"的憧憬中分崩离析，出现了"稳步改革派""个人中心派""废除家庭派"为主的家庭改制观点。[18]80-81 尽管各派学说互异，但基本基于近代西方人道主义思想⑥[19]91，承认社会中个人的独立、个性和自由的重要性，认为只有当个性自由发挥出来，生活才能如"春风般、阳光般的愉快"[20]。因此，"新家庭"不再是自由平等的枷锁，而是发现、认识、观察、表达自我的地方。新的住宅为个人"家"的感觉——这一抽象的身体经验的合集——提供了空间和物质基础，使之可以被展示和叙述。

4.1 显现的身体和隐蔽的身体经验

身体的意向，在传统中国文化中，受到以儒家为首的"礼"和"理"的压制与温情的弱化，始终处于"虚无的被否定的地位"[21]592，人们对身体的审视大都是虚幻与变形的。带有强烈个人性的如厕、盥洗和沐浴的身体经验，却往往游荡于传统中式住宅内的复合功能空间或住宅之外的公共空间之中。"如厕只有木质便桶，及北方所用登式坑厕，盥洗初赖木质面盆，或瓷器及铜质小圆面盆，后来用了洋瓷小圆面盆，算是讲究的了"[22]；沐浴则在里弄中的"老虎灶"或是公共浴室中进行，属于社交活动的一种，"人们上浴堂泡澡聊天成为一种享受，也成为一种时尚"[23]156，这一"时尚"在20世纪20年代才进入女性世界，在此之前，女性进入公共浴室被认为有伤风化，甚至是不祥之事。[24]

近代"个人"意识的觉醒，将原本被国家、社会和家庭遮蔽的身体呈现出来，身体借助个人体验具有了个体性并逐渐实体化。专门的卫生空间和卫生设备为个人卫生活动、身体的照顾方式或习惯的改变提供了物质基础，并为时人提供了一个可以大大方方地审视、认识、欣赏自己身体的全新体验，"墙上装几块广大的镜子，以便洗浴人在同时看见自己的面、自己的背、自己的侧影、自己的屁股"[25]，"亦无伤大雅"[26]120。而透过这一新型的私人空间与公共"厕所""浴堂"的氛围差异，"隐私"的概念得以由此开始被经验。

阎云翔将近现代语境下的"隐私（Privacy）"概念区别于中国传统文化的"私"或"内"，它受到西方自由主义的影响，是个人主义及社会关系形成的必要的社会行为准则，并与私人空间互为依托。[27]157 卫生空间的位置和管道系统等因素，皆是营造隐私感的物质基础。具体来说，观察卫生空间在住宅中的位置，不论是竖向展开的居住单元或是公寓住宅的套间，浴室逐渐远离客餐厅，来访客人越来越难以接近这一附属于卧室的私人休憩区域；在一些高级住宅中，多套卫生空间的分离进一步为家庭成员或主仆的个人隐私划定了边界。那些与城市市政网络相接、配合设备在住宅中"隐形"的给排水管道系统，意味着居民可以在不被他人看到或闻到的前提下冲洗便所，以摆脱污垢，家庭生活的隐私感得到了进一步保护与发展。

4.2 沐浴行为与情调

住宅内卫生空间的最初开发目的，是为了创造物理清洁空间，获得临床上干净的感官。同时，这种物理清洁对应的精神"清洁"——放松、舒适——也因这一可以隔绝外面世界的私人空间和现代便捷的卫浴设备而产生。张爱玲将公寓的浴室及其中的现代化卫浴设备看作一种"安慰"，在浴盆中，体感上的放松带来了精神上"刺激性的享乐"和"昏蒙的愉快"[28]234，在她看来，精神上和物质上"最好的一切"在浴室中"向来都是打成一片的"[29]108。报刊杂志上的广告更为直观地将浴室和设备与体感的清洁和精神的舒适联系在一起，以一则美国司旦达卫生制造公司（Standard Plumbing Fixtures）在《申报》刊登的卫浴设备广告为例（图8），插图展示了在一个贴着整齐墙地砖、拥有新式淋浴喷头、面盆、浴缸、抽水马桶、圆镜和地毯的现代浴室中，主人惬意洗澡的画面，并附以生动的文字："司旦达白磁浴室中，手指一动，流水自来，冷热多少，随心所欲。或醍醐灌顶，或波浪激身，瑕秽尽去，体爽神清……此情此景，尽足健身养性。"[30] 可以被阅读的身体，在近代消费社会中成为一种具有功用性价值的资本或物品，[31]134 这类关于塑造健康、美丽的理想身体的广告不断渲染着读者对身体不满的焦虑，进而引导他们借助消费的手段去获得舒适的生活方式和身体享受。

在浴室逐渐提升的空间品质（通风、采光、景观）和现代卫浴设备的合力作用下，体感和精神的放松得以实现，此外，舒适的感觉也可能来源于视觉的感官，涉及浴室内装饰布置：吊灯和镜旁灯等人工照明成为重视的要项；[32]西方引进的色彩丰富的釉面砖和马赛克可以呈现多种组合的铺贴方式；[4]20色彩配置是普通浴室最基本的装饰原则——虽然干净的代表"白色"是浴室中设备装饰的主打颜色，但为了不至于单调，地板、墙壁甚至窗帘都会选择相宜的彩色来做调和，以"把白色衬托得格外白，而不觉有白色的刺射"[33]。对明亮、装饰性与色彩平衡带来的舒适感的追求，契合了20世纪20年代理想家居生活中艺术与美的意识的新话语，[34]反映出居住者的个人品位——不仅取决于经济资本，还关乎个人的教育背景、文化知识和社会网络，成为证明居住者属于特定社会阶层的方式之一。

住宅内的私密的卫生空间、新式的卫生设备和代表个人品位的装饰，赋予如厕、洗浴等个人卫生行为文化内涵——隐私、舒适等身体经验加深了时人对现代"家"的感觉的理解，以及对"回家"的期盼，正如一位作者的缅怀，即便旧时家中的浴室是后期改造而成、连冷热水龙头都没有，却能够让他每日在外大汗淋漓返家后"绝不叫苦"，因为一扇可以锁住的门和一个"可爱的浴缸"可以给予他"绝大的安慰"，他回忆道："在我洗浴的当儿，我常常把整个的身子，浸在水里，细细地擦洗着，不到门外等得不耐烦的弟妹们催促的时候，是舍不得离开的"[35]。

5 复合的日常生活新概念

在建设卫生现代性的过程中，现实情况与理想并不一致，经济水平或观念的参差不同使现代的抽水马桶与传统的旱厕恭桶、隐私的沐浴享受与混杂的澡堂社交新旧杂陈。20世纪10年代左右的天津日租界已经开始了市政管网的铺设，一些新建住宅中的卫生空间却没有发挥设定的作用，仅有不到二成的家庭安装了抽水马桶，住宅的排泄物清除方式仍主要依靠人工。[36]169设备的购置与安装、用水和维修等费用，以及生活方式的因素成为限制住宅中生活污水和粪便排入下水道的主要原因。更不用说拥有专门卫生空间的住宅只占据总住宅数量的很少一部分，卢汉超曾叙述，上海20世纪20~40年代大部分的家庭便所仍是一只木质马桶，与内地乡村别无二致。[37]239

但是，设备齐全、布置精美的现代浴室的黑白照片在众多报刊中仍不断地被展示，不论读者

图8 美国司旦达卫生制造公司（Standard Plumbing Fixtures）卫浴设备广告

的住宅中是否拥有如此功能的房间，它确实已经进入时人在新的卫生话语下对卫生、隐私、舒适的家居生活的视觉想象之中，这一事实本身即带有了革命性。经济条件的限制并不能抹灭人们对现代浴室的渴望，他们将空闲房间稍加改造，东拼西凑对西洋浴室依式仿制，"例如浴室的靠窗地方，放一只木质或洋铁做的浴盆，墙上装一面镜子，镜子下面，放一副盥洗用具，就是可放面盆手巾皂盒等物的白漆铁架。窗上须挂窗帘或贴玻璃纸"[38]。

米歇尔·福柯（Michel Foucault）认为身体是温顺的，可以被操纵和改造，随殖民而来的卫生空间和卫浴设备可以被视为一种能够改变传统身体经验的装置，建筑设计和工程技术可以被视为产生这种转变的媒介，通过它们，权利得以运作。然而，正如米歇尔·德·塞托（Michel De Certeau）指出，虽然"大众文化"可能趋向于统一化，但"日常文化"表现出了情境、特征和背景的多样性，是一种"个体的实践科学"[39]360-361；他提出了与福柯相反的"反规训"体系——在日常生活中，普通人不那么容易约束于权力机构的规训机制，而能够通过日常的、分散的、权宜的创造

性来抵制它。理想化的住宅卫生空间和身体经验，以及它们试图营造的家的感觉，实际上在拥有它们的华人的一系列空间实践和家务使用中出现偏差；倘若需要自行烧取热水并装满浴缸，便不见得如预想那么方便与合适；20世纪30年代许多研究批评容易滋生细菌的静水，大力推崇更加卫生的淋浴。浴缸慢慢地被用作淋浴盆、大件物品的清洗池、储水装置等，浴室在协商复合的新概念的环境下，其家务性能逐渐增强，甚至因为难以改变的身体习惯被闲置或占用，仅成为现代生活的话语符号。

6 结语

早在19世纪末，中国人广泛层面的物质文化已与全球潮流纠缠不清，所谓"舶来品"经由现代化的精英阶层的介绍和示范，找到了进入一般大众日常生活的方式。[40] 卫生空间作为现代化的建筑设计的关键之一，成为一种空间商品，不断地召唤着精英阶层消费上的新认同；话语层面上的运作使卫生、隐私、舒适这些抽象的身体感受和住居经验得以透过空间设计、技术应用和设备配置等物质实体而逐渐具象化，并在卫生现代性、新家庭、个人主义等文化背景的渲染下，参与了现代社会中"家"的感觉的建构过程。

近代天津租界住宅中卫生空间的组成、位置、设备和技术应用等方面的变化，总的趋势与欧美国家基本一致，但仍不断受到本土经济限制或社会文化话语倾斜，以及传统身体经验和卫生习惯的影响，使时人对空间和设备的利用与理想状态存有偏差。因此，西式的卫生空间及卫浴设备进入中国的住宅，是一种文化互融而非文化移植的过程，传统与现代的差异和冲突实际上有助于定型与传播。住宅内的卫生空间可以被视为全球现代性的表征之一，象征着时人对西方与现代的渴望，由此带来的身体经验，响应了当时精英阶层和知识分子对个人解放与家庭改良的奔走呼号；但一旦将这种空间形态带入真实的家务或日常中观察时，某些方面便显得格格不入，究其根本，它仍是一个异文化想象下的产物。

注释

① 胡适为陈方之的论著《卫生学与卫生行政》作序，提到"人的文明的第一要务是保卫人的生命。生命的保卫有两大方面，一是个人的卫生，一是公共的卫生"。个人卫生继承了"养生"的传统内涵，更强调西方卫生运动中"清洁""健康"等意义。参见参考文献[2]。

② 集合式住宅的概念是一种"倾向于组织的、集合体的、统一处理"的具有商业属性的住宅；居住单元重复联立组合或在此基础上多层布置，按照其组织方式，天津近代城市集合式住宅分为联立住宅和公寓住宅两类。研究主要聚焦于包含完整的住居功能房间的居住单元，即每个居住单元都拥有自己的卫生空间，因此设置公共卫生空间的集体宿舍或集体公寓并不在讨论范围内。

③ 城市排水系统的建设情况是其现代化程度的重要标志。近代天津租界的市政排水设施几乎是和道路建设同步进行的，类型可分为排水沟渠与下水道。法租界早期采用排水沟渠，下水道的铺设于20世纪初随着租界内道路拓宽工程开展。参见参考文献[8]。

④ 例如，英租界工部局1918年局颁布《驻津英国工部局一九一八年章程暨修正条文》中规定每座建筑都要有水冲式便所、排污设备和其他卫生设施；1922年颁布《天津英租界市政信息手册》规定1923年12月31日以后取缔运送生活废水的车辆，所有房屋均须建造化粪池，设置卫生设施连接下水道系统。法租界1903年制定建筑法规对专为西人居住区域中的住宅的厨房和便所都做出相应的规定，其中安装卫生设备需要上水供应和排水设施；20年代法租界市政法规定，每一住宅必须建有独立的便所，分租住宅每三间平房须有一处便所。便所内必须安装供水使用的自来水箱，便所排污管道必须与公共下水道相通。意租界1924年颁布的建筑章程要求中住宅中的卫生设施如抽水马桶，浴盆等，必须通过化粪池与租界的下水道相连。参见参考文献[11]。

⑤ 近代天津租界内的新式联排住宅"不仅有单开间、间半式、双开间，还有二间半的，能适应住户多种需要"。参见参考文献[13]。

⑥ 个性自由和解放思想是人道主义的重要内容，中国的人道主义思想深受西方的影响。西方近代人道主义主要包括四个方面的内容：反对蒙昧并确立人的自主地位的理性主义；确证普遍人性存在和主张人的实现的人性论；以强调人的尊严，维护个人权利为中心的个人主义；博爱主义。近代以来，这些新观念，如独立人格、天赋人权、个性解放等人道主义思想传入中国，有力地冲击了传统文化中家庭本位的旧观念。参见参考文献[19]。

参考文献

[1] 罗芙芸.卫生的现代性 中国通商口岸卫生与疾病的含义[M].向磊译.南京：江苏人民出版社，2007.

[2] 陈方之.卫生学与卫生行政[M].上海：商务印书馆，1934.

[3] 蒲仪军.现代性的呈现 上海近代建筑设备演进的文化功能探析[J].时代建筑，2018（1）：162-166.

[4] 左琰，徐佳逸，徐小成.近代上海住宅卫浴空间及其设备的演进[J].建筑与文化，2021（7）：18-21.

[5] 顾月明.身体感 卫生和建筑 西方18世纪"清洁"和"肮脏"观念的转变对居住空间的影响[J].建筑师，2016（5）：98-105.

[6] 阿德里安·福蒂.欲求之物 1750年以来的设计与社会[M].苟娴煦译.南京：译林出版社，2014.

[7] 以平.海关胡同故居索迹[Z].http://blog.sina.com.cn/s/blog_4c2dde2a010006sx.html.2021-04-10.

[8] 孙艳晨.近代天津租界建设法规研究（1860-1945）[D].天津：天津大学，2019.

[9] 费朗索瓦丝·德·博纳维尔.原始声色 沐浴的历史[M].郭昌京译.天津：百花文艺出版社，2003.

[10] GIENDION S.Mechanization Takes Command：A Contribution to Anonymous History[M].New York and London：W.W.Norton & Company，1975.

[11] 刘海岩.20世纪前期天津水供给与城市生活的变迁[J].近代史研究，2008（1）：52-67.

[12] 胡香泉.家政门：论居室[J].妇女杂志，1918，4（2）：1-5.

[13] 王绍周，陈志敏编.里弄建筑[M].上海：上海科学技术文献出版社，1987.

[14] 邓庆坦，邓庆尧.中国近代建筑在房地产业主导下的发展演变[J].天津大学学报（社会科学版），2005（6）：453-456.

[15] 通一.现代之浴室[J].建筑月刊，1937，4（12）：39.

[16] 汪民安.身体、空间与后现代性[M].南京：江苏人民出版社，2006：163.

[17] 白凯，符国群."家"的观念：概念、视角与分析维度[J].思想战线，2013，39（1）：46-51.

[18] 邓伟志.近代中国家庭的变革 [M].上海：上海人民出版社，1994.

[19] 李桂梅.冲突与融合 [D].长沙：湖南师范大学，2002.

[20] 颜筠.家庭改造论 [J].妇女杂志，1925，11（2）：316-321.

[21] 刘彦顺.中国美育思想通史 现代卷 [M].济南：山东人民出版社，2017：592.

[22] 蓉白.谈卫生工程及暖气 [J].建设中之新中国，1937：59.

[23] 殷伟，任玫.中国沐浴文化 [M].昆明：云南人民出版社，2003.

[24] 金庸.福州女浴室之新趣事 [N].新闻报，1926-02-17（1）.

[25] 鹤林.理想中的住宅：艺术化的乐园 [J].妇女杂志，1926，12（11）：37-39.

[26] 梁实秋.洗澡 [M]// 雅舍小品.北京：中国文联出版社，1998.

[27] 阎云翔.私人生活的变革 一个中国村庄里的爱情、家庭与亲密关系（1949-1999）[M].龚小夏译.上海：上海人民出版社，2017.

[28] 张爱玲.我看苏青 [M]// 张爱玲文集第四卷.合肥：安徽文艺出版社，1992.

[29] 张爱玲.私语 [M]// 张爱玲文集第四卷.合肥：安徽文艺出版社，1992.

[30] 申报董事会.申报 [N].1928-08-17（5）.

[31] 让·波德里亚.消费社会 [M].刘成富，全志钢译.南京：南京大学出版社，2000.

[32] 钟灵.住宅中之电灯布置 [J].建筑月刊，1935，3（2）：33-34.

[33] 寓一.从速用美的颜色装饰你的房间 [J].妇女杂志，1928，14（2）：20-21.

[34] 朱慰先，梁智勇.建构理想的家居 20 世纪初期中国大众刊物中的现代居所概念 [J].时代建筑，2018（3）：106-111.

[35] 雪夫.浴缸 [J].红茶：文艺半月刊，1938，1（7）：18.

[36] 天津社会科学院历史研究所，天津市城市科学研究会编.城市史研究 第 15-16 辑 [M].天津：天津社会科学院出版社，1998.

[37] 卢汉超.霓虹灯外 20 世纪初日常生活中的上海 [M].段炼，吴敏，子羽译.上海：上海古籍出版社，2004.

[38] 范佩萸.最经济的现代小家庭装饰法 [J].现代家庭，1937，1（7）：11-13.

[39] 米歇尔·德·塞托.日常生活实践 2 居住与烹饪 [M].冷碧莹译.南京：南京大学出版社，2014.

[40] DIKOTTER F. Exotic Commodities：Modern Objects and Everyday Life in China[M]. New York：Columbia University Press，2007.

图片来源

图 1：联排住宅居住单元卫生空间示意（作者绘制）。

图 2：1915 年芝加哥克雷恩公司商品目录中的紧凑型浴室（GIENDION S . Mechanization Takes Command：A Contribution to Anonymous History[M]. New York and London：W.W. Norton & Company，1975：699.）

图 3：天津市五大道历史博物馆浴室设备藏品（https：//baijiahao.baidu.com/s?id=1674171692747556029&wfr=spider&for=pc.）
Fig.3 photo of bathroom facility collection in Tianjin Wudadao History Museum.

图 4：天津市文新里某居住单元卫生空间照片（作者拍摄）。

图 5：天津市陕西路 110 号住宅某居住单元卫生空间平面示意图（作者绘制）。

图 6：公寓住宅居住单元卫生空间示意图（作者绘制）。

图 7：新式浴室设计（妇人画报社.浴室新设计 [J].妇人画报，1936，4（42）：30.）

图 8：美国司旦达卫生制造公司卫浴设备广告（申报董事会.申报 [N].1928-08-17（5）.）

作者：梁欣婷，天津大学建筑学院，博士研究生；徐苏斌（通讯作者），天津大学建筑学院，教授；青木信夫，天津大学建筑学院，教授

基于 VR 虚拟亲历行为的环境认知教学模式研究
——以深圳大学环境心理学"认知地图"微课堂为例

张 玲 邵轲彬 卓凯龙 赵 阳 陶伊奇

Research on Teaching Mode of Environmental Cognition Based on VR Virtual Experience Behavior—Taking the "Cognitive Map" Micro-classroom of Environmental Psychology of Shenzhen University as an Example

■ 摘要：环境心理学教学对于当代建筑类专业人才的培养十分重要，是推动未来"人本导向"的城市建设的基础环节。"环境认知"是环境心理学的一个基础研究领域，着重研究个体如何辨认环境，如何在个体心智中形成对环境的印象。由于传统授课模式的局限，环境认知的授课在理论讲义的系统性、新颖性、可拓展性、可操作性等方面存在明显不足。学生难以对课程知识产生深入理解，也无法将理论与设计实践结合。本文基于深圳大学环境心理学"认知地图"微课堂的教学实例，从课程目的、环节设计及效益评价三方面探讨 VR 虚拟亲历行为教学模式在环境认知授课过程中的可行性和先进性，尝试为环境心理学可应用型授课模式的优化提供参考。

■ 关键词：环境认知；环境心理学；VR 虚拟亲历行为；认知地图；教学模式

Abstract：Teaching environmental psychology is essential in nurturing talents for contemporary architecture-related professions and constitutes a fundamental element in promoting "human-oriented" urban construction in the future. "Environmental cognition" is a crucial area of research in environmental psychology that examines how individuals perceive and form impressions of their surroundings. However, traditional teaching methods have limitations, resulting in a lack of systematic, innovative, extensible, and practical theoretical instruction in environmental cognition. This often leaves students struggling to gain a deeper understanding of the course material and integrate theory with design practice. This article aims to explore the potential for innovative and practical teaching methods using VR virtual experiential behavior in the context of teaching environmental cognition, focusing on course objectives, segment design, and benefit evaluation. Using the example of the "cognitive map" micro-classroom in environmental psychology at Shenzhen University, this article offers insights for improving applied teaching models in environmental psychology.

*本论文获深圳大学教学改革项目"基于VR虚拟环境等多维教学模式在《环境心理学》课程的实践与探索（JG2021020）"、"基于人因数据与情景体验的课堂实践－以《医养建筑设计原理与方法》课程改革为例（JG2022041）"资助

Keywords：Environmental cognition；Environmental psychology；VR Virtual experience behavior；
Cognitive map；Teaching mode

1 研究背景

随着我国经济的发展与科技的进步，快速的城市化带来巨大的环境压力，失能建筑也造成巨大资源浪费。正确认识人与环境关系是解决人类建设与环境矛盾的关键，是可持续发展的基础。我国从 20 世纪 80 年代开始，建筑院校陆续引入并开展环境心理学授课，旨在强调通过人的行为与环境之间的双向作用关系，来探讨并解决高速城市经济发展与个人心理需求不平衡的问题，对建筑学领域研究型人才的培养有着重要意义。然而传统的教学模式往往使学生对环境心理学的理论理解只停留在课本阶段，虚拟现实（Virtual Reality，以下简称 VR）技术的产生和进步为环境心理学的发展带来了机遇。目前，VR 在环境心理学的量化感知体验研究中被较广泛地使用，例如陈筝和徐磊青等学者利用 VR 技术对街道空间进行的疗愈效益研究[1]，付而康基于 VR 实验对社区居住院落空间的可供性差异研究[2] 以及李震基于 VR 体验对特定类型建筑的美学评价研究[3] 等。VR 技术在建立多因素场景与感知体验反应的适用关系方面显现出优势，为实验中的变量控制条件提供了一种高效的解决路径。

凭借其可视知体验的便利性，VR 技术亦可作为一种辅助手段用于环境认知的高校课程教学，以弥补传统课堂模式中理论无法与现实结合的缺陷。VR 作为一种新媒体，在环境认知的授课过程中可以让学生将创造性、想象力和逻辑思维相结合，突破客观现实的限制[4]，使理论知识内化。因此，本文以深圳大学环境心理学课程中环境认知教学实验为例，尝试通过建立心理学理论微课堂的 VR 虚拟亲历行为教学，探索 VR 技术作为授课媒介的可行性和教学效益，为进一步推进并优化环境心理学可应用型授课模式提供参考。

2 问题的提出

2.1 环境心理学与环境认知教育

现阶段环境心理学知识体系主要涉及三个领域[5]：环境认知领域、环境评价领域以及环境中的社会行为领域。从学科角度来看，人与环境之间的互动模型包括了解释性、评估性、操作性和响应性，它涵盖了上述建成环境与行为机制的所有相关研究与应用（图 1）[6]。

其中解释性的环境认知领域着重研究个体如何识别环境，环境在头脑中形成怎样的印象，这种印象又如何影响个体作用环境的方式，主要探究人们如何感受和了解他们所处的实质环境（广义环境包括实质环境，社会文化环境以及虚拟网络环境），例如凯文·林奇的"认知地图"理论研究。对建筑与城市规划领域的学者或从业者来说，通过环境认知原理去理解"环境 – 行为"机制解决复杂环境问题，营造适合人们生活、生产及学习的环境极具现实意义。

包括环境认知、评价、行为在内的"环境心理学"课程对建筑学、城市规划等专业的高等教育非常重要。引导学生通过较好的应用环境心理学的基本原理，思考建筑、环境与人之间的关系，树立正确的城市与建筑发展观是"环境心理学"课程开设的重要目标。

2.2 环境认知课程的现状问题

通过对部分建筑院校相关课程设置的调研发现，在众多高校的环境行为学课堂中均存在一些共性的问题，这些问题最终导致教学的预期目标和具体的课程设计存在一定的距离，具体体现在以下几个方面：

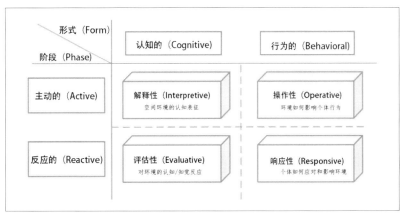

图 1 环境心理学视角下的人与环境交互模式

（1）知识传授缺乏系统性

环境认知理论包括：环境知觉理论、空间认知和认知地图理论、空间认知和寻路等众多理论。教师授课往往只注重传授理论性的知识点，忽视了理论与实践结合的部分，特别缺少理论拓展到与建筑设计结合的互动环节，学生不能快速建立环境心理与设计实践的知识体系，缺乏深入思考以及与专业实践结合的能力，不利于系统性理解并掌握环境心理学原理。

（2）原理知识缺乏新颖性

目前国内环境心理学课程参照的主要经典教材，如林玉莲、胡正凡教授的《环境心理学》，徐磊青、杨公侠教授的《环境心理学》。这些经典教材虽能做到鞭辟入里，通俗易懂，但随着时代的发展，环境心理学无论在空间使用还是技术手段等方面均已发生较大变化。上述两种主流课程教材的再版时间分别为 2006 年和 2013 年，在这十多年间，国际前沿的环境行为研究已不断推陈出新，无论从技术还是方法上亦产生了日新月异的变化。多数高校环境心理学课程难以结合当下发展，从而与前沿研究脱节。

（3）原理的应用缺乏拓展性

环境心理学所涉及的人居设计原理是从大量设计实践中总结出来的普遍规律，并反过来指导设计再创作。传统的环境认知学授课往往出现偏重理论知识传授、缺少针对原理的演绎与拓展的情况。所以往往学生们虽然习得了"原理知识"，但仍未形成"具体应用"的思维惯性，使理论与实践无法紧密结合 [7]。

（4）原理的拓展方法缺乏操作性

建筑设计理论是指导人居环境建设的"上层建筑"，是改变人居环境的重要法则。环境心理学作为建筑学学科培养方案中一门重要的核心理论课程，其中的基础理论、审美取向、技术应用均已随时代的发展发生了较大变化，如何使该课程的知识内容、原理理论适应社会、回应生产、贴合实际，已成为当代建筑教育中一项亟待解决的议题。

上述现状问题导致环境心理学课程的知识原理在建筑学教育中呈现"孤立"状态。在大部分高校所开设的环境认知课程教学中，学生对理论的理解只能停留在书本阶段，无法内化并用于指导设计。综上所述，环境心理学需要导入全新的"实践性教学"模式，以提高理论对建筑设计的指导，使学生深入了解并掌握"认知地图、寻路"等理论基础的知识内化，明确建筑设计的评价方法，使研究方法与技术路径相结合，使学生掌握研究型设计的能力，培养建筑可持续发展和生态城市建设的专业人才。

3 VR技术与环境认知课堂的结合

3.1 虚拟现实技术

VR 技术，是兴起于 20 世纪下半叶的一项借助外在设备，使参与者能够建造、体验虚拟环境甚至与其互动的计算机仿真技术，并为建筑设计过程提供全新的思维逻辑与理论方法，为建筑学的教学发展和建筑师的建筑设计实践提供新的空间认知手段，在一定程度上解决传统建筑设计空间认知面临的困境 [8]。

VR 技术在环境感知领域的沉浸式空间体验及内部空间可视化具有明显优势，可以弥补环境认知授课过程中，学生现场体验、空间交互的不足。VR 所创建和体验的虚拟世界能够将多源信息融合，实现交互式三维动态实景并容纳体验者实体运动。这种数字技术正在深刻地影响城市环境评价和场所营造的专业研究和教学，可以帮助我们离开现场，远程体验城市或建筑环境 [9]。

VR 技术通过以下三方面优势为新型教学模式提供了可操作性（图2、图3）：

（1）仿真——VR 具有临床感，可以"身临其境"，使自身作为主角存在于模拟环境中。

（2）沉浸——相比传统语言实验室或媒体实验，VR 可为用户带来包括触觉、嗅觉等更为丰富的认知体验。可激发学生自主探索的意愿。

图2　VR 技术的仿真体验　　　　图3　VR 技术的沉浸性、交互性能力对比（图片来源：The quest for low hanging fruit in VRStepping stones towards fully immersive VR）

（3）交互——VR 可以打破传统教学模式，可以通过三维虚拟现实实现人机交互。

基于以上分析，通过 VR 技术的介入，对环境心理学课程的"环境认知、空间感知、行为空间"等多方面可通过自主操作视角，切换场景等达到与环境互动的效果。多感知性表现在虚拟场景可同时为使用者带来视觉、听觉甚至嗅觉和触觉等多元的仿真体验，具有极强的表现力。针对传统课堂所存在的"系统性、新颖性、拓展性和可操作性"问题，VR 技术赋予的"构想性"表现可以让学生将创造力、想象力和逻辑思维结合，在教学中设计不同场景或实验目的的虚拟环境，实现宏观层面的探索与认知，推动构建心理学理论与实践的深层结合，推动全新的可应用型环境心理学课程。

3.2 教学结合实例

以深圳大学环境心理学的课程改革实验为例，采用 VR 带入式教学，针对环境刺激、感知、认知、压力等理论建立微课堂，通过对虚拟亲历行为的"认知地图"微课堂的课程设施，探讨 VR 技术与课程结合得更为恰当的介入方式。

（1）教学目标

微课堂教学内容选取环境心理学的"认知地图"理论，此理论最早由爱德华·托尔曼（Tolman）于 1948 年提出[10]，经由凯文·林奇（Lynch）在 20 世纪 60 年代研究"城市意象"发展并完善。"认知地图"强调了一种认知效率，探究人们如何感受和了解他们所处的实质环境，即人们是以一种简化的形式储存空间信息，并通过依靠头脑中储存起来的空间知识，在记忆中重现空间环境，从而实现空间定位、定向以及寻路①[11]。由于其理论本身的抽象性和城市意向实验的难操作性，传统课堂讲解最终只能停留在字面意思上，学生难以理解并深入思考。基于虚拟亲历行为的"认知地图"微课堂的开展，让学生进一步理解行为认知逻辑和空间要素的认知特征差异，即对环境心理学系列课程中的认知地图理论和城市意象理论中构成认知地图的要素有更深入的理解和感受。

（2）教学环节设计

虚拟亲历行为的 VR 带入体验式微课堂设置了空间认知体验环节、认知地图绘制环节、空间认知讨论和微课堂问卷评价环节（图 4）。此次微课堂共有 21 名来自深圳大学"环境心理学"的课程学生参与，分别来自建筑学、城乡规划、风景园林、地理空间信息工程和日语专业。

场景选择上，本次虚拟教学场景设置了 2 个场景，均选取深圳市福田区某个城中村为原型，使用 Rhino 对道路结构体系和建筑体量及位置建模。城市场景范围控制在 300m×300m 左右，共有 4 条纵向道路和 3 条横向道路，3 块公共绿地（大小不同）以及 5 个建筑群落（模型均不做细节处理），该原型作为场景一。场景二的设置特意将城市意象理论中的"标志物要素"作为变量，在场景原型的基础上用 3 个标识性较强的超高层建筑体量替换部分低矮建筑，以便考察被试理解空间场所的认知差异特征。两个场景除了标识性元素差异外，其余元素均相同（图 5）。在实验的测试阶段，便于被试有良好的虚拟亲历体验感，特别增设明确的起始点和起始方向指引，同时在被试的认知地图绘制答题纸上同样明确提供了初始位置及方向（图 6）。

图 5 体验场景一、二（照片节选）

图 4 微课堂环节设计流程

环节 I：空间认知体验		环节 II：认知地图绘制	环节 III：空间认知讨论	环节 IV：问卷评价
佩戴VR头显熟悉操作模式	选定场景自由漫游	认知地图的绘制	讨论认知要素差异	
3min	5-8min	5-10min	>15min	

①空间认知体验环节

在空间认知体验环节中，学生佩戴整套VR设备，并在预设好的场景中进行漫游，漫游过程使用沉浸式较强的第一人称视角。设备采用了市面上较为成熟的HTC VIVE的VR头盔显示器，以及配套的手柄控制器。被试均为深圳大学〝环境心理学〞的课程学生，对城市意向和认知地图理论都进行了学习，被试的认知能力、知识结构等方面均相近。

学生被随机分配到两个组，分别体验不同的场景。在进入正式场景体验前，助教会对其进行简单的VR手柄操作培训，并有3分钟的熟悉时间。正式体验开始后学生会进入虚拟场景并采用步行模式漫游5~8分钟[②]，在预设的路径上自由体验。

交互设计上，由于实验室场地限制原因，主要采用手柄控制行走的交互模式。为了尽可能和真实的行为步调保持一致，在正式体验前，助教会引导学生采用合适范围内的移动速度。另外，转向方式可采用身体自由转向或者手柄转向两种操作模式（图7）。认知体验过程中除了一位同学在进行了3分钟后表示出不适以外，其他同学都较好地完成了空间认知体验。

②认知地图绘制环节

在空间认知体验环节结束后，被试会根据自己的记忆（短时记忆）画出整个虚拟场景的地图（图8-10），并要求尽可能详细地表达出在体验过程中给自己留下深刻印象的环境细节。手绘草图作为认知地图外化的一种重要方法，以其受试人群广、易于获取、信息量大、简单直接等特点得到广泛应用。认知地图的绘制要求被试通过空间关系、空间尺度、空间图像进行刻画。

手绘草图中信息表达水平的差异反映了个体对环境结构认知偏好及能力的不同。在认知地图的绘制中我们发现，认知地图绘制的程度取决于被试在空间认知体验环节所采取的方式。例如，无目的性开展空间体验的同学，认知过程呈现出从感性认知到理性认知转变的过程。他们在体验初期会被场景中的特征要素[③]吸引，并以自身运动路径为动态参照系，最终将局部的点式场景在脑海中串联起来拼凑出一份完整的认知地图。这部分学生在手绘草图时发现，自己对偏好路径中某些特殊场景的记忆印象深刻，而无法对其他事件或环境进行同样清晰的表达（图8.A）。另一部分同学在空间体验初期便是〝带有绘制记忆地图〞的强目的性开展的，他们自始至终会采取相对理性的认知方式，以实质环境中的某些静态要素为参照系，不断地对场景中的事物构建坐标点，从环境整体出发无差别地观察多种实质性要素，在弱化了自身对空间路径体验的同时，绘制出空间框架较为整体，表现完整的认知地图，但却很少

Start

（绘制尽可能详细的地图，可用注释和引线进行补充）

图6　认知草图初始位置及方向

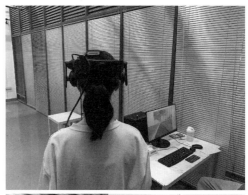

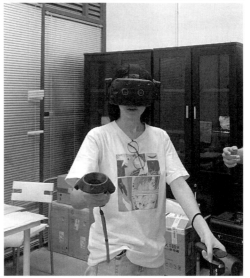

图7　体验环节（照片节选）

表现出偏爱的场景细节（图8.B）。

③空间认知讨论环节

待所有被试完成绘制后，教师与参与学生会基于认知地图展开空间认知讨论（图11）。由于认知地图本质上是由一系列离散片段组成，是对空间不完整、变形、多尺度的描述，结果由个人特征与实质环境特征共同形成[12]。在讨论环节，教师会先引导学生从空间对象、空间格局、空间形状3个方面对认知地图进行自我预测评价。学生表示，在〝预设的城市认知要素〞体验环节，基本都意识到实质环境中各要素的认知特征与差异。例如，在场景一（无超高层标识性要素），学生感受到他们主要依靠绿地和道路岔口要素进行空间的辨识和定位，其次是场地的边界，最后才是均质化的建筑体块要素。在场景二（有超高层标识

性要素），学生发现超高层体量是他们用来进行全局定位的最重要也是频率最高的物质要素，而绿地和道路岔口等节点要素则是其次。值得一提的是，体验场景二的部分学生在绘制地图时发现，由于他们在体验过程中过多地将注意力集中在这几栋超高层建筑上，反而忽略了其他环境要素，以至于无法完整地构建出整体场景的细节。

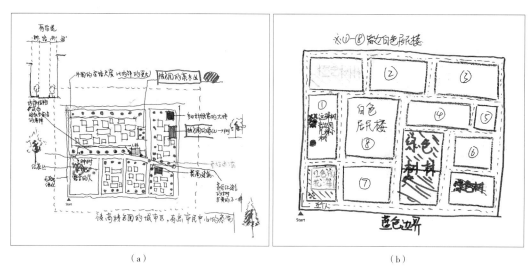

（a）　　　　　　　　　　　　　　　　　（b）

图 8　学生手绘草图成果（照片节选）

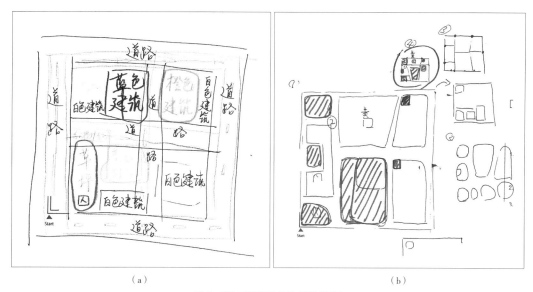

（a）　　　　　　　　　　　　　　　　　（b）

图 9　学生手绘草图成果（照片节选）

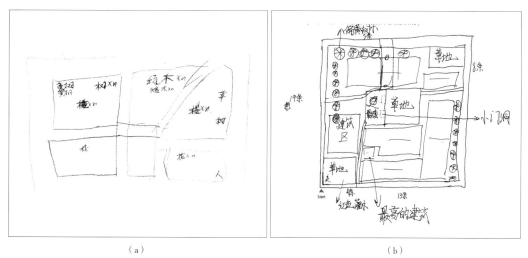

（a）　　　　　　　　　　　　　　　　　（b）

图 10　学生手绘草图成果（照片节选）

|（a）|（b）|

图 11　空间认知讨论（照片节选）

在预测评价完成后，教师与参与学生围绕"认知地图"理论相关的空间认知机制话题展开自由发言，例如：在认知体验过程中你擅长并采取了什么样的辨识和记忆逻辑？在认知地图构建过程中有哪些实质环境要素为你留下了深刻的印象？将这些实质环境要素的重要性进行排序，学生们分别根据不同体验特征回应了上述问题。

④微课堂问卷评价环节

在上述流程结束后，我们向参与的 21 位同学发放了"关于 VR 虚拟亲历行为微课堂效果评价"问卷。基于对问卷结果的分析，我们发现相比传统课堂，85.7%的学生认为 VR 技术介入的微课堂体验更有利于帮助学生将实际生活经验与认知地图理论相关联，其中认为十分有利的占 61.9%。另外，95.24%的学生肯定了微课堂针对环境心理学理论知识传输的趣味性和新颖性。由此看来，VR 带入体验式微课堂教学在系统性、新颖性、实践性等方面可以对传统环境心理学教学进行有力的补充（图 12）。

在问卷中我们也收集到了部分学生结合自己的体验后的一些想法和建议。例如"提高情景丰富度，研究环境的复杂简易对人辨识度高低是否有影响""将参与的同学分成两组，一组告诉他们实验任务、目的是什么，另一组不告诉，让他们自行探索自行发挥"以及"多开展其他专题小课堂"等。他们十分乐于参与到微课堂环节的设计和体验环节中去，这说明环境心理学的课程与学生形成了良好的互动关系，学生的课堂角色也发生了转变——由被动式的接收者转向了主动的参与者。

3.3　课堂小结

本次微课堂的成果基本达到预期设想。通过认知地图的绘制和空间认知的讨论环节，我们发现被试在参与微课堂后，结合自身的虚拟亲历经验，明显对行为认知逻辑和空间要素的认知特征差异有了进一步的理解。特别在认知逻辑的启发思考、不同特征物质环境要素的认知差异、知觉常性的进一步解读方面有显著提升。在最后对照真实场景地图后，大部分同学对认知理论中的"格式塔心理学原理"和"过去经验的意匠作用"也有了切身的体会与深入的理解。他们发现与场景中道路转角数量相比，转角角度的确是难以被感知的。大部分同学未意识到场景中的部分道路在岔口处发生角度变化，而意识到存在角度变化的学生也无法明确给出道路具体倾斜角度（图 9）。

4　结论与展望

通过对上述教学实例中预期目的、过程环节设计以及成果效益三方面的探讨，我们发现 VR 虚拟亲历行为微课堂的介入对学生理解环境认知原理具有积极的推动作用，是传统课堂模式针对系统性、新颖性、原理应用可拓展性的积极补充。学生在通过 VR 的亲历感知行为后，不仅对讲授的定义有了更加切实深入的

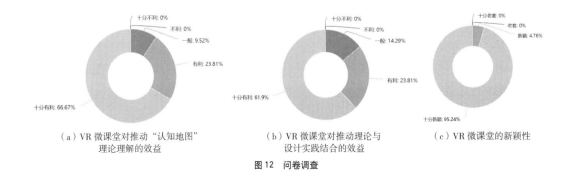

（a）VR 微课堂对推动"认知地图"理论理解的效益　　（b）VR 微课堂对推动理论与设计实践结合的效益　　（c）VR 微课堂的新颖性

图 12　问卷调查

认知，同时也开始意识到无论是哪一种类型的建筑设计，都需要对诸多环境心理因素中的使用者进行考虑，这十分有利于推动环境心理学课程面向应用的优化与转型[13]。在下个阶段，我们会尝试将 VR 虚拟亲历行为微课堂教学做进一步延伸，除了环境认知和场景场所研究内容外，计划针对环境应激和空间行为，景观偏爱等心理学原理开展切实可行的虚拟亲历行为的微课堂体验课程，系统性地进一步优化环境心理学的课堂模式。

注释

① 广义上的认知地图等同于空间认知，空间知识包括地标知识、路线知识以及图形知识。
② 通过预实验，结合虚拟场所面积和漫游速度，把实验时间设定为 5~8 分钟的灵活时间段，学生如遇眩晕、恶心等身体不适症状可提前退出。
③ 特征要素包括人群聚集的绿地空间、不同形状的行道树以及颜色不一的超高层建筑物等。

参考文献

[1] 徐磊青，孟若希，黄舒晴，陈筝.疗愈导向的街道设计：基于 VR 实验的探索 [J]. 国际城市规划，2019，34（1）：38-45.
[2] 付而康，王艺潞，冯进宇，任雨芯，张帆.基于 VR 实验的社区居住院落空间健康可供性差异研究 [J]. 西部人居环境学刊，2021，36（5）：83-90.DOI：10.13791/j.cnki.hsfwest.20210511.
[3] 李震，王朝波，蔡凯钱.VR 体验情境下的邮轮建筑美学评价研究 [J]. 工业工程设计，2021，3（2）：53-61+76.DOI：10.19798/j.cnki.2096-6946.2021.02.008.
[4] 胡扬.建筑学专业环境行为学结合 VR 技术的教学思考 [J]. 建筑与文化，2021（9）：33-34.DOI：10.19875/j.cnki.jzywh.2021.09.010.
[5] 徐磊青，杨公侠.环境心理学：环境知觉和行为 [M]. 上海：同济大学出版社，2002，6.
[6] Stokols，D. Environmental psychology[M]. R. Rosenzweig and L. W. Porter，Eds.，Annual Review of Psychology，1978，253-295.
[7] 林玉莲.环境心理学跨学科教学初探 [J]. 新建筑，1993（1）：27-28.
[8] 胡映东，康杰，张开宇.VR 技术在建筑设计思维训练中的效用试验 [A]. 数字技术？建筑全生命周期—2018 年全国建筑院系建筑数字技术教学与研究学术研讨会论文集 [C]. 全国高等学校建筑学专业教育指导委员会建筑数字技术教学工作委员会，2018：308-314.
[9] 李俐，张恒.基于 VR 交互技术的建筑空间感知教学模式研究 [J]. 中外建筑，2018（11）：54-56.
[10] Tolman E C. Cognitive maps in rats and men[M]. Psychological Review，1948，55：189-208.
[11] Lynch K. The Image of the City[M]. Cambridge，MA：MIT Press，1960.
[12] Daniel Stokols. 加利福尼亚大学尔湾分校公开课：环境心理学 [DB/OL]. 网易公开课.
[13] 胡超文.建筑学专业环境心理学课程教学的探讨 [J]. 中国科教创新导刊，2008（26）：108.

图表来源

图 1：Stokols，D. Environmental psychology[M]. R. Rosenzweig and L. W. Porter，Eds.，Annual Review of Psychology，1978，253-295.
图 2：NAGRA Blog：The quest for low hanging fruit in VR... Stepping stones towards fully immersive VR | NAGRA.
图 3：NAGRA Blog：The quest for low hanging fruit in VR... Stepping stones towards fully immersive VR | NAGRA.
其余图表均为作者自绘。

作者：张玲，深圳大学建筑与城市规划学院，助理教授，深圳大学人因与可持续设计研究中心人因设计实验室主任；邵轲彬，深圳大学建筑与城市规划学院，硕士研究生；卓凯龙，深圳大学建筑与城市规划学院，硕士研究生；赵阳，深圳大学建筑与城市规划学院，讲师；陶伊奇（通讯作者）深圳大学建筑与城市规划学院，助理教授，深圳大学人因与可持续设计研究中心副主任

基于数字技术的可视化教学探索
——BIM+AR 技术在建筑设计教学中的应用

曾旭东　韩运宽

Visual pedagogical exploration based on digital technology—Application of BIM+AR technology in architectural design teaching

■ 摘要：可视化交互在建筑设计过程中一直都起着至关重要的作用。近几年 AR 技术凭借着它的便捷性、直观性等优点在各领域得到大量运用；BIM 技术在建筑设计阶段具有可视性、协调性、模拟性、优化性、可出图性等五大特点，能带来高效、直观、全方位的设计方法及整体性的设计成果评估。文章围绕建筑低年级设计教学方法展开讨论，在建筑低年级设计课教学中引入 BIM+AR 技术，利用 AR 设备将 BIM 模型与实际场景叠加，使学生更直观体验实际建筑案例中建筑与场地的关系、建筑内部空间关系、构造细节及结构关系等，深化学生对建筑的了解，并为建筑设计教学提供一定的借鉴参考。

■ 关键词：BIM+AR 技术；建筑认知；建筑教学；建筑设计

Abstract：Visual interaction has always played a crucial role in the building design process. In recent years, AR technology has been widely used in various fields with its advantages of convenience and intuitiveness, and BIM technology has five characteristics such as visibility, coordination, simulation, optimization and drawing ability in the architectural design stage, which can bring efficient, intuitive, all-round design methods and overall design result evaluation. This paper discusses the teaching methods of architecture junior grade design, introduces BIM+AR technology in the teaching of architecture junior grade design courses, and uses AR equipment to superimpose BIM models with actual scenes, so that students can more intuitively experience the relationship between architecture and site, the relationship between building internal space, structural details and structural relationships in actual architectural cases, deepen students' understanding of architecture, and provide certain reference for architectural design teaching.

Keywords：BIM+AR technology；Architectural cognition；Architecture teaching；The architectural design

*基金项目：重庆市高等教育改革研究项目（项目编号：212007）；2022年重庆市研究生教育教学改革研究项目（项目编号：yjg222001）

1 BIM的特性与发展

1.1 BIM的概念

建筑信息模型（Building Information Modeling，简称BIM），是一种全新的建筑信息化技术。BIM综合了所有几何模型信息、功能要求和构件性能，将一个建筑项目整个生命周期内的所有信息整合到一个单独的建筑模型中，而且包括施工进度、建造过程、维护管理等的过程信息。[1] BIM技术的出现，使建筑信息以更直观的形式得以呈现，并且详细完整、易于保存，深受行业推崇，打破了传统图纸信息不详细、易出错、施工阶段识图困难的弊端。

1.2 BIM的发展概况

1974年，"BIM之父"——乔治亚理工大学的Chuck Eastman教授创建了BIM理念至今，BIM技术的研究经历了三大阶段：萌芽阶段、产生阶段和发展阶段。BIM技术被广泛接受是在2004年杰里·莱瑟琳发表的《比较苹果与橙子》。我国在2008年之后，开始引入BIM，并制定一系列政策支持其发展，使得BIM在各个领域得到了很大的发展。虽然经历了国内建设热潮，但是有研究表明BIM技术在我国建筑方面的应用并不乐观，且主要运用于施工与后期运维方面。就目前来看，国内的大部分建筑企业仍然是以使用传统的二维图纸为主，或者根据建筑成果通过"翻模"的手段来得到信息模型。这种方式并没有很好地将BIM的优势发挥出来，反而增加了工作人员的工作量。

在此情况下，通过调整BIM工作技术应用顺序的正向设计成为新的工作模式，BIM正向设计可以利用其建筑信息集成的优势，在设计前期进行场地要素分析，能耗模拟等，对设计方案进行更加科学合理的评估；在施工以及后期运维阶段，可以利用其强大的信息管理能力应用于建筑的全生命周期管理。正确运用BIM技术可以使建筑设计方案更加科学化、流程简单化、工作高效化，减轻相关人员的工作量，更好地促进我国建筑业的发展。

2 AR的特性与发展

2.1 AR的概念

增强现实（Augmented Reality，简称AR）技术是一种将虚拟信息模型与真实物理世界进行实时合成拼接的技术。该技术可以将特定时空下难以展示或并不存在的事物通过计算机处理，结合相应设备展示在现实世界为人所感知并与人产生实时交互。"它的基本特征可以概括为三点：融合虚拟信息与现实环境，时间上实时交互和空间上的三维立体"。[2] AR技术的出现模糊了现实物理世界和虚拟三维空间的界限，使两者可以同时存在，并对现实世界产生影响。

2.2 AR在建筑方面的运用

建筑学作为一个创作为主的学科，在传统模式下，一个建筑方案的生成需要设计师从建筑基地的环境出发，并以此为基点结合各种现实存在的限制因素，在经历反复修改与沟通之后才能成功敲定。但创作成果的产生与表达，在现有的条件下仍存在着许多差距。而建筑从纸上方案到实体的建造，这一漫长的过程又常常因为各种不确定性因素和恶劣条件的影响而逐渐使最终成果与最初概念相差甚远。

AR技术的运用使这一情况得到了很大的改善，如图1所示。在设计前期的概念生成和方案推敲阶段，设计师在产生灵感或创作出设计方案之后，可以通过建模的方式，使之从二维图纸向

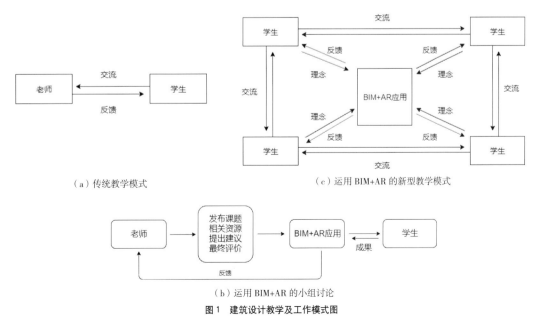

（a）传统教学模式

（c）运用BIM+AR的新型教学模式

（b）运用BIM+AR的小组讨论

图1 建筑设计教学及工作模式图

三维模型进行转化。在此基础上，通过 AR 技术的运用，将处理后的模型放置在现实地块之中，并结合相关设备为人们所感知。设计者可以结合真实环境与设计方案的匹配程度进行多方案比对，从而筛选出最优解。AR 技术的介入，不仅可以优化设计流程，而且可以使设计师之间进行视角共享对方案进行客观评价和优化。在后期的施工阶段，AR 技术仍然可以发挥很大作用。在传统的施工模式中，项目工作人员通过将二维施工图纸交付技术人员进行查阅并指挥工人进行施工。由于二维的施工图纸包含信息较少，并且有些地方表达不清，不够直观，现场工作人员可能识别困难，容易造成各种问题，影响工程进度。通过使用 AR 技术，现场工作人员可以使用相关设备，直观地看到建筑的细部构造做法以及各种管线设备的安装方式，对施工有误的地方进行检测和纠正，从而降低施工错误率，提高工程进度。在建筑后期的维护阶段，经常出现由于建筑使用时间较长，无法联系最初的施工人员，而维护人员对于建筑内部了解不够造成维修工程的反复。通过 AR 技术，维修人员可以借助建筑的 AR 模型进行管线定位，对建筑模型进行查看，了解建筑的基本情况以及内部的管网布置方式，从而准确地找到维修部位并及时解决问题。AR 凭借着它的先进性、便利性及其直观显示特点，在建筑领域得到了初步的应用并取得了不错的效果，对于提高建筑设计成果以及工程质量、建筑施工进度都有很大的成效。

3 BIM+AR技术在建筑设计教学中的运用

3.1 了解建筑与场地的关系

建筑设计最初要了解的就是建筑与场地的关系。通过对场地要素的分析，结合现有条件和限制因素对场地作出回应。对于一个成熟的建筑设计师来说，宏观把握场地条件，巧妙应对限制因素，合理布置建筑功能，妥当协调建筑与周边环境的关系，使建筑从纸上的概念方案到成为地面上的物质实体，是职业生涯的必备技能。但是在建筑学教学中，对于建筑初学者来说，他们对场地认识和前期场地处理等理解不够充分，空间想象能力有待加强，总体上教学工作较难开展。

传统教学模式中，学生们的阶段性设计成果大部分都是通过图纸来进行展示，借助手工模型来感知建筑体量与内部空间。虽然手工模型比较具象，可以对设计方案进行很好的展示，但是手工模型一般造价昂贵而且制作过程繁琐而漫长，模型制作之后只起到一次性展示作用，不方便储存并且过程不可逆，完成后不可变动。这样则不利于后期建筑形体的推敲更改，而且消耗较多的时间、金钱和人力。在这种情况下，可以借助 AR

的优势对这一过程进行优化。

AR 技术在建筑实践上得到的成效已经初具规模，在教学方面的应用也小有成效。在建筑设计课程中尝试性地使用 AR 技术之后，教学情况有了较为明显的改善。通过对建筑方案进行建模，经过 AR 技术处理并在建筑的基地上进行放置和定位，使虚拟三维建筑模型和真实建筑场地环境融为一体（图 2）。学生可以直观地看到建筑情况，并结合周边的地形及其自然环境进行思考和比对。另外，学生可以通过 AR 模型，清楚地了解所设计建筑与区域内现有建筑的关系，对于城市的界面保持、街道的美学处理，以及合理的外部空间设计，建筑形式的推敲和建造材料的选择以及建筑的地域性处理都有所帮助。

3.2 认识建筑内部的管线及构造

任何一个完整的建筑不单单是思维的凝聚、空间的集成、形式的堆砌与美学的考量，隐蔽于围护结构表层之下的复杂管网系统与众多设备才是保证建筑功能正常运转、维持室内舒适居住环境的决定因素。所以认识并了解建筑内部的隐蔽工程也是每个建筑初学者需要掌握的一门功课。

"建设工程相关专业的学生在现有的教学条件下通常只依靠传统的教学手段（充斥着大量文字，缺乏可视化元素）——黑板、散发学习资料和电脑的展示等等，不能够对现实的工地有很好的参与和互动"。[3]

本次实验教学中，结合实际建筑运用 AR 技术，可以将建筑的各种构件以数字化的形式显示出来。通过实时交互，学生可以对建筑的任一构件进行选择并且查看其相关信息。通过对 AR 模型的定位与叠加，可以清晰地看到各种管道线路（图 3）。让学生们直观地进行观察与识别，初步了解管线排布方式与碰撞处理的相关措施。还可以对建筑细部构造进行了解，如伸缩缝、沉降缝、防震缝、构造柱、檐沟等构造进行细致的查看。对于机电设备进行识别，清楚地辨别出不同的设备及其作用，以及各自的安装方式。学生通过 AR 眼镜、平板等设备对建筑构件点击查看，设备可以清晰地

图 2　处于真实环境中的建筑模型

图 3　运用设备查看建筑内部隐蔽工程

显示出建筑构件的各种信息，让学生在今后的学习、工作中提高对各种材料的把控，对构造做法的理解等各种专业能力。将课本上抽象的知识三维化、直观化，将文字模型化繁为简变成三维模型。降低学生的理解难度，加快学生的基础知识积累，更好地将理论与实际相结合，提高学生综合素质与行业竞争力。

3.3　促进学生的沉浸式学习

建筑学学科从设立以来，教学模式经历了多重改革。"巴黎美术学院开创的"图房"教学法，其实质就是"做中学"，从而形成一种将知识的积累、素养的获取和设计技能的训练等融汇而成的共同体"。[4] 韩如意与顾大庆 [5] 指出从建筑学科引入我国以来，整个教育局势就分为以东南大学为代表的沿袭巴黎美术学院的"美院式"院校和以华南理工大学为代表的学习巴黎综合理工学院的"工学院式"院校。前者把建筑放进艺术的范畴进行考虑，重视构图法则以及艺术性，通过大量方案设计以提高学生的设计能力，更多地依靠学生的悟性；后者重视建筑设计的实用性、经济性与合理性，通过安排大量的工程实践提高学生的综合能力。金安和与赵倩文 [6] 指出"建筑教学不仅仅带来的是具体的技能或方法论，首先是知识环境的建立，更好地让学生发现自己的潜能并实现它，老师只是扮演催化剂的角色，这样才有利于学生进行更好的自我发展"。就目前来看，我国大部分院校仍沿袭着传统的教学模式，但是仅仅依靠老师讲解学生吸收的课堂模式已经逐渐不能更好地适应这个飞速发展的多元化的时代。新时代的教学应该以开放互动为主导，以学生的感受为核心而围绕其展开启发式、探讨式、互动式教学，让学生真真切切参与到课堂上来。通过在课堂上

使用 AR 技术，让学生在课堂上进行生动有趣的互动，人人都可以佩戴相关设备或者使用相关客户端对虚拟模型进行查阅。

AR 的实时计算不仅可以让同学们多方位、多角度地观察模型，还可以在建筑中进行游走体验（图 4）。以此来判断建筑尺度是否合适，形体的处理是否美观，与周边场地以及自然环境的契合程度，与周边建筑的协调程度，同学们可以共享视角一起对模型进行评价与优化。这样可以让设计者广泛收集意见，以便更好地改进以及设计后期的顺利推进。也可以增进同学们的交流，了解不同的设计理念进而开阔思路，提高设计能力。还可以深入施工现场与工人进行实时交流，更好地解决施工过程中出现的问题，进而把握施工质量（图 5）。与传统课教学模式相比，这种教学方

图 4　学生在建筑模型中行走

图5　学生与施工人员的交流

式不仅立足于理论知识而且联系实际的建筑实践；打破了课堂的概念，学生们在体验与互动之中增进了感情，学到了专业知识，提高了设计能力，让课堂更加生动起来，把知识立体化，激发学生兴趣，提高学习的乐趣，对今后的课堂改革提供教学参考。

4　总结与展望

　　"建筑数字技术所带来的高效、直观、全方位的设计方法及整体性的设计成果评估，不仅拓展了建筑设计的手段与表现方式，而且充分激发了创新设计思维与创新方法的产生"。[7] 而在建筑学学生初步认知的教育阶段，通过在教学中引入AR技术，可以方便学生们对建筑学专业知识的初步认知与理解。"通过虚实结合的方式，AR技术使得抽象教学内容具象到现实生活中，降低对学习者迁移能力的要求，辅助学习者完成认知过程。此外，它可以通过学习者与模型实时互动，增强学习者对教学内容的关注，延长沉浸时间，加深对内容的理解"。[8] "但是AR技术尚有许多问题有待解决。从跟踪注册技术上来说，目前的跟踪注册方法只能对场景中少量的信息加以利用，如特征点信息，这造成系统对环境的理解不完整；从显示技术上来说，能够为用户提供高沉浸感的增强现实眼镜在体积和价格上还不能满足大众的需求；从交互方式上来说，更为自然的、支持多用户的增强现实交互技术仍有待研究"。[9]

　　对于建筑初学者来说，教学的重点应该在于培养他们对基本尺度的把握，造型的处理，功能的排布，建筑与场地和环境的协调。技术只是一种手段，是方便我们更好地理解建筑语言的工具。[10] 这对我们今后的工作很有启示作用。所以，我们在使用前沿技术，享受其所带来的便利的同时，

更多的是应该加强我们的反思，如何合理使用技术并使其作为有利工具提高学习和生产将会是一个值得思考的问题。而随着硬件设备的不断升级和算法的不断优化，AR技术也必然在不远的将来更加普及，为人们带来更多的便利。

参考文献

[1] Goldberg H E.The Building Information Model[J]. CADlyst.Eugene，2004.
[2] 曾旭东，周鑫，罗锋，王喻通.AR可视化交互技术在建筑BIM正向设计中的应用探索 [C]//. 数智营造：2020年全国建筑院系建筑数字技术教学与研究学术研讨会论文集，2020；243-248.
[3] 程文钰，毛超，宋晓宇.增强现实技术（AR）在建筑领域的应用及发展趋势 [J]. 城市建设理论研究（电子版），2014（24）；763-765.
[4] 韩冬青.关于建筑教育特色的一管之见 [J]. 时代建筑，2017（3）.
[5] 韩如意，顾大庆.美院与工学院·差异与趋同——从东南大学与华南理工大学的比较研究看中国建筑教育的沿革 [J]. 建筑学报，2019（5）；111-122.
[6] 金安和，赵倩文.建筑教学 孵化器环境 [J]. 新美术，2017，38（8）；62-65.
[7] 王景阳，曾旭东，黄海静.基于BIM技术的古建筑虚拟搭建实验课实践 [C]//. 共享·协同——2019全国建筑院系建筑数字技术教学与研究学术研讨会论文集，2019；363-367.
[8] 陈向东，万悦.增强现实教育游戏的开发与应用——以"泡泡星球"为例 [J]. 中国电化教育，2017（3）；24-30.
[9] 王宇希，张凤军，刘越.增强现实技术研究现状及发展趋势 [J]. 科技导报，2018，36（10）；75-83.
[10] 曾旭东，安嘉宁，梁梦真.增强现实技术在建筑学教学中的应用以及影响 [C]//. 共享·协同——2019全国建筑院系建筑数字技术教学与研究学术研讨会论文集，2019；261-265.
[11] 蔡苏，宋倩，唐瑶.增强现实学习环境的架构与实践 [J]. 中国电化教育，2011（8）；114-119+133.
[12] 姚远.增强现实应用技术研究 [D]. 浙江大学，2006.
[13] KAUFMANN H，MEYER B.Simulating educational physical experiments in augmented reality[M]. Singapore：ACM SIGGRAPHASIA 2008 educators programme，2008.1-8.
[14] 蔡苏，张晗，薛晓茹，王涛，王沛文，张泽.增强现实（AR）在教学中的应用案例评述 [J]. 中国电化教育，2017（3）
[15] Behzadan A H，Kamat V R.Enabling discovery-based learning in construction using telepresent augmented reality[J]. Automation in Construction，2013，33（aug.）；3-10.
[16] Wang X，Dunston P S.Design，Strategies，and Issues Towards an Augmented Reality-based Construction Training Platform[J]. Electronic Journal of Information Technology in Construction，2007，12；363-380.

图表来源

所有图片均为作者自绘或自摄。

作者：曾旭东，重庆大学建筑城规学院，山地城镇建设与新技术教育部重点实验室，教授，博士生导师；韩运宽，重庆大学建筑城规学院

多元趋势下毕业设计教学管理"数字化"探索

徐 皓 翟 辉 吴 浩

Exploration of "digitalisation" methods for graduation design teaching management under the trend of diversity development of project types

■ 摘要：在毕业设计类型不断多元化的趋势下，"多元共融"成为昆明理工大学建筑与城市规划学院近年来毕业设计教学改革探索的目标。本文将详细介绍我院近年来的改革成果——具有自身鲜明特色的"开放兼容"的毕业设计管理模式。分析了 OR 系统运用教学管理中遇到的问题，如何使数据平台深度内嵌于特定的管理流程，以及"无纸化"管理过渡时期的可实施的方案；同时针对建筑的专业学习的特点反对线上教学的过度滥用，强调线下教学活动的组织重要性.最后展望下一步优化线上线下衔接，更大程度释放平台资源价值改进方向。

■ 关键词：建筑学；联合毕业设计；教学组织；毕业设计展；OR 系统；数据平台

Abstract：Following the trend of diversifying the types of degree design, the achievement of more "Diversity and Inclusion" has become the goal of our reform by the School of Architecture and Urban Planning, Kunming University of Science and Technology. In this paper, we will introduce in detail the major achievement in the resent years -that is, the "open and inclusive" model of degree project management with its own distinctive features. The analysis presented in this paper focuses on the problems encountered in the implication of the OR system in teaching management. How to improve performances of "digital platform" with embedding it into a specific teaching process further and in-death, and what is the alternative approach that is implementable for the transit period, phasing out paper-based work in favor of "paperless" management. While we disapproved of excessive abuse of online instruction and lay stress on the importance of offline instruction during professional learning of design in architecture. In conclusion, we look forward to the next stage of creating a balance between online and offline activities, which is the guiding principle of further improvement, winning greater resource usage values of the platform.

Keywords：architecture；cooperative graduation design；teaching organisation；graduation design exhibition；OR system；data platform

基金项目：国家地区基金，51668024，缔约共造——以滇中为重点案例调研区域的中国城市老旧社区再生发展模式研究

1 毕业设计发展的多元共融的趋势

全国联合毕业设计发展迅速。至2022年，我院与国内20余个建筑院校开展了联合教学。据2022年8月统计：联合设计项目5个（包括招收建筑学专业的选题），占总数（13个）的38%。参与人数28人，占全系毕业生68人的41%。联合设计无疑在毕业设计教学中占有非常重要的分量（图1）。题目类型从过去的公共建筑单体设计，扩展到总体建筑群的设计，"城市更新""城市设计""乡村规划"成为联合毕业设计项目热门主题；适合建筑学、城市规划、风景园林三个专业共同参与，跨专业趋势也日趋明显[①]。

联合毕业设计推动建筑学毕业设计教学不断走向"多元共融"。面对这一变化趋势，昆明理工大学建筑与城市规划学院五年级教学组近年来开始了对毕业设计教学管理模式的改革探索；依托OR系统[②]，过程中不断推动"无纸化"管理，在疫情条件下发挥网络平台资源优势，强化校际交流，配合线下教学活动将毕业设计展作为"线上"＋"线下"的成果展示窗口。

2 数据平台的运用与展望

2.1 平台运用：开放兼容的教学组织模式探索成果

自2015年以来，适应联合毕设趋势的摸索一直在进行。一开始主要是时间方面的协同，后来

随着参与项目数量的不断增加，校内流程如何执行质量管理，就成为我们前几年的改革重点。兼顾联合毕设和校内小组的情况，年级组统一规定教学提前一周（即在第15周）结束。在质量控制方面，将两种类型毕业设计的关键性环节进行相互映射，例如：将联合毕业设计的中期答辩环节投射到校内的教学流程中，反之把校内教学的评阅环节投射于联合毕设，由此整合为四步的公共流程（图1）。经过两年多的实践，以公共流程主线为导向的年级组教学管理，能够有效地协同教学步伐，借助"中期检查"和"校内评阅"两个关键节点，一方面落实了总体教学实施质量管控，协同小组间的评分尺度；另一方面也充分给予了不同类型小组灵活教学的自主权。

在这个过程中，OR系统非常好地解决了提交迟程度的统计，为不同时空的评阅提供前提条件。由于今年同样涉及疫情影响，联合毕业设计基本上采用线上答辩的办法，这无疑为参与校内评议流程的老师提供了旁听学习的机会，有利于教师的培育，是一种值得持续的做法。

2.2 深度内嵌：数据平台适应毕业设计管理的突破方向

毕业设计无疑是OR系统如何介入日常教学管理最具有代表性的区间。2015年平台发布了"毕设中、终期检查和网络评图流程"。理论上如果评委都在线评阅，即使依托现有的软件技术条件也可以实现"无纸化"管理，但是实际推行起来很

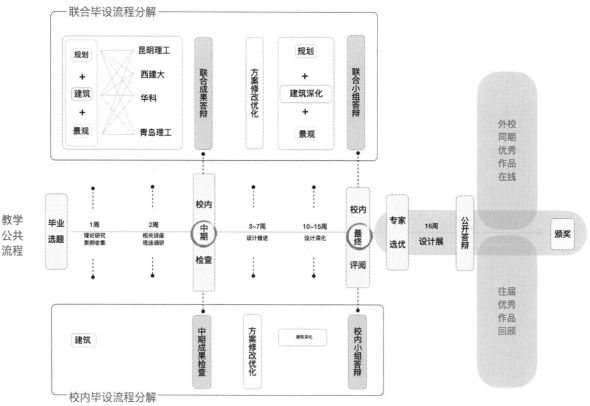

图1 "对元兼容"的毕业教学组织的工作流程图中
（圆圈节点是OR系统具体的介入环节）

难。主要原因是，即便学院层面有实现〝无纸化〞管理的条件，但是学校教务管理目前依然延续着〝纸质版〞存档的要求。在这样的情况下，OR评阅不能替代纸质版评阅，工作量反而增加。针对这个问题，年级组与平台管理负责人展开过过渡阶段的方案讨论。具体措施如下：一、分数自动换算：评分采用习惯的百分制，按各学校规定分制系统自动换算。二、评语生成意见书：OR系统提交评阅意见，系统自动生成带学院公章的评阅意见书供学生在线打印作为学校统一纸质归档的附件。总之，符合习惯，减少环节，提升系统用户的使用体验，让师生爱用、喜欢用。

3 数字平台支撑下的特色建构

3.1 形式与内容·毕业季·仪式感

数字科技不断深入学习生活，线下互动因减少而变得更加可贵。国内参考清华等高校，国外借鉴德国柏林艺术大学与德累斯顿工业大学的经验，公共流程在即将结束之际迎来了〝毕业设计展＋公开答辩〞教学活动高潮。线下教学不可或缺，线上资源如何更好地加以利用，同时，注重特色的建构：形式与内容匹配的仪式感；教学传统与数字融为一体。

3.2 公开评图＋毕业设计展

按照图2公共流程导览，15周在完成小组答辩和同期的校内评阅之后，〝毕业设计展〞进入准备阶段，在这个活动背景的衬托下，公开答辩和设计评奖成为师生关注的焦点。公开答辩面向全院三个专业，以校内评阅分基准，以约20%的比例选入入围小组，在此基础上再由学院教授委员会选出6强进入最后的〝公开答辩〞环节。答辩委员由校外和校内专家共同组成，答辩分数有两个实际作用：一是决定了评优的名次；二是参赛学生可以从小组答辩分和公开答辩分中选高，获得一次刷新总分的机会。这一阶段的活动具有明显的竞技性，学生的参与性因此进一步提升。

〝毕业设计展＋毕业答辩〞作为教学组织中最具特色的部分，其效果的提升还有极大的空间。回顾今年实施的情况，活动缺乏B角的配合（A角工作量已经饱和），从扩大宣传角度来看，B角是非常必要的，此外利用网络平台资源现有条件同期推出线上展览是完全可能的，可以举办线上的校内优秀毕业设计作品回顾＋外校应届优秀毕业设计展览。（图2，图3）

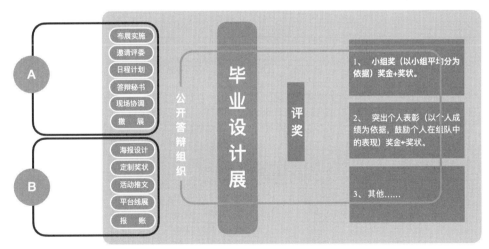

图2 毕业展＋公开答辩组织工作清单

图3 毕业设计展＋公开答辩（昆明理工大学生土中心）

3.3 特色建构实践小结

经过两年的实践，我院适应教学发展需求的毕业设计管理流程逐渐走向成熟，但在细节上仍然存在很多问题。近期目标：（1）深化 OR 系统教学管理〝无纸化〞进程；（2）强化和提升自身特色成果。充分认识〝数字技术〞运用潜力和局限性，避免线上教学滥用；线下线上配合，提升平台资源的利用效率和价值。线下教学，师生之间、生生之间的互动是树立专业精神和传递育人传统的首要渠道。

此外，从〝数字〞在教学运用实践来看，我们必须深刻认识到〝数字化〞在教学中带来方便和益处的同时，并不能改变教学的〝内容〞与〝品质〞层面的根基。借鉴国外高校毕业设计展的形式是容易的，但是在内容和品质上却还存在很大差距。我们应当注意的是要力求超越表面〝数字化〞带来的欣喜。

4 反思与展望

在欧洲大部分国家建筑教育里，毕业展具有举足轻重的意义[3]。我们借鉴了这一做法，自 2019 年开始推出了〝设计展〞＋〝公开答辩〞的环节，也逐渐成为了我院毕业季的特色，评选游戏规则的设计激发着学生的参与感。然而与国外高校相比，我院的毕业季还是缺乏吸引力（特别是内容品质），与学院其他教学环节缺乏有机编织。

4.1 数字化不可能改变的差距：关于公共空间

德国多数大学建筑学专业课程设计答辩都会充分利用公共空间。对于毕业设计来说同期举办的〝毕业设计展〞更是专业教学活动的亮点；有些学校还会借此时机前后搭配其他教学成果汇报，起到教学互促和扩大宣传的作用。柏林艺术大学建筑学系的教学空间非常紧张，日常教学评图都会随机在走道上进行，使用后必须即时移除相关的杂物，墙面使用胶带不得损伤墙面。同时，一楼门厅集中展出应届毕业设计展，展期结束后撤展恢复空间原状。德累斯顿大学毕业季有两大活动，一是室内的毕业设计展，二是户外的以研究所为单位的教学交流展（包括大设计和配合理论教学的小作业）（图 4、图 5）。

相比之下，在设备条件上我们并不缺乏空间，更不缺乏设备，而是缺乏教学公共空间日常的管理办法。由于供日常频繁使用的教学楼内部中庭缺乏有效的管理，垃圾和旧的展品四下堆积，因此 2022 年的设计展我们选择了在教学楼一侧的生土中心展开，但缺点也是明显的，随机参观者减少了。

4.2 数字化教学运用新前景：毕设模型 VR 虚拟展厅创想

在欧洲，实体模型在毕设中是绝对必要的，是标配。上文提到的两所德国大学，毕业设计模型通常依照 1：2000，1：1000，1：500，1：100，1：50，1：20 等比例制作，一般学生根据表达需要会选择至少两种以上的比例制作模型。而目前国内的情况是，学生在毕业设计阶段实际上还要兼顾考研复试、找

图 4 毕业设计展答辩现场（柏林艺术大学市中心区教学楼一楼门厅 2011）

图 5 德累斯顿大学建筑学系下属研究所教学交流（室外现场 2018）

工作等重要事情，没有足够的精力制作模型；其次，假如说联合毕业设计考虑制作实体模型，组织模型制作如何解决异地交流合作等细节问题又会出现。

结合中国实际情况，如果我们鼓励学生制作实体模型，那么进一步建议学生将实体模型的影视小动画放入平台；另一种更有可能的情况是，如果不做实体模型，那么设想一下学生将虚拟模型动画放入 OR 系统的可能性，创建一个 3D 窗口，甚至与结合 VR 技术做成毕业设计模型的虚拟展厅，由此也可以丰富毕业设计展的层次和内容。

注释

① 吴浩，翟辉．建筑类高校设计课网络开放教学及资源共享云服务平台的探索与实现 [C]．2015 全国建筑教育学术研讨会论文集．北京：中国建筑工业出版社．2015，10-16．

② 黄海静，邓蜀阳，陈纲．面向复合应用型人才培养的建筑教学——跨学科联合毕业设计实践 [J]．西部人居环境学刊，2015，30（6）：38-42．

③ 李园．巴特莱特建筑学院毕业设计展观感 [J]．苏州工艺美术职业技术学院学报，2018，（4）：41-44．

图片来源

图 1　作者自绘。
图 2　作者自绘。
图 3　作者拍摄。
图 4　作者拍摄。
图 5　作者拍摄。

作者：徐皓，德国柏林艺术大学建筑学工程博士（Dr.ing），昆明理工大学建筑与规划学院副教授；翟辉（通讯作者）昆明理工大学建筑与规划学院教授，院长；吴浩（通讯作者）昆明理工大学建筑与规划学院讲师，OR系统开发者

基于气候环境分析的建筑节能设计
——以建筑学本科四年级建筑设计课程教学为例

段忠诚　杨玉涛　姚　刚

Environmental Design Based on the Climatic Analysis—Taking the Teaching of Undergraduate Architectural Design Course of Year 4 Students as an Example

■ 摘要：近几十年来我国的建筑能耗不断上升，运用被动式节能设计策略可以有效地减少建筑能耗，所以应该将建筑节能的设计思路和方法介绍到建筑学的课程体系中。本文简述了中国矿业大学建筑与设计学院建筑学专业本科四年级的建筑设计课程中，建筑节能设计的教学思路、节能技术和部分学生的设计成果，希望为高校建筑节能设计课程体系提供借鉴。

■ 关键词：建筑节能；教学体系；节能技术

Abstract：Building energy consumption is rising in our country in recent decades, use of passive energy-saving design strategy can effectively reduce building energy consumption, so building energy conservation design ideas and methods should be introduced into the curriculum system of architecture. This paper aims to present the teaching ideas, energy-saving technologies and design results of some students, based on the undergraduate architectural design course of year 4 students in the School of Architecture and Design, China University of Mining and Technology. It also aims to provide reference for the curriculum system of building energy-saving design in universities.

Keywords：Building Energy Conservation；Teaching System；Energy Saving Technology

随着我国在经济建设方面取得巨大成就，建筑设计水平也在不断地提升。但在设计过程中，由于建筑师只注重设计建造的速度，不注重能源的节约，于是建筑的能耗变得越来越高，所以在建筑方面的节能设计必须推行，把更多的建筑节能的设计思路和节能技术融入建筑学专业的教学中。其中对场地环境和建筑设计完成后进行模拟，可以对具体建筑设计的细节起到优化作用。为了培养有节能思想的建筑师，中国矿业大学建筑与设计学院积极进行节能建筑设计教学体系的改革，对于已经有建筑设计基础的四年级本科生，我们把节能建筑设计训练的目标定为：拥有完整的节能建筑设计逻辑、掌握节能设计的相关技术、学会验证方案的节能设计效果以及将节能设计与建筑创新相结合。

基金项目：中央高校基本科研业务费（2019WB03），国家自然科学基金面上项目（51778611）

一、课程规划

按照中国矿业大学的教学规划，四年级的设计课程题目是"矿大文昌校区低碳研究中心建筑节能设计"。低碳研究中心位于中国矿业大学文昌校区矿大设计院西侧，占地约4000m²，基地四周并没有较高的建筑物，东南侧不远处有小山丘，东侧为西苑路。建筑设计的总建筑面积约3000m²（±10%），建筑密度不超过40%，层数不超过3层。在节能建筑设计的教学中，首先鼓励学生从节约能源出发；其次在宏观层面，要求学生对基地所处的城市气候环境进行分析；再次在中观层面，学生分析基地本身的微气候环境；最后进行建筑物本身的节能设计，并提出相应的对策（图1）。设计过程中借助模拟软件进行验证和计算，与此同时需要考虑建筑形体和美感，体现理性思考的过程。低碳研究中心的节能设计共用九周时间完成，第五周中期答辩汇报成果，第九周提交正图。

二、设计逻辑与辅助工具

整个课程的设计逻辑是首先分析基地所在的城市气候的大环境，主要包括热环境和风环境。李红莲（2021）根据典型气象年数据的变化，研究了其对建筑能耗和节能设计的影响。结果表明，寒冷地区典型的气象年数据更符合实际情况，对气候变化下我国建筑节能设计起到了重要的设计基础作用。

在分析城市气候时，可以进入EnergyPlus的官网，找到weather的标签，进入后可以选择想要查询的任何地区的气象数据，将得到的数据输入Ecotect软件，使用软件里面weather tool分析城市气候，主要分析朝向、温湿度、焓湿图、太阳辐射和风速风向等，了解设计建筑所在地区的气候特点和城市气候的主要矛盾，确定建筑设计主要节能方向是保温还是隔热。比如，设计的建筑

所在的城市属于夏热冬冷地区，夏季时间长、太阳辐射强度高、冬季寒冷潮湿，节能工作重点应降低夏季建筑物的制冷能耗，同时兼顾冬季的防寒。从夏季单独的焓湿图中得知夏季逐日频率相对舒适度范围偏湿热，可以采用自然通风、遮阳、蒸发冷却等策略，对室内降温降湿，减少建筑能耗；从冬季的焓湿图中得知冬季逐日频率相对舒适度偏干冷，可以充分利用太阳能，并采用阳光房、加强围护结构保温等策略，通过提高室内温度和湿度，降低建筑能耗。

在分析基地本身的微气候时，重点是关注特定范围内的建筑物，包括室内和室外的气候要素，主要指建筑建成区域范围内的气候条件，包括风环境和光环境分析。比如建筑物大小对日照的影响、墙壁和树木对风向规律的影响，都是微气候研究的领域。通过分析从而了解设计建筑所处的微气候环境，充分利用基地周围的自然地理环境，调节气候，获得适宜的生活环境。合理的建筑布局可以有效利用气候资源，减少对当地自然环境的负面影响，促进建筑与自然之间良性的物质循环。

在设计过程中可以使用Ecotect对基地建模，并在模型的基础上建立网格，对基地微气候中的太阳辐射、阴影和基地本身的风环境进行分析，了解基地在周围现存建筑影响下的主导风向和阴影等物理性能，以此确定较为具体的节能策略。城市气候在具体到某一地块的时候，地块周围现存的建筑和景观会使城市气候的特点发生变化。比如，如果城市的主导风向为东南风，建筑主要朝向为南向，但是设计建筑所在基地的东南方向存在一栋建筑物，那么基地的主导风向会因为现存建筑的存在而受到影响，会与城市的主导风向存在一定的偏差。在基地范围内建筑的某些南向部分也可能会被这栋建筑物遮挡，那么这部分建筑就不宜设计采光要求比较高的功能房间。因此，分析基地的光环境和风环境对建筑节能设计和策略的制定是必不可少的。

在进行城市气候和基地微气候的分析之后，需要对数据结果作出回应，提出单体建筑节能设计的具体策略。在建筑基地选址、布局、自然通风、体型选择、阳光照射、建筑间距等方面，探索基于气候因素的节能设计原则，提出适应气候的节能设计标准和策略。在设计单体建筑时，建议学生使用天正建筑以及CAD绘制建筑平面等图纸，合理设计建筑朝向，利用太阳能、热压通风、风压通风、蒸发冷却、建筑保温设计、体形系数等具体建筑节能策略，进行建筑节能设计。在完成建筑设计后用Ecotect模拟所设计建筑的风环境和热环境，分析建筑在应用节能策略之后的节能效果，最后运用PS或者AI进行版面设计。

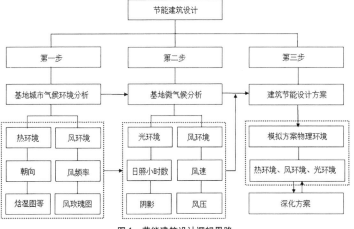

图1　节能建筑设计逻辑思路

三、以徐州为例的建筑节能设计

我们在九周的课程设计中让学生设计低碳研究中心，实践上述建筑节能设计的研究思路和方法。在建筑设计实践中，学生应该把握被动优先的内涵和目的，"被动优先"是为了研究项目的自然环境，在设计过程中最大限度地发挥自然环境的潜力。被动优先与环境友好相结合的理念，符合因地制宜的绿色建筑的核心理念，在建筑节能方面有其独特的作用，可以降低成本，节约资源。

1. 徐州城市气候环境分析

低碳研究中心的基地位于江苏省徐州市，所以要求学生采用上述分析城市气候的方法，对徐州的气候环境进行分析，主要分析城市的热环境和风环境。

（1）热环境分析

建筑师在对建筑物进行设计时应充分考虑建筑物的朝向，以充分利用太阳能，达到最好的采光效果，因此需要进行朝向分析（图2），由图可知，徐州地区的建筑物最佳朝向为南偏东20°，最差朝向为东偏北20°。

图3为温度分析，从图中知道徐州最热月为7月，平均气温为36.8℃；最冷月为12月，平均12.1℃，由此可知徐州地区夏季比较炎热。Degree Hours图中r线条表示需要制热的时间，b线条表示需要制冷的时间，可知徐州地区在冬季制热和夏季制冷的时间都比较多，因此在设计时应该同时考虑夏季降温和冬季保温。

从徐州热焓湿图（图4）可以得知，徐州夏季逐时温湿度相对舒适度范围（图中闭合的黄色线段）偏湿热，冬季逐时温湿度相对舒适度范围

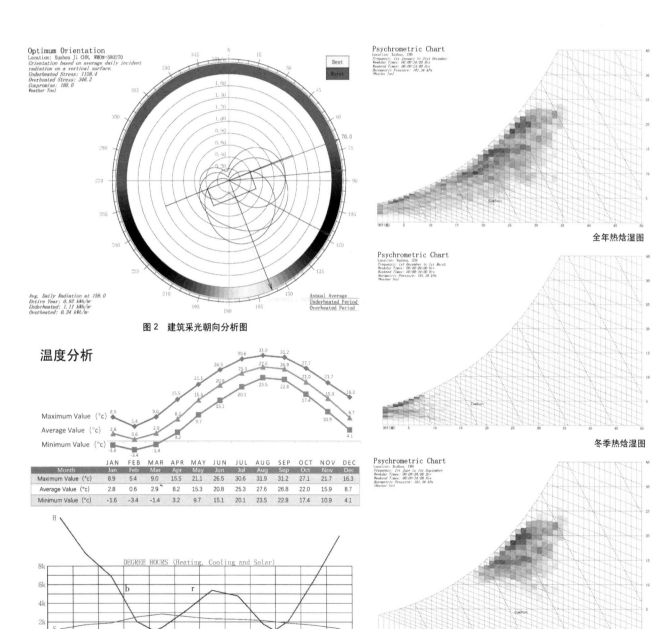

图2 建筑采光朝向分析图

图3 徐州全年温度分析图

图4 徐州热焓湿图

全年热焓湿图

冬季热焓湿图

夏季热焓湿图

Month	JAN Jan	FEB Feb	MAR Mar	APR Apr	MAY May	JUN Jun	JUL Jul	AUG Aug	SEP Sep	OCT Oct	NOV Nov	DEC Dec
Maximum Value (℃)	8.9	5.4	9.0	15.5	21.1	26.5	30.6	31.9	31.2	27.1	21.7	16.3
Average Value (℃)	2.8	0.6	2.9	8.2	15.3	20.8	25.3	27.6	26.8	22.0	15.9	8.7
Minimum Value (℃)	-1.6	-3.4	-1.4	3.2	9.7	15.1	20.1	23.5	22.8	17.4	10.9	4.1

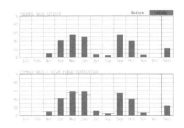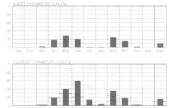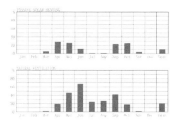
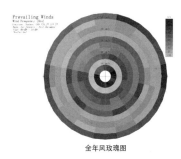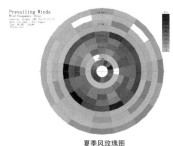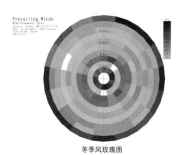

图5　徐州市全年太阳辐射量

<table>
<tr><td>全年风玫瑰图</td><td>夏季风玫瑰图</td><td>冬季风玫瑰图</td></tr>
</table>

图6　徐州市风玫瑰图

偏干冷。因此，在夏季可以利用自然通风、遮阳、蒸发冷却等节能策略，在冬季可以充分利用太阳能，附加阳光房，并且在墙体、门窗和屋顶上增加保温等节能措施。

太阳能是清洁能源，需要设计者在建筑节能设计中充分考虑，因此需要进行太阳辐射分析。从全年的太阳辐射图（图5）中可以得知，徐州全年过热月份为6、7、8月，过冷月份为1、2、12月。通过研究对比不同的被动式技术对太阳辐射的影响，可以进一步深化节能策略。在图5中黄色部分代表原始太阳辐射量，红色部分代表采取被动式技术后的太阳辐射量，可知采用大热质量材料和夜间通风及自然通风可以较多地增加太阳辐射，而采用被动式太阳能技术和直接蒸发冷却技术对太阳辐射的影响较小，因此在设计中应该考虑大热质量材料的使用和建筑通风的设计。

（2）风环境分析

在热环境分析过程中得出需要进行建筑通风设计的结论，尤其是夏季。因为良好的风环境会带走积聚的热量，同时大幅提高人的热舒适度。因此，需要考虑徐州当地的风环境对建筑节能设计的影响。

徐州四季之中春秋季短、冬夏季长。夏季高温多雨，以东南风为主。冬季寒潮频袭，并伴有西风及东北风。从城市风玫瑰图（图6）中可以看出，徐州全年以东风为主，冬季平均风速较低，大约在2.1m/s；夏季平均风速较大，约4.9m/s。

从以上的分析结果中可以得知徐州地区总体风环境良好，可加以利用。可以充分考虑风压通风的方式；同时因为冬季比较冷并且部分时间风速偏大，需要考虑冬季的防风设计。

2. 基地微气候分析

在宏观上对徐州的城市气候分析之后，对

于徐州地区的总体热环境和风环境以及可以大体采用的节能技术有了初步的了解。接着需要进行基地微气候分析，主要包括光环境分析和风环境分析。

（1）光环境分析

图7为日照小时数分析，从图中可以看出场地周边建筑对场地的日照影响较小，并且全年日照条件良好。在夏季，场地的日照在10小时以上；在冬季，场地的日照在7小时以上。相比于基地

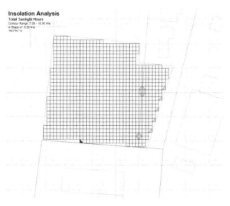

冬至日日照小时数分析

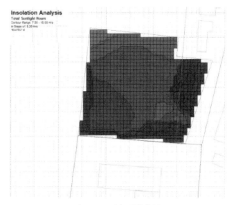

夏至日日照小时数分析

图7　基地日照小时数分析图

北面，基地南面的日照时数较少，所以建筑应选建在基地偏北的地方。

图8为基地阴影分析图，从图中可以看出春季和夏季基地基本不受周围建筑的阴影影响。冬季基地会受到东南方向建筑的部分遮挡，因此在进行建筑设计时要注意这部分建筑的冬季采光，或者在这部分安排采光需求较弱的房间。

（2）风环境分析

对场地风环境的分析是基于南偏西20°的风向，以7m/s的风速计算条件分析得出的，分别对风压、风速和温度等因素进行分析。基地东南侧不远处有座小山丘，主导风向在经过基地后基本不变，风速因为小山丘的存在而有所降低，但风速仍然较大。从基地风环境分析图（图9）中可知小山丘对温度的影响比较小，所以在设计时应该注意冬季防风，可以选择在北侧种植树木来阻挡寒风侵袭。在建筑布局的方式上，利用场地的高度差，可以缩小建筑物的前排与后排之间的距离，形成良好的通风情况。同时，由于建筑整体呈北高南低的格局，可以满足阳光照射的需要，并且夏季有良好的通风，冬季又可以阻挡寒冷的北风，起到与场地形状相协调的效果。

3. 建筑单体节能设计

在宏观和中观的分析之后，了解到适用于徐州市的主要建筑节能策略，最后将这些节能策略运用到具体的建筑节能设计中，下面是具体设计策略的应用。

（1）热环境设计

方案一（张学优同学）采用阳光房和太阳能板的节能设计策略（图10）。在设计中，在建筑南侧设置阳光房，形成"三层"表皮，在冬季的时候利用阳光房可以存储热量。建筑局部屋顶放置太阳能光伏板，并利用倾斜屋顶收集雨水作日常消耗，同时利用太阳能板收集能量进行加温。

在方案二（辜晓桐同学）的设计中（图11），采用了以下策略：一是通过适当增加外墙厚度，并加厚外墙保温层，从而增强围护结构的蓄热能力。二是控制建筑南侧高度，并在南侧坡屋顶底部设置太阳能光伏板。三是建筑北部中庭顶部设置可活动式太阳能遮阳板，根据通风采光或者保温隔热不同的需求进行开合，在冬季白天开启中庭可活动式太阳能遮阳板增加太阳热辐射，夜晚关闭中庭可活动式太阳能遮阳板减缓室内降温速率；在夏季白天关闭，减小太阳热辐射，夜晚开启，可以带走室内多余的热量。四是在建筑西侧建立生态墙构架，遮挡西晒。五是在平屋顶布置绿化，到达保温隔热的作用。

（2）风环境设计

建筑风环境是影响建筑物物理舒适度的主要因素，也是与建筑节能息息相关的主要因素。在

春分 3月21日　　　夏至 6月22日　　　秋分 9月21日　　　冬至 12月22日

图8　基地阴影分析图

基地风速分析　　　基地风压分析　　　基地温度分析

图9　基地风环境分析图

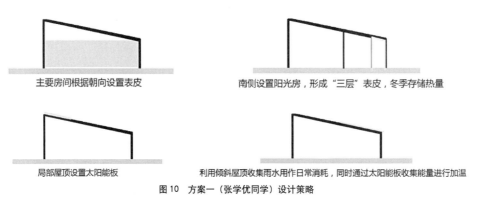

主要房间根据朝向设置表皮　　　　　　　南侧设置阳光房，形成"三层"表皮，冬季存储热量

局部屋顶设置太阳能板　　　　　　　利用倾斜屋顶收集雨水用作日常消耗，同时通过太阳能板收集能量进行加温

图10　方案一（张学优同学）设计策略

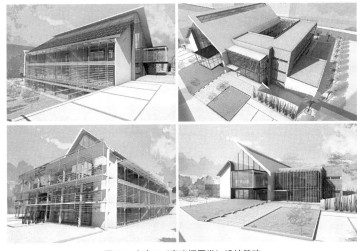

图11　方案二（辜晓桐同学）设计策略

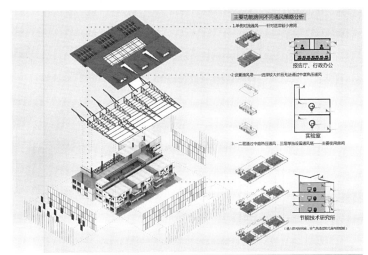

图12　方案一（张学优同学）通风设计策略

寒冷地区，城市的布局和建筑物不仅要考虑冬季防风设计，也要考虑夏季的自然通风设计。这种相反的通风设计需要仔细审视冬夏两季的主导风向，必须根据具体地形情况，并且在仔细分析当地风玫瑰图的基础上，来优化平面布局和组合，同时改善建筑风环境。

在方案一（张学优同学）的设计中（图12），大部分房间利用中庭进行热压通风，局部三层单独设置通风塔进行热压通风。主要设计策略是对不同的房间采用不同的通风策略，比如针对进深较小的房间运用单侧对流通风的方法；针对进深较大并且无法通过中庭进行热压通风的房间设置通风塔；针对主要使用的房间，采用一二层通过中庭热压通风和三层单独设置通风塔相结合的方法。

方案三（张涛同学）的设计立足于热压自然通风技术下的建筑节能，在整体考虑建筑基地现状的前提下，有针对性地提出节能策略（图13）。首先在场地北侧东西向最宽处布置主要的建筑体量，再根据日照遮挡情况，选择层层退台式的设计方案。在使每个主要功能体块得到最佳日照的同时，退台所得的负空间可以构成建筑的公共空间。南北两条体量窄间距布置，使其在徐州东西风向时产生文丘里效应，从而促进建筑体块排风。根据徐州的气候现状，将建筑自然通风工况分为制冷季、制热季、非制冷制热季无风和非制冷制热季有风四种工况，在非制冷制热季有风工况时打开窗子通风，小进深体量有助于建筑内充分的通风；在非制冷制热季无风的条件下高大的热压烟囱将为建筑体块提供热压自然通风；在制冷制热季工况下热压通风为建筑体块提供最低健康通风量以减少能量损失，同时用水泵提取地下预埋管内的预冷预热水，泵入地板内预埋毛细管内，为建筑提供冷源热源。

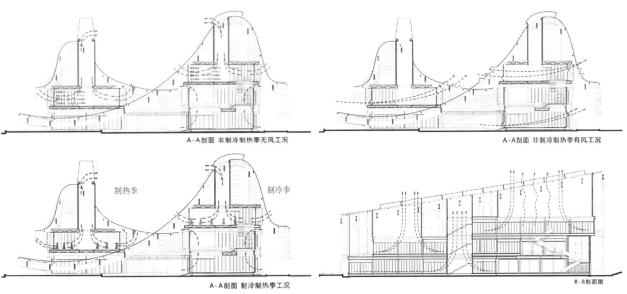

A-A剖面 非制冷制热季无风工况　　A-A剖面 非制冷制热季有风工况

A-A剖面 制冷制热季工况　　B-B剖面图

图13　方案三（张涛同学）设计策略

方案二（辜晓桐同学）设计时通过将建筑屋顶拔高，并开设通风口，可以有效进行热压通风（图14）。在夏季白天日照充足时，开启热压通风出风口，增大通风量；在夏季夜晚开启热压通风出风口之后，再开启中庭可活动式太阳能遮阳板，让室内外空气对流增加，带走室内多余的热量。

（3）光环境设计

关于采光设计，方案四（王梦迪同学）希望建筑内部采光尽量通过自然采光来解决，为此进行了很多尝试，比如：

采用在建筑外构架上加装反光遮阳板来实现晴天遮光和阴天采光。

借助天窗进行自然光的直接采光，并设计中庭辅助间接采光。

采用大面积可移动玻璃幕墙以便在采光不足时尽量进行自然采光（图15）。

方案二（辜晓桐同学）在建筑设计中（图16）为了增大自然采光的比例，增设中庭，使建筑尽量紧凑，并控制南侧建筑高度，增加采光面，捕捉光线。通过一系列采光设计，使建筑与场地和谐共生，优化建筑节能效果并注重保护自然环境。

四、结语

基于气候和环境分析的建筑节能设计，应遵循区域气候和自然地理条件，根据特定区域的气候因素和地形特征，合理选择场地；选择合理的布局，以适应气候的影响；结合气候特点和自然地貌，优化建筑空间环境；利用自然通风的原理，通过建筑空间的组合来调节风向和风速，促进建筑内外空气的交换。强调运用被动式及现代建筑技术的方法，来调节建筑周围的微气候环境。上述节能设计案例说明节能建筑设计策略和优化可以基于对城市气候和建筑基地微气候的分析，针对具体的环境情况提出相应的节能措施，体现理性设计，为建筑教学体系提供理论依据。

结合中国能源消耗现状和对建筑师的要求，经过最近几年的节能建筑设计教学实践，可知现代建筑学专业的教学体系亟须更新，需要增加关于节能设计的思路、方法以及相关软件的学习课

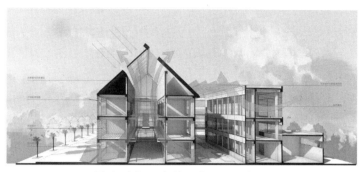

图14　方案二（辜晓桐同学）通风设计策略

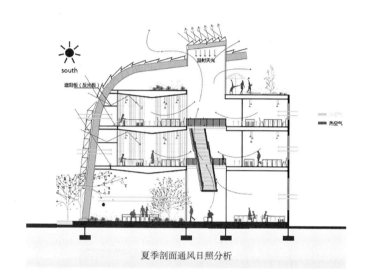

夏季剖面通风日照分析

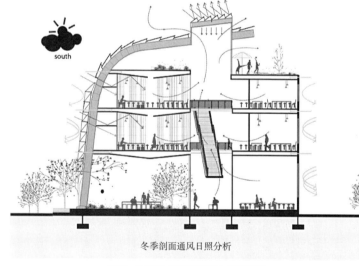

冬季剖面通风日照分析

图15　方案四（王梦迪同学）设计策略

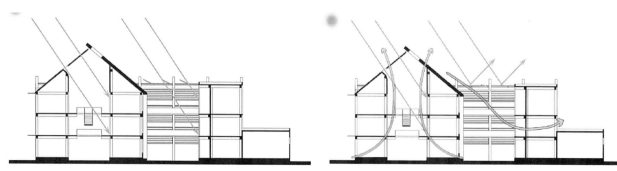

图16　方案二（辜晓桐同学）采光设计策略

程，强化学生的节能设计思想，将节能技术更好地融入建筑设计，使最终的建筑不仅有外观的美感，还有理性思考的成果。目前中国矿业大学建筑学专业的教学体系还处在初级阶段，但相信对节能建筑设计体系的不断探索会丰富教学体系，促进现代中国的可持续发展，并且为节能减排、建设资源良好性社会作出贡献。

参考文献

[1] 石永桂.超低/近零能耗建筑发展综述 [J].北方建筑，2019，4（2）：50-53.
[2] 张秋波，赵春雨.有关民用建筑中绿色建筑节能设计的应用 [J].中外企业家，2014（3）：182-182.
[3] 任志刚，周蜜，邓勤犁等.建筑节能课程混合式教学模式研究与实践 [J].高等建筑教育，2019（2）：93-100.
[4] 胡晓青，张沛琪，吴劲松.簇群设计——大学生宿舍建筑设计的教学实践 [J].中国建筑教育，2016（3）：62-68.
[5] 寿焘，厉鸿凯.场所透明——东南大学研究生教学组的在地性设计策略实验 [J].中国建筑教育，2016（4）：5-12.
[6] 李红莲，寇雯，王安，尚力，于瑛，杨柳.典型气象年数据更新及其在建筑节能设计中的应用 [J].建筑节能（中英文），2021，49(11)：74-79+104.
[7] 黄涛，王建廷，黄城志."被动优先"策略在绿色建筑节能设计中的应用难点与对策研究 [J].建筑科学，2016，32（6）：183-190.DOI：10.13614/j.cnki.11-1962/tu.2016.06.28.
[8] 林涛，冒亚龙.基于气候要素的建筑节能设计 [J].城市发展研究，2014，21（2）：54-59.

图片来源

图1、图7~图9：作者自绘。
图2~图6：软件模拟分析。
图10~图16：学生自绘。

作者：段忠诚，建筑学博士，副教授，硕士生导师，主要从事绿色建筑、建筑节能设计及生态城市研究；杨玉涛，中国矿业大学硕士研究生；姚刚（通讯作者），建筑学博士，副教授，硕士生导师，主要从事绿色建筑、零碳社区和零碳建筑研究

"回归自然"的场所——以自然教育为导向的自然学校设计策略研究

郑友宇　陈　俊　宗德新

A place for "Back to nature"—A study of nature school design strategies oriented towards nature education

■ 摘要：在混凝土的"城市森林"中，依赖电子设备的生活和制式化的教育在孩子们与自然之间形成一道"沟堑"，对其心理、身体都有负面的影响，甚至使他们罹患"自然缺失症"。为解决日益严重的"自然缺失"，自然教育导向下的"救命稻草"自然学校不断出现。然而，缺失了空间视角和整体思维的设计反而会降低自然教育的成效。文章从主题、功能、流线、材料、空间等方面探究自然学校的设计策略，让自然学校设计具备实施自然教育的合理性。

■ 关键词：自然学校；自然教育；自然缺失症

Abstract：In the concrete 'urban forest', a life dependent on electronic devices and a formalized education creates a 'gap' between children and nature, which has a negative impact on them psychologically and physically, causing them to suffer from 'nature deficit disorder'. Nature deficit disorder". In order to address this growing 'nature deficit', nature schools have emerged as a 'life-saving' approach to nature education. However, designs that lack a spatial perspective and holistic design may reduce the effectiveness of nature education. This article explores design strategies for nature schools in terms of theme, function, flow, materials and space, so that nature school design can be justified for the implementation of nature education.

Keywords：Natural School；Natural Education；Nature Deficit Disorder

1 背景

理查德·洛夫（Richard Louv）在其著作《林间最后的小孩》中提出自然缺失症的概念，即儿童与大自然产生阻隔，从而对其心理以及身体上产生影响，例如导致肥胖症、抑郁焦躁症等。自然缺失症在发达国家受到的关注较多，但在我国高速城市化的背景下，儿童与自然的关系同样令人担忧。此外，城市不断地向高处生长，信息化、媒体化、网络化的生活，传统校园规划设计，被规范化、模式化的学生行为等因素成了一股"无形的力量"，一定程度上禁锢了城市中的儿童，儿童能够亲近自然的机会非常有限，容易罹患自然缺失症，对其健康成长产生负面影响。

为改善自然缺失症，"回归自然"的教育方式是一把介于家庭和学校之间有力的抓手，建设自然学校是治愈自然缺失症和加强儿童环境教育的重要措施。就中国目前开展生态文明教育的现状而言，自然教育的理念可以提升儿童的自我认知、感知力、创造力等方面的能力。（图 1）

自然学校是链接人与人、人与自然、人与社会的组织和场所。然而，在建筑设计工作中还普遍存在设计经验积累不足的问题，自然学校在强调自然教育概念的同时，常常忽视建筑、空间的视角去整体地考虑总体规划和设计策略，使得其空间缺少灵活性和功能实用性，仅仅作为自然教育的宿舍居所，这使得自然教育的成效大打折扣。因此，文章试图研究自然学校的规划和空间设计策略能够强化自然教育的作用，以缓解、治愈自然缺失症。

2 国内自然教育与自然学校现状与缺憾

2.1 自然教育（Nature Education）

自然教育（Nature Education）是在自然环境中，以人为媒介，使用科学有效的方法使儿童融入自然环境，并通过系统地教育活动，实现儿童对自然信息的收集、整理和编织，形成生活有效逻辑思维的教育过程[①]。其强调户外体验、亲近自然，以自然为教学的主要素材，认识自然、了解自然，并与自然为友[②]。

自然教育的起源可追溯到 18 世纪六十年代，卢梭（Jean Jacques Rousseau）在自然主义教育中主张的"归于自然"（Back to Nature），遵从与自然的教育，事物的教育；道家的"道法自然"理念也崇尚"人与自然的和谐相处"，都表达的是人与自然的相处问题。早在文艺复兴时期，维多里诺（Vittorino da Feltre）就在环境优美的山坡上创设了"自然学校"，将自然环境作为儿童美育的源泉。1892 年，盖迪斯（Patrick Geddes）在爱丁堡建立了"观察塔楼"（图 2），强调让孩子们通过亲身的观察、感受来真正学习并理解自然，是早期的自然环境与教育接洽的建筑实践；2010 年，理查德·洛夫首次提出的"自然缺失症"，掀开了"新自然运动"的帷幕，人们开始提高警戒，也开始重视自然教育的重要性。（图 3）

自进入工业社会以来，自然教育一直没有被引起足够的重视，自然教育行业调查报告显示，中国的自然教育机构从 2010 年开始呈现井喷式发展的态势。2018 年参与调查的 398 家机构中，成立于 2010 年以前的自然教育机构仅占总体比例的 6.8%，而成立于 2015—2018 年的比例高达总体的近 70%。

自然教育起源于环境教育，环境教育偏向于从问题出发，试图寻求自然环境与人之间的相处方式，自然教育则强调从体验；自然教育相似于营地教育，它们的最终目的都是达成人的自然成长，仅依托载体的程度有所区别，前者更扎根于自然，后者则更强调场地中的活动。

2.2 自然学校

何为自然学校？目前国内没有唯一的定义，不少学者从教育学、环境教育、运营的角度出发，魏智勇强调了自然学校中自然教育的重要意义，方翀博总结的日本自然学校的构成要素，佐藤·初雄定义了自然学校的功能构成。综合上述学者的自然学校定义，出于空间和教育规划的视角，自然学校是划定在自然生态资源周边的开展自然认知、自然学习、自然体验等教育目的的体验性教育空间，是连接人与人、人与自然、人与社会的场所。自然学校的教学框架是通过学校本身的运营管理、自然教育专业人员引导、课程方案设计与空间环境资源开发利用，为学生以及一般民众等提供自然教育服务和体验，并最终实现教育、研究、保育、文化、游憩等多种功能的环境教育专业设施。（图 4）

在自然学校的教育本质上，学习的主体有别于一般的学校，自然教育"去精英化"及"共生化"，把"形式类知识"放置于次级地位，把"生

图 1　儿童与现代社会

图 2　自然教育的建筑实践

图 3　理查德·洛夫

存能力"一类的体验类知识置于首位、将自然教育以体验活动的形式加入到学校的教学体系当中，同时注重学生的"风险"体验。这也在自然学校的空间编排和活动组织上有重要的指导性作用。（图5）

2014年环境保护部宣教中心启动的国家自然学校能力建设项目、2018年11月第五届全国教育论坛期间对《自然教育行业自律公约》的讨论，《自然学校指南》对自然学校建设"八步法"的设立等政策，都在试图通过建立自然学校的方式，并以自然教育的手段去帮助儿童重返自然。从建筑、空间的视角，以自然教育的眼光去审视自然学校的设计策略，可为自然学校的成立、课程设计编排与提供重要的参考意义。

截至2021年，在我国国内的自然学校试点已累计五批次，共78所，分布在我国各处，构成了国内主要的自然教育力量。（图6）③

2.3 自然教育引导下的空间模式实践

将自然教育作为主要的教育思想指导自然学校的兴起是具有时代意义的，当今引导自然教育的空间模式实践在世界各地都有独到的地方特色，大体上都是采取"自然教育+"的形式进行，大体可分为四个主要种类：(a)"自然教育+自然学校+社区+社会"的实践方式是通过自然教育影响儿童，儿童影响家庭，家庭影响社区的方式，肩并肩式地传播自然教育思想。主要的案例有以日本田贯湖自然学校为主的日本自然学校，其整体规划上"原生态"且"实用"，自然空间与建筑设计有所区分，主体建筑群设置于田贯湖一侧，向周边延伸设计了帐篷露营区、垂钓体验区、临湖自然步道等，激发儿童

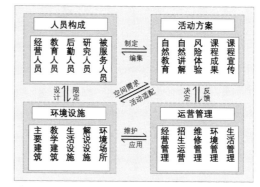

图4 自然学校的构成

图5 自然学校的教学体系

探索心理，以此增强临湖自然体验。(b)"自然教育+自然学校+组织项目"是美国自然教育的主要模式，通过在制式学校中完成其素质教育的基础，再由非政府牵头的NPO组织的自然学校组织相应的活动项目，以此达到环境教育、自然教育的目的，其中较为典型的是自然学校是美国的艾兰伍德自然中心（Islanwood）。(c)"自然教育+社区营造+生态扶贫"是中国黄湖镇自然学校运营地独特模式，其自然教育是以自然学校为中心，通过社区将住宿、活动、烹饪等功能

自然学校试点分布图

图6 国内的自然学校试点

延展到社区每家每户中，使整个社区共同承担社区自然教育活动的同时，以绿色可持续的方式对当地的贫困户口进行扶贫工作。(d)"自然教育＋理论教学＋亲身体验"是国内公立式自然学校采取的实践方式，例如华侨城湿地自然学校就已经形成了具有自我特色的湿地自然教育模式。(图7)

纵观已有的自然学校案例，不难窥见一个优秀长远运营的自然学校需要具备的要素包括明确的自然主题、可达的空间流线、自然的户外空间、良好的运营方案、完整的自然课程设置、应对这些要素做出针对性策略，可以对自然学校的设计合理性有指导性作用。

2.4 国内自然学校设计不足

横向对比国内外的自然学校建设，国内主推的"三个一"模式，即"一间教室、一支环保志愿教师队伍和一套环保课程"。如何把"一间教室"做好，是国内自然学校首先面对的问题，而"一间教室"所指代的远不止让孩子进行自然教育用到的教室，同时，遵循自然学校的理论框架外，

在本质上，学校也是一个商业体，还包含了更多的实用性功能的结合、室内外空间的连接、住宿空间的放置、特有自然区域的设计等。

国内的自然学校主要分为公立式自然学校和独立式自然学校两种类型，其主要职能有所差别：公立式自然学校设立于国家公园、自然景区中，享有天然优势的自然资源，具有专业层次高、教学资源丰富、宣教特色鲜明、科普效应强的教学特点，自然课程设计显得更加科学，学生能更好地学习自然理论等知识；独立式自然学校更多的是由民间个人自然教育组织、机构成立并运营的，大多会选择蛰伏田里乡间，用一种沉浸式教学方式让学生亲身体验自然环境，并用"自然生活"的方式将自然教育融入其学校生活之中。

总体来说，公立式的自然学校具有主题鲜明、专业性、易达性、环境优越等优点，但自然学校终究只是公园、景观的一部分职能，自然教育流线同其他游览流线混杂，缺少体验型住宿和自然生活区，因而自然教育的实施会有所缺失。独立式自然学校可以提供沉浸式自然体验，但常有自

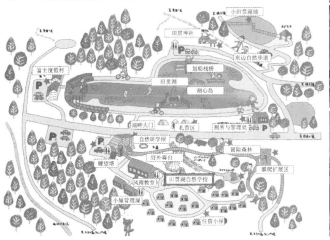

（a）日本田贯湖自然学校　　　　　　　　　　　（b）艾兰伍德自然中心

（c）深圳华侨城湿地自然学校一隅及自然活动课堂

图7　自然教育的实践

然教育的层次和课程编排不具备足够专业性，学校的选址较为随意，建筑主体材料选择敷衍，与周边环境关系生硬等问题。由自然学者或是民营组织建设的自然学校拥有了原生态环境，却往往在空间秩序、功能的完备、景观与建筑之间的空间关系等方面有所不足。从已有的自然学校实践模式总结、讨论自然学校选址、流线设计、空间设计、场所设计的策略，对新时代的自然学校设计具有重要的建设性意义。

3 自然学校的设计策略

3.1 主题置入——"自然"选址

自然学校的选址是其主题的重要要素之一，林地、海洋、溪地、村落、田园等不同的场地都与学校后续活动与空间布局有所呼应，直接决定自然学校的职能范围。邻于湖溪、大海，"水体"自然成为了学校的主题，其课程设计与建筑的空间布局应当围绕"水体"进行设计；居于村落、田园，"社区"主题会要求自然学校进行更多的乡土认知，建筑设计和布局要更多地参考当地的村落肌理与立面；隐于山林、草原，"森林"主题会囊括自然学校与周边自然环境的空间关系，应当正如"天人合一"的审美所强调，"人之所为，天之所为"。是对自然的尊重，是建筑与天地在建筑美学中的融合。作为自然资源、自然景观的"主题"的选址与自然学校的空间布置，宜采取三项策略：（1）观望策略；（2）毗邻策略；（3）包含策略。"观望"自然景观有利于学生对自然的观察，其可以采取的主题置入方式有主要有"自然学校

+ 空间分隔 + 景观"等方式，将自然学校和景观自然之间进行一定的高差或是空间隔离，将自然学校和自然教育的场所进行划分，这样可以最大程度地保护自然景观的完整性，保障自然教育的自然性，但是进入自然教育场地内的成本较高，难度较大，需要载具的介入。"毗邻"关系是将自然学校尽可能逼近自然景观和自然村落，可采用"自然学校 + 景观"的主题置入方式，有利于学校课程中随时地加入实际体验的项目，然而这样可能会造成自然学校对景观的一定侵略性。"包含"于自然景观、自然村落之中有利于学生体验具体的场所生活，"自然学校 in 景观"是将自然学校融入到景观的主要方式，可以将自然学校完整地放于自然景观之中，通过最直接地生活及教育来达成自然教育的目的。（如图 8 建筑与自然的摆放策略）

3.2 连接自然——"自然"流线

自然学校的教育是非干预性、非灌输性、非压制性的，旨在让儿童遵循自然率性的探索，自然体验课程的设计正是基于此，因而自然学校的空间划分上应有所特化，例如探索路径、日常路径、后勤路线、生活路线等。

在组织自然学校的流线及功能体块时，宜根据自然景观的位置关系进行设计，总体而言，以溪流、山体、农耕等自然资源的分布为路径，分别构建亲水平台以培养学生的水体认知、构建可培养学生体能的山间步道，或是设立参与式劳动的田间工作坊流线等等。（如图 9 空间组织流线的关系）

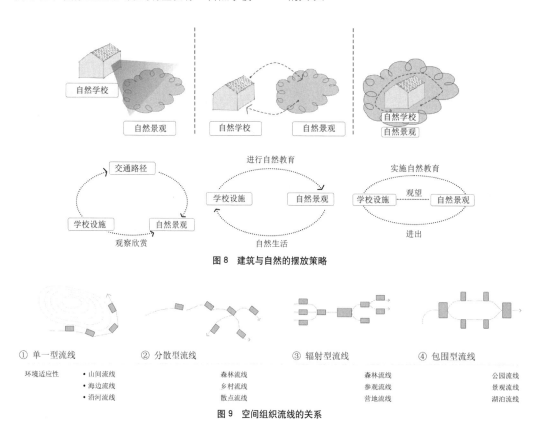

图 8 建筑与自然的摆放策略

① 单一型流线　　　② 分散型流线　　　③ 辐射型流线　　　④ 包围型流线

环境适应性	・山间流线	森林流线	森林流线	公园流线
	・海边流线	乡村流线	参观流线	景观流线
	・沿河流线	散点流线	营地流线	湖泊流线

图 9 空间组织流线的关系

除此之外，对家长流线、学生流线予以一定的区分，给予学生与大人适当的分离，让自然的主体更加凸显，可激发儿童的探索欲望。并给大人一定的独立时间，让其可以在自然中能得到独特的放松。总的来说，通过功能路径、景观路径、年龄路径的交织来构成自然学校的流线有利于提升自然学校的"自然体验"。

3.3 营造融合——"自然"空间

自然教育的关键教育方式是体验式教育，以"体验——发现——分析——提出暂时的结论——再去体验"的方式不断强化对自然的认知，并注重学生在自然学校内的教育场景的建设、自然文脉的发掘、学生身心的成长等，基于此，多数自然学校可提供研学教育活动及场地服务，主要分为场地服务、半活动内容、全活动内容与亲子专业课程四种方式，而从其住宿功能上分，也分为单日型自然学校和住宿型自然学校，前者主要提供单日参访，承载主体多是国家公园、自然保护区等良好自然景观的自然学校，面向的主要是亲子家庭、学校出行团体等；后者主要是提供自然生活式学习，通过一段时间的"食、住、行"的体验式学习给学生带来更深刻的感受，面向的主要是学校研学组织或是民间教育机构。

基于教育研究、管理运营、生活服务、土地管理等多样化的空间需求，自然学校除了基本的教室、会议室、管理室、停车场、宿舍楼、户外设施等之外（如图10 自然学校三个功能大块），还应设计结合自然学校本身的类型定位设置更加细化的体验空间。例如，森林式自然学校可以根据其特有的森林空间，构建一定的森疗空间、林中步道、木工工坊等；海洋式自然学校可以根据其独特的临海体验，构建一系列的临海垂钓平台、沙滩活动小屋等；景区式自然学校可以根据自身的科研情况和景区情况，构建自然理论为导向的

学习中心式的自然学习区，以及以体验式教学为导向的自然体验区。

可以肯定的是，无论自然学校的活动空间如何摆放，设计者都应使用设计技法去消解、抹除建筑与环境相互之间的"破坏"，从而消隐地介入到环境中去，保持主体空间向周边的高度开放，营造自然野趣的空间氛围。

3.4 自然融入——弹性策略

自然学校一方面强调与"自然场所的融合"，弹性化地使用土地，轻量化介入到自然环境之中，减少人工建设对自然的破坏，从而实现教学活动的沉浸式进行，使现代社会教化的学生能在自然学校中找到"自然的天性"。另一方面强调"'融入'周边的文脉关系"，即两个方面：一是材料与周边环境的关系，二是学校本身与周边文脉的关系，除了讲述、体验"自然"，还是一所"自然"的学校，这区别为"形式自然"与"文化自然"。其与自然的连接空间连接、在建筑上使用的可视材料等视为"形式自然"，从保留雨天会有洼地的原有沃土，到如何与周边地域社区的共处、与地域资源（地势、自然、文化、产业等）的共处，是一种"文化自然"。通过人为设计的"功能性融入"和轻介入化的"文化性融入"相结合，自然学校能以更加轻盈的姿态出现在场所中，从而使自然教育能更大程度的进行。（如图11 功能性与文脉性的融入）

在与场所的结合上，"形式自然"可以通过材料的灵活应用"融入"到周边环境的案例中，巴厘岛绿色学校就利用竹子作为建筑的主要材料，采用螺旋上升的形式矗立在雨林之中，竹材不仅作为其主要结构，交错支撑着整个建筑，也作为建筑表皮、门窗构成、室内家具的主要材料，构建了极为纯粹的自然空间（如图12所示 巴厘岛绿色学校）。在"文化自然"，中国深圳的仙湖植物园自然学校就借用了周边的8500余种植物资

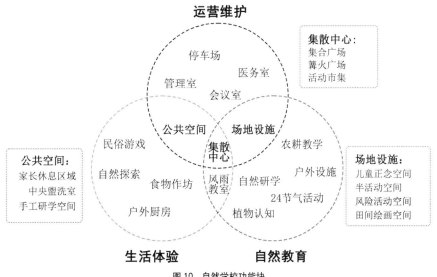

图10 自然学校功能块

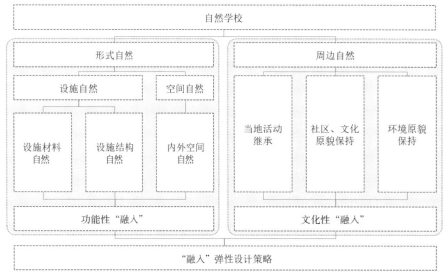

图 11　功能性与文脉性的融入

图 12　巴厘岛自然学校的竹材与周边环境的关系（左）仙湖植物园自然学校与周边文脉的关系（右）

源、科普展览厅、古生物博物馆特色景区等设施，开展植物学和古生物学知识科普宣传活动，为市民与儿童提供了具有在地特色的植物教学活动。青山自然学校使用的黄泥及建筑垃圾作为建筑主体建材，又将融设计图书馆作为"社区营造"和自然学校的一部分，保有数百种现存中国的手工艺材料和技艺解构成果，同时开放给社区居民和自然学校的学生，同时达成了功能性"融入"和文化性"融入"。

4　总结

　　中国的自然教育发展滞后，机构组织规模还较小，其实践模式未成熟，无论是依托在自然国家公园还是民间自然教育组织的独立建筑群，正处于摸石头过河的起步阶段。大众对自然教育的认知觉醒，会极大地推动自然学校作为一种崭新的建筑载体出现，并成为自然教育的重要力量。从已有的优秀自然学校的建设中，我们不难窥见，设立学校适宜的自然主题、设计合理的自然流线、营造融合场所的建筑空间、弹性化地"融入"场所，以上四个设计策略对于自然学校的落成有重大的意义，有助于提升自然学校的设计合理性，从而利于发展更加完善的中国自然学校体系，对当下日益完善的承载自然教育的建筑设计产生更深远的建设意义。

注释

①　北京北研大自然教育科技研究院. 何为大自然 [EB/OL]. 2016-12-26[2018-03-20].
②　闫淑君, 曹辉. 城市公园的自然教育功能及其实现途径 [J]. 中国园林, 2018, 34（5）: 48-51.
③　深圳市华基金生态环保基金会. 关于开展自然学校能力建设项目第六批试点单位征集活动的通知, 2021.03.

参考文献

[1] 方翀博.通过考察日本的自然学校展望中国自然教育行业的未来发展方向 [J].中国校外教育（下旬刊），2020（10）：36-37.

[2] 荣耀.自然学校——连接城市与乡村 [Z].2018第五届全国自然教育论坛论文集.成都.2018：197-200.

[3] 李拯华，钱静.基于在地原则的自然教育中心设计研究 [J].城市建筑，2021，18（3）：99-101+152.

[4] 陈健.自然学校呼唤"自然教育" [J].教育，2016（41）：37-38.

[5] 金玉婷，祝真旭.国家自然学校能力建设项目：自然教育的实践与探索 [J].世界环境，2016（3）：62-63.

[6] 陈玮璐，张振辉.教育场所的自然性与社会性共构——美国夏令营营地形态演变及启示 [J].新建筑，2022（1）：84-90.

[7] 张亚琼，黄燕，曹盼，等.中国自然教育现状及发展对策研究 [J].林业调查规划，2021，46（4）：158-162.

[8] 李圆圆，吴珺珺，董秀维，等.以自然教育理念为导向的幼儿园户外空间营建策略研究 [J].西南大学学报（自然科学版），2021，43（3）：167-176.

[9] 郑红斌.基于自然教育的幼儿园景观设计研究 [J].中国战略新兴产业，2021（6）：185-187.

[10] 林昆仑，雍怡.自然教育的起源、概念与实践 [J].世界林业动态，2022（2）：8-14.

[11] 李妍焱.拥有我们自己的自然学校 [M].北京：中国环境出版社，2015.

[12] Emily，Gehrdes.作为教师的自然：探索美国自然学校的发展与成长 [D].Merrimack College，2018.

[13] BREANNE，MEGAN，PESIS.自然学校：通过户外教室和游戏场景给儿童带来自然 [D].University of Georgia，2014.

图片来源

图1：http：//www.sohu.com/a/512142163_237556.

图2：https：//www.nls.uk/learning-zone/politics-and-society/patrick-geddes/.

图3：https：//www.huodongjia.com/guest-07708407305307806807719.html.

图6：https：//www.oct-huafoundation.org.cn/.

图7：a来自田贯湖自然学校官网并由作者改绘；b来自 https：//islandwood.org/about-us-an-environmental-science-nonprofit/；图c来自 https：//shidi.octharbour.com/school/room.html.

图12：http：//www.szbg.ac.cn/education/nature.html.

图4、5、8、9、10、11：作者自绘。

郑友宇，重庆大学建筑城规学院，硕士研究生；陈俊，重庆大学建筑城规学院，副教授；宗德新，重庆大学建筑城规学院，副教授

浙江大学建筑学专业初创历程中工民建专业的作用解析

林俊挺　王　卡　詹育泓　徐　雷

Analysis on the Role of Industrial and Civil Construction Major in the Initial Establishment Process of Architecture Major in Zhejiang University

■ 摘要：20 世纪 50 年代末 60 年代初，工民建专业与中国部分建筑学专业的创设存在密切联系，但现有研究对此缺乏关注。文章以浙江大学建筑学专业初创历程为例，解析工民建专业在其中的作用，细致呈现两者的联系：在分析该时期工民建专业的办学定位后，进一步解读了工民建专业从教学内容、师资和生源、办学空间三方面为创设建筑学专业所提供的支持，并初步凝练了初创时期浙江大学建筑学专业由此所具有的办学特点。在这一个案的基础上，文章进一步选取两所同一时期情况稍类似的院校进行比较，以考察这一现象在更大范围内的情况。最后，文章对照相关表述对前述作用和联系进行了概括。

■ 关键词：建筑学专业；初创历程；工民建专业；密切联系；作用解析

Abstract：At the end of 1950s and the beginning of 1960s, there was a close relationship between the industrial and civil construction major and the establishment of many architecture major in China, which is ignored by existing studies. This paper takes the establishment process of architecture major in Zhejiang University as an example to analyze the role of industrial and civil construction major in it and shows their relationship in detail. After analyzing the positioning of industrial and civil construction major in that period, this paper further explains the support of civil and industrial construction major for setting up architecture major from aspects of teaching content, faculty and student source, space for schooling and summarizes the resulting characteristics of architecture major in start-up stage. On above basis, this paper further selects two universities with similar situation in the same period for comparison, in order to observe the phenomenon in a wider range. Finally, this paper summarizes the role of the industrial and civil construction major in comparison with relevant studies.

Keywords：Architectural Major；Initial Establishment Process；Industrial and Civil Construction Major；Close Connection；Role Analysis

引言

新近研究和访谈①②披露，20世纪50年代末60年代初，工业与民用建筑专业（简称工民建专业）与中国部分建筑学专业的创设存在密切联系。然而，现有中国建筑教育史的研究主要聚焦于源头性建筑院系的传承和演变，而对前述联系缺乏关注，致使对工民建专业在中国建筑教育发展历程中的作用缺少定位。文章以浙江大学建筑学专业初创历程为例，通过查阅历史档案和访谈亲历者解析工民建专业在其中的作用，细致呈现两者的联系，期望为认知工民建专业在中国建筑教育发展历程中的作用提供个案样本和重要线索。

一、浙江大学建筑学专业初创历程简介

1952年，浙江大学开展学习苏联的教学改革，土木系设置工民建专业，成立建筑教研组③、结构教研组、施工教研组等多个教研组。

1958年，全国掀起"大跃进"运动，浙江大学为适应火热的经济形势大办专业。仅1958年一年，浙江大学的专业数量就从15个增加到35个④。同年，建筑工程部副部长、中国建筑学会理事长周荣鑫调任浙江大学校长兼党委书记。

1959年，在周荣鑫的倡议和大力支持下，浙江大学土木系创设建筑学专业，具体教学工作由建筑教研组负责。

二、20世纪50年代浙江大学工民建专业的办学定位

要解析工民建专业在浙江大学建筑学专业初创历程中的作用，首先要理解当时工民建专业的办学定位。

浙江大学工民建专业这一设置是20世纪50年代学习苏联高等教育模式的产物，而专业教学计划是苏联高教模式中专业建设的要点之一⑤，因此笔者选择从专业教学计划的课程构成切入分析20世纪50年代工民建专业的办学定位。笔者搜集了浙江大学1953⑥、1955⑦、1957⑧、1959⑨四个年级的工民建专业教学计划，对其课程构成进行分析，发现其中除公共课和实习外还包含结构、建筑、施工三方面的课程。笔者按这一分类对各课程进行标记并统计学时数占比（表1），得到各类课程学时数占总学时数的比值（表2），其中结构、建筑、施工三类课程的平均占比分别为28.06%、19.53%、12.88%，公共课和实习分别为38.60%和0.93%。由此可见，20世纪50年代的工民建专业是一个涵盖结构、建筑和施工三个领域的宽口径专业。这一办学定位在1959级工民建专业教学计划的说明中首次被明确表述为"本专业培养学生具有较高的社会主义觉悟，在本专业范围内具备比较广泛的理论知识……即能够担任工业与民用建筑及结构物的结构设计施工技术和施工管理及一般的建筑设计（指建筑艺术方面要求较低的建筑物）等工作……成为又红又专的社会主义和共产主义建设者⑩"。

三、浙江大学建筑学专业初创历程中工民建专业的作用

在前述办学定位下，工民建专业具备了创设建筑学专业所需的部分办学要素，从而为建筑学专业的创设提供了有力的支持：（1）工民建专业的部分课程带有浓厚的建筑教育色彩，完成了前置基础教学内容的铺垫；（2）这些课程中建筑教育相关教学内容的存在使创设建筑学专业所需的部分师资和生源得以储备起来，也为生源转化和挑选提供了便利；（3）为了支撑工民建专业教学活动的开展，建筑学专业办学所需的基本空间得以预备起来。后文将对这三方面作用展开解析。

1. 教学内容的铺垫

笔者所搜集的工民建专业教学计划中（表1），有一门横跨多个学期、名为"建筑学"的系列课程占据了较大的学时数（具体占总学时数的比值从4.09%到6.08%不等），该课程曾是所有专业课中占比最大的一门。这是一门带有浓厚建筑教育色彩的课程，《建筑学教学大纲（草案）》⑪显示该课程旨在培养三方面的能力："（1）能设计比较简单的工业及民用建筑设计；（2）能设计中等复杂程度的工程结构设计；（3）能以最新技术水平修建工业及民用建筑物（包括复杂的工程建筑）。"在这一培养目标下，该课程的教学内容"包含中西建筑史、建筑构造及建筑设计三部分"，其中建筑设计部分有小型二层居住建筑设计、砖木构造房屋设计（如小学校舍、二百人住学生宿舍、托儿所等）、混合构造公共房屋设计（如八十人住旅馆、八百人座位的影院、区大会堂等）、公共建筑设计或居住区布置以及工厂建筑设计等内容。"建筑学（1）"是"建筑学"这门系列课程中的第一门子课程，该课程的教学大纲⑫进一步明确其教学内容包含中国建筑史概论、西洋建筑史概论、建筑设计概论和木房屋构造四个方面，旨在"为课程设计打好基础"。

另一门能清晰反映工民建专业教学中建筑教育色彩的课程为素描课。笔者从与多位校友的访谈中得知，当时工民建专业的学生会在第二个学年学习素描，这一教学内容是建筑工程制图及绘画课程的一部分，它为建筑学专业的创办铺垫了美术教学条件。

2. 师资和生源的储备

工民建专业中建筑教育相关教学内容的存在，使创设建筑学专业所需的师资和生源得以预先储备：

工民建专业教学计划中各课程学时数的占比 表1

课程名称	课程类别	1953 级	1955 级	1957 级	1959 级
社会主义思想教育	公共课	/	/	/	16.71%
马列主义基础	公共课	3.67%	4.58%	2.05%	/
中国革命史	公共课	2.65%	3.29%	3.08%	/
政治经济学	公共课	3.40%	3.19%	4.11%	/
外国语	公共课	6.11%	5.85%	8.21%	6.57%
体育	公共课	3.49%	3.34%	4.11%	2.85%
高等数学	公共课	8.45%	8.52%	8.88%	9.44%
物理	公共课	4.91%	4.53%	6.16%	6.17%
普通化学	公共课	2.28%	2.24%	3.26%	2.27%
画法几何	建筑课	2.41%	2.24%	2.72%	1.94%
建筑工程制图（及绘画）	建筑课	3.22%	3.44%	4.17%	2.81%
实习	其他	/	2.09%	1.63%	/
测量学	施工课	2.41%	1.99%	2.42%	2.42%
理论力学	结构课	4.75%	4.29%	4.11%	3.87%
材料力学	结构课	4.24%	4.41%	4.65%	4.24%
结构力学	结构课	4.42%	4.78%	4.83%	4.54%
建筑材料	施工课	2.28%	2.24%	2.72%	2.91%
机械零件	施工课	1.37%	1.35%	0.72%	1.94%
热工概论	建筑课	0.80%	0.75%	1.45%	/
电工学及房屋配电	施工课	1.45%	1.79%	2.72%	2.72%
建筑机械及施工	施工课	4.83%	4.88%	3.38%	4.99%
建筑学	建筑课	6.38%	6.68%	5.31%	4.09%
水力学	建筑课	1.21%	1.05%	/	/
给排水暖气通风	建筑课	5.09%	2.79%	2.42%	2.72%
工程地质学	结构课	1.45%	1.20%	1.45%	4.09%
地基基础	结构课	2.09%	1.94%	2.90%	/
钢结构及焊工	结构课	3.78%	4.14%	3.38%	2.72%
砖石结构及钢筋混凝结构	结构课	4.75%	4.38%	4.35%	4.09%
木结构	结构课	2.52%	2.59%	1.93%	1.82%
建筑结构架设及结构检验	结构课	1.37%	1.30%	0.00%	0.91%
经济组织与计划	建筑课	3.32%	3.16%	2.90%	2.27%
保安防火	建筑课	0.91%	0.97%	/	/
建筑工业经济	建筑课	/	/	/	0.91%

工民建专业教学计划中各类课程的学时数占比 表2

课程类型	1953 级	1955 级	1957 级	1959 级	平均值
公共课	34.96%	35.55%	39.86%	44.01%	38.60%
结构课	29.36%	29.02%	27.60%	26.27%	28.06%
建筑课	23.35%	21.08%	18.96%	14.74%	19.53%
施工课	12.33%	12.26%	11.96%	14.98%	12.88%
其他（实习）	/	2.09%	1.63%	/	0.93%

（1）师资方面，留存的两份教学工作分配表显示[13][14]，建筑教研组中的教师主要承担前文表1中建筑类课程的讲授工作，以前述名为"建筑学"的系列课程为主，从而为建筑学专业的创办储蓄了师资力量。具体，建筑教研组在1955年时有19名师资（除美术师资外均为土木教育背景），其中有11名师资留存成为1959年建筑学专业创设时的专业教学力量。在建筑学专业创设前后，建筑教研组主要补充了4名美术师资、3名民用建筑设计师资、2名规划师资，与原有师资整合形成工业建筑设计、民用建筑设计、建筑物理、建筑构造和美术五个教学小组[15]。

（2）生源方面，浙江大学1956级、1957级、1958级工民建专业的学生规模分别为146人、169人、130人[16]，这为后续建筑学专业的创设储备了潜在的生源。1959年创办建筑学专业时，学校为了尽早培养出相关人才，从工民建专业1956级、1957级、1958级三个年级中一次性挑选了一批学生转入建筑学专业（分别为23人、25人和27人），这是浙江大学建筑学专业最早的三级在校生。

3．办学空间的预备

为了支撑工民建专业教学活动的开展，四类基本的办学空间先后确立，为后续建筑学专业的创设预备了基本的办学空间：

（1）应对素描这一教学内容的需要，工民建专业建立了相应的素描教室。据校友回忆和档案记录，1956年前后学校在玉泉校区第三教学大楼一层设有一间全校共享的素描教室[17]，1958年土木系在迁入第五教学大楼后设立了专用的素描教室，为后续建筑学专业的办学提供了美术教学条件。

（2）教研组的一项重要活动是定期开展教学研讨会议[18]，这就对空间提出了要求。建筑教研组成立两年后，土木系设立相应的建筑教研室空间，并在后续相当长一段时间内保有教研室这一空间的设置。这为后续建筑学专业的办学提供了教研办公条件。

（3）资料室是课程设计和毕业设计的硬件保障[19]，承担着"搜集课程设计和毕业设计所需资料，进行编目、保管，订立出借制度[14]"等工作。为了给教学中的课程设计和毕业设计提供参考资料，1955年土木系筹建土木系资料室[20]。1956年，建筑教研组进一步提出建立建筑教研组资料室的计划[17]，这一计划于1958年正式实施。这为后续建筑学专业的办学提供了资料收集和保管的条件。

（4）实验室是实验教学的硬件保障。浙江大学在迁入玉泉新校区后大量新建、扩建实验室。至1957年末，浙江大学共新建实验室30个、扩建实验室22个[21]。建筑教研组于1956年提出建立建筑物理实验室并开设相关实验的计划[17]，这一计划于1957年正式实施，为后续建筑学专业的办学提供了科学研究和实验教学条件。

四、浙江大学建筑学专业初创时期的办学特点

在解析浙江大学工民建专业对创设建筑学专业的支持后，笔者尝试对20世纪50~60年代浙江大学建筑学专业的办学特点进行凝练，以期进一步认知工民建专业对相关建筑学专业后续办学的影响。

1．过渡性质的教学

负责建筑学专业教学工作的建筑教研组曾于1963年给南京工学院建筑系寄出一封信，信中写道："(63)建教学第12号通知将我校建筑学专业现有教学计划、教学大纲函寄你校作为修订草案的参考。但我校建筑学专业自59年成立以来，变动较大，所有同学均由工民建专业转来，故各班教学计划均系过渡性质。当年我校系科调整后，

决定暂不招生，对建筑学专业的过渡教学计划、教学大纲均未曾仔细讨论和研究，故无法奉寄[22]"。从中可以获知两方面的信息：其一是当时的教学是在工民建专业已有的教学基础上展开的，带有"过渡"的性质；其二是笔者在信的基础上进一步结合笔者团队在浙江大学档案馆长期的查档工作认为，这一时期浙江大学建筑学专业未有系统的专业教学计划。基于这样的认识，后续两个办学特点将主要在校友和教师口述的基础上凝练。

2．补充设计和美术课程的教授

与当年参与专业筹办的老教师以及若干当时在读的校友访谈后，笔者得知：由于建筑学专业的学生均由工民建专业转入，他们在原专业已经学习了相当比例原专业的课程，如56级学生甚至已基本完成工民建专业教学计划中课程的修读。因此转入建筑学专业后，教研组主要补充教授建筑初步课、建筑设计课和水彩、水粉等美术课程，穿插史论和规划课程的教学。

3．重视技术方面的教学和科研

工民建专业是一个典型的工科专业，其工科特质通过教师的思想、观念延续到建筑学专业，对其后续办学产生较大影响。

教学方面，据老教师和校友回忆，在这三级建筑学专业学生的教学中非常重视结构、给排水等技术方面内容的教学。转入建筑学专业后，学生仍然与工民建专业的同学一同学习材料、结构等技术类课程，且并未因为是建筑学专业而降低要求。在建筑设计课程的具体教学中，以蒋协中先生为代表的土木工学背景的教师较为注重设计的工程性和实用性，而对表现手法等设计的艺术性方面要求不高。更甚的是，在建筑学专业的毕业设计中，如果学生的结构部分不及格则将不予毕业，由此可见技术性内容在早期浙江大学建筑学专业教学中受重视的程度。

科研方面，以蒋鉴明先生为带头人的建筑物理小组在20世纪50年代就已开展热工方面的研究，发表了《室内微小气候的研究》《阁楼屋顶的热工性能》《通风屋顶的传热计算》等论文，参编了《采暖通风》和《建筑物理》两本教材[23]，在国内建筑热工界有着较高的影响力。1962年浙江大学在制定十年科研规划时更是将建筑热工、软土地基和超静定预应力混凝土结构确定为土木建筑学科发展的三个主攻方向[24]，由此可见建筑技术方向的研究在校内建筑学科中的引领性。更甚的是，在20世纪70年代末恢复建筑学专业的讨论中，建筑教研组的教师曾讨论是否要将其改按建筑物理的方向办学。20世纪80年代，建筑物理教研组在已有基础上率先取得二级学科硕士点、建成当时国内一流的建筑物理实验室（图1）。该建筑吸引了国内建筑技术相关的优秀人才，并成

图1 浙江大学原建筑物理实验楼历史照片（摄于1980s）

为浙江大学建筑系成立后最早的"系馆"。上述事例都充分彰显了建筑技术这一方向在校内的受重视程度及其后续的深远影响。

五、同一时期稍类似个案的梳理和比较

已有研究成果表明，与本案同一时期开办建筑学专业的院校有哈尔滨建筑工程学院、内蒙古建筑学院、郑州工学院等八所院校[23]。下文将进一步选取其中与本案情况稍类似的院校进行比较，以考察文章第二节至第四节所述现象在更大范围内的情况。目前，比较所需的信息主要是零星分布于已发表论文和访谈中，未见与本文类似的系统性个案研究。其中，与哈尔滨建筑工程学院（今哈尔滨工业大学，后文以今日校名指代）、中南土木建筑学院（今湖南大学，后文以今日校名指代）相关的零星信息较为丰富，故选取这两者与本案进行比较，比较框架参照本文第二节至第四节。

1. 同一时期工民建专业办学定位的梳理和比较

柳士英先生提到，湖南大学工民建专业在新中国建国初期由于专业调整和合并"统一了建筑、结构、施工三门学科"，是一个"三条腿走路"的专业。该专业有两个特点：(1) "建筑学这条腿"始终在工民建专业里起到很大的作用，如在课程设计、毕业设计中都扮演主要的角色；(2) "三条腿"相互制约，使学生负担过重，成为当时最突出的问题。高教部在1956年为了减轻学生学习负担过重问题，在"学得少些，学得好一些"的口号下，推动了修订教学计划，讨论了工民建"三条腿"（建筑、结构、施工）的比重问题[26]。巫纪光先生在访谈中亦提及20世纪50年代湖南大学工民建专业的"三条腿走路"定位[①]。类似地，哈尔滨工业大学存在相同的情况，只不过哈尔滨工业大学受俄式教育的影响更为久远，从20世纪20年代开始便在土木系下设置了工民建专业，形成"建筑、结构、施工三合一的人才培养体制"[27]。

上述关于两校工民建专业在这一时期办学定位的叙述与本文第二节基于专业教学计划的研究

结论基本一致。

2. 建筑学专业创设历程中工民建专业所起作用的梳理和比较

参考本文第三节，这部分内容的梳理和比较从教学内容、师资生源和办学空间三方面展开：

(1) 教学内容方面，两校工民建专业中均与本案一样铺垫有建筑教育的基础内容：湖南大学工民建专业的五年学制中，前三年为共同学习基础学科，后两年为在此基础上选修专门化（分建筑工程、结构工程和施工工程三个方向）[①]；哈尔滨工业大学工民建专业中"设有绘画、建筑历史（概要讲述）、建筑设计、建筑构造等丰富的建筑学基础课"[27]。

(2) 师资方面，两校工民建专业均与本案一样起到储备师资的作用：哈尔滨工业大学建筑学专业在成立时"其教师阵容中大部分是哈工大工民建专业的毕业生，以及毕业于清华、同济、天大的中青年教师[27]"，这一情况与本案相近；湖南大学工民建专业在新中国成立初期吸收了其建筑系的教师力量[26]，同样为其在1960年设立建筑学专业起到储备师资的作用。生源方面，两校的情况与本案存在不同程度的出入：哈尔滨工业大学最初两级建筑学专业的学生是与本案一样从工民建专业转入，但自1960年起便开始正式面向全国招生[27]；湖南大学建筑学专业自1960年起直接正式招生，并非常正规按照建筑学的目标来培养[①]，不存在本案这种将工民建专业学生转入建筑学专业的情况。

(3) 办学空间方面，未见两校有相关信息的披露，因而未作比较。

由上述比较可见，本文第三节所述建筑学专业初创历程中工民建专业的作用中，"教学内容的铺垫"和"师资的储备"这两项作用有一定可能是发展路径相似的各校所共有的，"生源的储备"这项作用是因校而异的，"办学空间的预备"这项作用由于资料缺失则未能比较。

3. 后续建筑学专业办学特点的梳理和比较

参照本文第四节，这部分内容的梳理和比较从办学形式和办学倾向两方面展开：

(1) 办学形式方面，湖南大学由于是公开招生，并不存在本案中"过渡性质的教学"和"补充设计、美术课程的教授"这两个办学特点；哈尔滨工业大学建筑学专业最初的两级学生与本案一样转自工民建专业，自1960年才开始面向全国公开招生[27]，因而在建筑学专业办学初期一样存在"过渡性质的教学"这一特点，但具体过渡形式是否与本案一致则无从得知。

(2) 办学倾向方面，现有研究表明哈尔滨工业大学建筑学专业在这一时期与本案一样有重视建筑技术的特点：课程设置上，工程技术类课程

占有较大比重[28]；研究方向上，"因为专业教师中有很多人具有土木工程的教育背景，因此在专业研究方向上诸如体育建筑、工业建筑等技术要求较高的建筑类型的创作研究在国内曾处于领先的地位[29]"，其中，体育建筑至今仍是哈尔滨工业大学建筑学科非常有特色的细分研究方向之一[30]。现有研究和访谈中则未提及湖南大学建筑学专业在 20 世纪 60 年代的办学倾向。

由上述比较可见，本文第四节所述工民建专业影响下建筑学专业的后续办学特点中，"过渡性质的教学""补充设计和美术课程的教授"这两个特点是因校而异的，"重视技术方面的教学和科研"这一特点则有一定可能是发展路径相似的各校所共有的。

六、结语

20 世纪 50 年代末，浙江大学工民建专业因其宽口径的办学定位而在多方面具备了创设建筑学专业所需的办学要素，从教学内容、师资和生源、办学空间三方面有力地支持了建筑学专业的创设和发展，也为相关建筑学专业的后续办学注入了特别的基因。这一现象在同一时期国内一些院校中亦不同程度地存在。有学者指出，20 世纪 50 年代，中国建筑教育体系从"多源"迈向"统一"，并继续传播、移植形成"多元"的发展格局[31]。与其对照，可将前述工民建专业的作用概括为这一表述中后一传播、移植过程中的重要"土壤"，这将是理解中国类似情况后发建筑院系建筑教育历程的一条重要线索。

注释

① 参见：王蔚，巫纪光.湖南大学建筑学发展轶事——访湖南省建筑设计院院长巫纪光 [J].中外建筑，2018（7）：28-33.
② 参见：高蕾.我国地方高校早期建筑教育口述史研究 [D].河北工业大学，2018：23-34.
③ 参见：土木办公室.土木系各教研组工作计划_建筑教研组工作计划（一九五二年度第一学期）[Z].浙江大学档案馆.档号：ZD-1952-XZ-0042-003.
④ 参见：浙江大学校史编写组.浙江大学简史一、二卷（1897-1966）[M].杭州：浙江大学出版社，1996：399-400.
⑤ 参见：胡建华.关于建国头 17 年高等教育改革的若干理论分析 [J].南京师大学报（社会科学版），2000（4）：58-59.
⑥ 参见：土木系.土木系各专业过渡教学计划_工业与民用建筑本科 1953 年 9 月入学过渡教学计划 [Z].浙江大学档案馆藏，档号：ZD-1955-XZ-0098-001.
⑦ 参见：浙江大学建筑工程学院.浙江大学土木系系志 [M].杭州：浙江大学出版社，2007：45-46.
⑧ 参见：浙江大学教务处.各专业新订教学计划审查表 [Z].浙江大学档案馆藏，档号：ZD-1958-XZ-0037-0012.
⑨ 参见：浙江大学教务处.本校各专业教育计划_59 工业与民用建筑专业教学计划 [Z].浙江大学档案馆藏，档号：ZD-1959-XZ-0059-001.
⑩ 参见：浙江大学教务处.本校各专业教育计划_59 级工业与民用建筑专业教学计划说明 [Z].浙江大学档案馆藏，档号：ZD-1959-XZ-0059-001.
⑪ 参见：土木系办公室.建筑学教学大纲（草案）[Z].浙江大学档案馆藏，档号：ZD-1954-XZ-0063-012.
⑫ 参见：土木系办公室.建筑学（1）教学大纲 [Z].浙江大学档案馆藏，档号：ZD-1954-XZ-0063-014.
⑬ 参见：建筑教研组.土木系建筑学教研组 1954-1955 工作量统计表 [Z].浙江大学档案馆藏，档号：ZD-1955-XZ-0099-003.
⑭ 参见：土木系办公室.1955-1956 学年教研组教学工作分配表（建筑）[Z].浙江大学档案馆藏，档号：ZD-1955-XZ-0099-004.
⑮ 参见：浙江大学土木系.1203 教研组 1961-1962 第二学期工作计划.浙江大学档案馆藏，档号：ZD-1962-XZ-0376.
⑯ 参见：浙江大学建筑工程学院.浙江大学土木系系志 [M].杭州：浙江大学出版社，2007：195-197.
⑰ 参见：建筑教研组.建筑教研组规划（二年）[Z].浙江大学档案馆藏，档号：ZD-1958-XZ-0148-004.
⑱ 参见：土木系办公室.浙江大学一九五二年度第二学期第一阶段工作计划 [Z].浙江大学档案馆藏，档号：ZD-1952-XZ-0042-001.
⑲ 浙江大学在二十世纪五十年代初学习苏联的教学改革中有一项重要举措是加强实践教学，具体包括实施课程设计和毕业设计，加强实验教学，资料室以及后文所述的实验室正是应对这一需要而设立的，具体参见:浙江大学校史编写组.浙江大学简史一、二卷（1897-1966）[M].杭州：浙江大学出版社，1996：345-351.
⑳ 参见：浙江大学土木系.土木系情况 1955.2[Z].浙江大学档案馆藏，档号：ZD-1955-XZ-0100-003.
㉑ 参见：浙江大学校史编写组.浙江大学简史一、二卷（1897-1966）[M].杭州：浙江大学出版社，1996：348.
㉒ 参见：中华人民共和国建设工程部.中华人民共和国建筑工程部关于建筑学专业教学计划修订工作的通知_附件 [Z].浙江大学档案馆藏，档号：ZD-1963-XZ-0328-004.
㉓ 参见：林之平.浙江大学教授志 [M].杭州：浙江大学出版社，1990：157-158.
㉔ 参见：浙江大学校史编写组.浙江大学简史一、二卷（1897-1966）[M].杭州：浙江大学出版社，1996：454.
㉕ 参见：高蕾.我国地方高校早期建筑教育口述史研究 [D].河北工业大学，2018：19.
㉖ 参见：柳士英.我与建筑 [J].南方建筑，1994（3）：60-61.
㉗ 参见：黄天其.黑土·红颜·建筑教育的人文精神——哈工大建筑系初创班级建筑 60 教学回顾 [J].中国建筑教育，2014（1）：87-88.
㉘ 参见：高蕾.我国地方高校早期建筑教育口述史研究 [D].河北工业大学，2018：71.
㉙ 参见：徐苏宁.哈尔滨建筑工程学院的建筑"新三届"[J].时代建筑，2015（1）：53.
㉚ 参见：薪火相传 行健不息——记哈尔滨工业大学体育建筑设计研究 [J].城市建筑，2010（11）：95-102.
㉛ 参见：刘学超."多源"—"统一"——建国十七年中国建筑教育发展进程浅析 [D].江苏：东南大学，2014：1-2.

参考文献

[1] 单踊.图说中国早期高等建筑教育史 上·时空篇 [J].建筑与文化，2012（9）：30-35.
[2] 朱剑飞.中国建筑 60 年（1949-2009）：历史理论研究 [M]// 顾大庆.中国建筑教育的历史沿革及基本特点.北京：中国建筑

工业出版社，2009：192-199.

[3] 朱文一，王辉.1949~1979年的中国建筑教育[J].建筑创作，2009（9）：159-161.

[4] 王蔚，巫纪光.湖南大学建筑学发展轶事——访湖南省建筑设计院院长巫纪光[J].中外建筑，2018（7）：28-33.

[5] 高蕾.我国地方高校早期建筑教育口述史研究[D].河北工业大学，2018.

[6] 胡建华.关于建国头17年高等教育改革的若干理论分析[J].南京师大学报（社会科学版），2000（4）：55-62.

[7] 柳士英.我与建筑[J].南方建筑，1994（3）：59-61.

[8] 魏春雨，宋明星.继承与探索——湖南大学建筑学科教育[J].城市建筑，2005（7）：84-86.

[9] 宋明星，魏春雨，卢健松，邹敏.形式与认知 空间与环境 建构与营造——湖南大学建筑设计教学体系[J].城市建筑，2015（16）：103-106.

[10] 黄天其.黑土·红颜·建筑教育的人文精神——哈工大建筑系初创班级建筑60教学回顾[J].中国建筑教育，2014（1）：87-88.

[11] 徐苏宁.哈尔滨建筑工程学院的建筑"新三届"[J].时代建筑，2015（1）：52-56.

[12] 薪火相传 行健不息——记哈尔滨工业大学体育建筑设计研究[J].城市建筑，2010（11）：95-102.

[13] 童鹤龄.不拘一格——谈建筑教育办学模式[J].南方建筑，1996（4）：48-50.

[14] 刘学超."多源"-"统一"——建国十七年中国建筑教育发展进程浅析[D].江苏：东南大学，2014.

[15] 林俊梃.浙江大学建筑教育空间沿革及其大事谱系研究（1952-2021）[D].浙江大学，2022.

[16] 浙江大学建筑工程学院.浙江大学土木系系志[M].杭州：浙江大学出版社，2007.

[17] 浙江大学校史编写组.浙江大学简史一、二卷（1897-1966）[M].杭州：浙江大学出版社，1996.

图表来源

表1笔者自绘。

表2笔者自绘。

图1浙江大学建筑学系资料室藏。

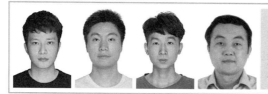

作者：林俊梃，浙江大学/浙江大学建筑设计研究院，硕士；王卡，浙江大学建筑学系，副系主任，副教授，硕士生导师；詹育泓，浙江大学建筑学系 硕士研究生；徐雷（通讯作者），浙江大学建筑学系 教授 博士生导师

传统民居回应气候的"形式－能量"机理
——闽北山地民居气候适应性模型分析

王嘉仪

The "Form-Energy" mechanism of traditional dwellings adapting to climate

■ **摘要**：本文依托形式能量法则、建筑热力学理论及福建民居相关研究，选取闽北山地民居典型样本进行广泛调研、建筑测绘与气候数据实测，并从环境选择、建筑体型、空间组织、界面调控与构造措施等方面，对闽北山地民居各"形式－能量"要素互成机理进行分析研究。结合性能模拟软件评估闽北山地民居内环境调控效能，归纳闽北民居气候适应性模型，为闽北传统民居更新策略提供支撑。

■ **关键词**：传统民居；福建民居；形式能量机理；环境调控；性能模拟

Abstract：Based on the law of formal energy, the theory of building thermodynamics and the related research of Fujian folk houses, this paper selects typical samples of mountain folk houses in Northern Fujian for extensive investigation, building mapping and climate data measurement, and analyzes and studies the interaction mechanism of various "form energy" elements of mountain folk houses in Northern Fujian from the aspects of environmental selection, building shape, spatial organization, interface control and construction measures. Combined with the performance simulation software to evaluate the environmental regulation efficiency of the Northern Fujian mountain dwellings, the climate adaptability model of the Northern Fujian dwellings is summarized, which provides an example for the renewal strategy of the Northern Fujian traditional dwellings.

Keywords：Traditional dwellings；Fujian folk houses；Formal energy mechanism；Environmental regulation；Performance simulation

一、研究背景

建筑克服地球重力的影响，将材料以一定构造搭建形成可被使用的内部空间，被称为"形式的重力法则"。与之对应的是，建筑内环境为满足人体舒适度需求，具备的遮风避雨、

6 2022「清润奖」大学生论文竞赛获奖论文选登

Awarding Papers in 2022 China Architectural Education / TSINGRUN Award Students' Paper Competition

保温取暖、通风采光等特性，则可概括为建筑"形式－能量"法则[①]。

近年来，乡村更新设计虽逐渐摆脱了大拆大建模式，新型村镇往往只注重建筑"形式"上对于地域文化的延续，而忽略传统民居在材料、建造上的本质特征，以及其应对环境、气候问题的内在智慧，导致村落建筑变成披着传统民居的"皮"，用着城市现代化建筑"核"的矛盾体。建筑热力学模型，将建筑视为一个不断变化的能量系统，对建筑要素与环境气候因子互成机理进行系统性描述，为构建与自然共融的"民居建筑模式"提供了可能。本文以夏热冬冷地区典型民居类型——福建北部山地民居为例，探寻闽北传统民居中的"形式－能量"互成机理，以求对"双碳"目标下城市与乡村更新策略提供指导。

二、研究路径

本文依托热力学基本定律与建筑的形式能量法则，以闽北山地民居为主要研究对象，基于对建筑环境调控相关理论以及福建传统民居建构体系的研究，从"空间建构要素"与"关键气候因子"两个方面，构建闽北山地民居的"形式－能量"模型。同时，综合使用现场实测、数据采集、性能模拟等方法，对上述空间建构要素与气候环境因子的互成机理进行研究，分析闽北山地民居在建筑环境选择、形体空间、材料构造等方面的性能设计策略，并对建筑内部光环境、热环境及风环境性能进行评估，为闽北山地民居的气候适应性更新设计提供指导（图1）。

（一）空间建构要素

英国建筑学家雷纳·班汉姆在其著作《环境调控的建筑学》中，提出"建筑是环境调控的机器"，并提出了环境调控的"隔绝型""选择型"和"再生型"模式[③]。乡土建筑多选用可调整的内外围护界面，结合天井院落等通风散热措施，是典型的"选择型"设计模型。

本文从建筑的空间体型、围护界面及构造措施出发，将影响建筑环境性能的建构要素拆分为六个体型因子与六个表皮因子，对闽北山地民居进行量化描述（表1）。通过在性能模拟软件中改变模型的体型、表皮因子的各项参数，可以算出不同区位与气候条件下，建筑各项数据与气候调控比的相关系数[②]，是本文评估"形式－能量"模型的理论基础。同时，提取民居中典型构造，分析其在抑制／促进能量的传导、对流、辐射和蒸发中的作用，作为建筑形式能量模型建构的重要补充。

（二）环境气候因子

对于环境气候因子对人体舒适度的影响，室外热舒适度多采用UTCI通用热气候指标，通过输入空气干球温度、相对湿度、风速与平均辐射温度，等价计算出从"极热"到"极冷"的10个热应力等级。丹麦教授范格提出的"PMV/PPD"模型，在UTCI模型基础上，进一步引入代谢率与穿衣指数这两个要素，形成目前广泛使用的室内热舒适模型基础[④]。奥戈雅兄弟将"生物气候学"引入建筑视角；吉沃尼进一步发展了奥戈雅的生物气候设计法，绘制的Givoni生物气候图，综合描述了

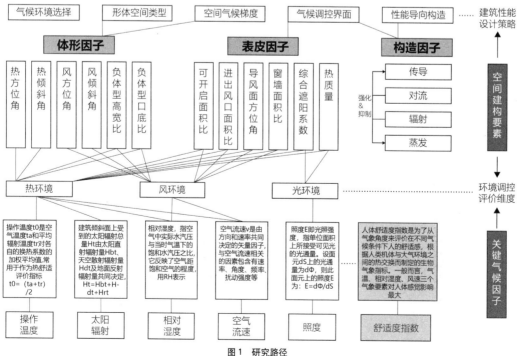

图1 研究路径

空间建构要素		定义	性能设计维度
体型因子	热方位角	建筑主要受热面轴线方向与东向的平面夹角	环境气候选择
	热倾斜角	建筑向阳屋面与水平方向的夹角	
	风口位角	建筑主要开启面与当地全年主导风向的平面夹角	
	风倾斜角	建筑立面与当地全年主导方向的剖面夹角	
	负体型高宽比	建筑中负体型（内环境的室外空间）高度 H 与宽度 W 的比值	形体空间类型·空间气候梯度
	负体型口底比	负体型的顶面周长 C_1 与底面周长 C_2 的比值	
表皮因子	可开启面积比 HWR	建筑同一空间某一朝向所有可开启面积 / 该朝向墙体总面积	气候调控界面
	进出风口面积比 S	建筑同一空间进风口可开启面积 / 出风口可开启面积	
	导风面方位角 β	开启面积与风向之间的夹锐角	
	窗墙面积比 WWR	某一朝向的外窗总面积 / 该朝向墙体面积（包括窗面积）	
	综合遮阳系数 SW	有遮阳时透过窗户进入的辐射热量 / 相同条件下无遮阳进入的辐射热量	
	热质量 Q	物质可储存和释放的能量，数值上等同于热容	材料构造方式
构造因子	传导、对流、辐射、蒸发		

环境气候因子、建筑热舒适区间与不同温湿度影响下的适宜调节策略，是现在描述热舒适度的主要手段。

综合考虑各指标对建筑热环境、风环境与光环境的影响，基于以上人体热舒适模型，选取操作温度、太阳辐射、相对湿度、空气流速与照度作为研究闽北山地民居的主要环境指标。

（三）性能设计策略

建筑的性能设计，涵盖建筑从择地选址、体型生成、空间组织、界面设计与构造选择的方方面面，本文将从气候环境选择、形体空间类型、空间气候梯度、气候调控界面及性能导向构造五个方面出发，研究闽北山地民居的"形式－能量"互成机理，分析体型因子、表皮因子与构造因子在应对关键气候问题时的作用机制与数理特征。

三、闽北山地民居空间类型与样本选取

（一）闽北山地民居范围界定

闽北民居主要分布在唐代的建州，明清的建宁府，以建瓯为代表，分为东、中、西三片。本文所指的福建北部地区，主要指闽江干流以北，即习称的闽北、闽东两个区域。

福建西北部高耸的武夷山脉，使闽北成为一个自成体系的社会经济区域。得益于相对封闭的地理环境、村落内强烈的血缘宗亲意识以及风水术数盛行下良好的规划设计，福建北部保留了大量保存完好的古村落。其中以西北方向的武夷山脉与东北方向的鹭峰山脉分布较为集中，形成了独具特色的闽北山地民居"土木厝"类型（图2）。

（二）闽北民居主要空间类型与样本选取

闽北民居多为土木结构瓦房，中有天井，两侧设 2~4 间厢房；正对天井设敞厅，是日常活动和集会场所。敞厅两侧为次间，后阁两边设厨房，围绕后天井而建。"厅"作为核心开敞空间，连通民居内部前天井、后天井，保证了全年的通风除湿；"间"沿敞厅两侧对称布置，为平屋顶矩形空间，与坡屋顶以空气间层相隔。

经调研可知，两层三开间正屋（包括中部通高敞厅与两侧双层次间），前设两层两开间厢房，后设单开间后厢房配合前后天井的单元是闽北山地民居最有代表性的标准建造单元。敞厅开间一般为 5~5.5m；两侧间开间 2.5~3.3m 不等，一层层高 3m 左右，二层层高 2.4m 左右，屋顶以一定距离与"间"脱离，次间两侧设楼梯与二层相连[⑥]。每个标准建造单元外部由夯土墙围绕，内部以木结构支撑主要建筑空间（图3）。

因循家庭规模与山地地形的变化，标准建造单元演变出多种类型，可归纳为"标准建造单元"及其地形应变；随着宗族规模变化出现的单层"最小建造单元"以及向进深、开间与层数上增加的"扩展单元"。对闽北山地民居进行泛调研与建筑数据测绘，并从三个主要类型中各选取一个典型民居进行气象数据实测（图4），分析闽北山地民居各建构要素与气候因子的互成机理。

〰 闽北主要山脉
● 传统村落分布

图2 福建北部村落分布示意图

四、闽北山地民居关键气候问题与热力学指标

（一）闽北自然地理气候特征

闽北在气候分区上属于夏热冬冷地区，为亚热带海洋性季风气候，夏长冬短、没有严寒，全年均温度均在零度以上。

在 Ladybug 中对全年气象数据进行可视化分析可知（图5），福建北部春秋两季气候较为温和，5~9 月期间气温较高，夏季更是大部分时间达到了 30℃ 以上；全年相对湿度均保持在较高水平，夜间的高湿度环境对建筑通风散热性能提出了要求。全年主导风向为西北风，进一步筛选出夏季温度高于 26℃，湿度及风速处于舒适区间的气象数据得到夏季舒适风向图。读图可知，在西北 - 东南和西南方向设立建筑开口，能有效应对夏季高温高湿的情况。

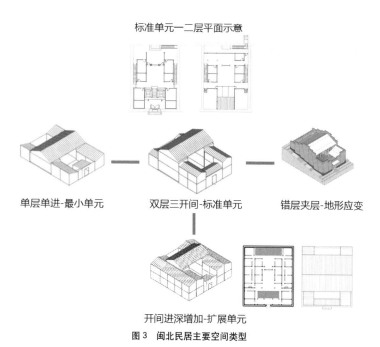

标准单元一二层平面示意

单层单进-最小单元 —— 双层三开间-标准单元 —— 错层夹层-地形应变

开间进深增加-扩展单元

图 3　闽北民居主要空间类型

标准建造单元
屏南北村42号民居
双层正屋+双层厢房+三开间
+前后天井的地形应变样本

最小建造单元
老村公所
单层正屋（局部夹层）+单层厢房+三开间+前后天井

扩展单元
双溪镇薛府
一进双层三开间+二进双层五开间+前中后天井

图 4　样本选取示意图

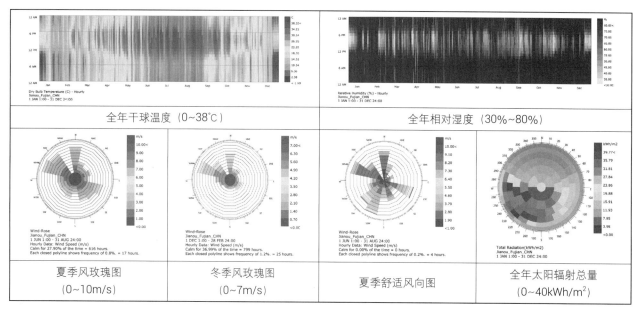

全年干球温度（0~38℃）　　全年相对湿度（30%~80%）

夏季风玫瑰图（0~10m/s）　　冬季风玫瑰图（0~7m/s）　　夏季舒适风向图　　全年太阳辐射总量（0~40kWh/m²）

图 5　闽北气候数据可视化分析

（二）闽北山地民居关键气候问题

根据 UTCI 室外舒适度模型，对闽北室外热环境进行分析，闽北夏长冬短，气候温暖。全年几乎不存在极冷／寒冷的气象日，冬季气候凉爽，春秋季节较为舒适，而夏季 6-8 月期间 80% 以上时间处于极热状态（图 6）。对闽北武夷山区、鹭峰山区及丘陵地区进行针对性分析可知，闽北山地区域较平原地区夏季均温较低，普遍为 27°C 左右，具有较为舒适的温度环境；而湿度则高于平均水平（表 2）。

（三）民居建筑性能目标确定

进一步对闽北山地民居室内热舒适进行模拟分析可知，闽北地区夏季高温高湿问题突出，舒适性通风及传统除湿技术能显著缓解夏季湿热；冬季温和潮湿，被动式采暖效果显著，不需要进行主动采暖调节（图 7）。因此，福建北部环境调控策略以解决夏季湿热问题为主；同时，结合山区特殊地理条件，促进通风除湿在全年均具有重要意义（表 3）。

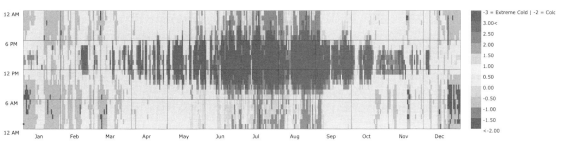

Outdoor Comfort (-3 = Extreme Cold | -2 = Cold | -1 = Cool | 0 = Comfort | 1 = Warm | 2 = Hot | 3 = Extreme Heat) - Hourly
Jianou_Fujian_CHN
1 JAN 1:00 - 31 DEC 24:00

图 6　UTCI 室外热舒适分析

闽北山地气候表　　　　　　　　　　　　　　　　表 2

	气温	相对湿度	光照	年降水量	风况
武夷山区	年平均气温 17°C 上下；1 月平均气温 5~6°C；7 月均温 27°C 左右	年均湿度 82%~88%；6 月达 90% 以上；秋冬低于 80%	年阴天日数大于 200 天；日照小时数 1600~1800h；太阳辐射总量 3800~4080MJ/m²	1800~2100mm	冬季偏北风夏季偏南风大风日少
闽北丘陵谷地	年平均气温 17~19°C；1 月平均气温 6~9°C；7 月均温 29°C 左右；极端低温会低于 0°C	年均湿度 73%~83%；6 月约为 0%；秋冬低于 80%	年阴天日数 150~210 天；日照小时数 1600~1700h；太阳辐射总量 4640~4990MJ/m²	1600~1800mm	冬季偏北风夏季偏南风大风日少
鹭峰山区	年平均气温 15~17°C；1 月平均气温 5~9°C；7 月均温 24~28°C 左右；霜降日超 1/3	年均湿度 82%~88%；6 月达 80% 以上；秋冬低于 80%	年阴天日数大于 200 天；日照小时数 1600~1700h；太阳辐射总量 3800~4080MJ/m²	1800~2100mm	冬季偏北风夏季偏南风风速较高受台风影响

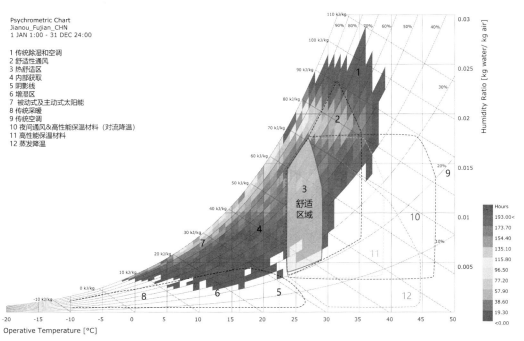

Psychrometric Chart
Jianou_Fujian_CHN
1 JAN 1:00 - 31 DEC 24:00

1 传统除湿和空调
2 舒适性通风
3 热舒适区
4 内部获取
5 阴影线
6 增湿区
7 被动式及主动式太阳能
8 传统采暖
9 传统空调
10 夜间通风&高性能保温材料（对流降温）
11 高性能保温材料
12 蒸发降温

图 7　PMV 室内舒适度分析

五、闽北山地民居"形式—能量"互成机理

基于对闽北典型村落民居的调研,选取屏南北村老村公所、北村 42 号民居、双溪镇薛府作为最小建造单元、标准建造单元及扩展单元的样本进行建筑及气象数据实测——以标准单元 42 号民居为主要研究对象,最小单元与扩展单元为对照组进行数据测试与模拟分析(图 8)。运用红外测距仪、经纬度仪器、卷尺等对建筑体型及表皮因子进行测绘记录;运用环境传感器,在夏至日前后对操作温度、辐射、湿度、风速、照度等气象因子进行为期三天的气象数据实测。相关环境传感器如表 4 所示。

首先,通过建筑建模,对建筑各空间建构要素进行分析,归纳闽北山地民居性能设计策略,并与实测气象数据比对论证相关环境调控策略的有效性;其次,将建筑导入模拟软件中对风、光、热环境进行模拟分析,以评价闽北山地民居建筑的室内环境。

(一)性能设计策略

1.环境气候选择

民居选择适宜的朝向与布局是适应气候的先决条件,采用风方位角与热方位角描述建筑形体与主导风向与太阳辐射的相关关系。由于耕地面积有限,闽北山地民居多集中分布于背山面谷的缓坡之处,形成环绕耕地、临近水源、布局紧凑的聚落形态(图 9)。民居单体并不追求坐北朝南,平均朝向为北偏西 40°~50°,较最佳热方位角 30°偏大;闽北主导风向为北偏西 60°的西北 – 东南风,民居轴线顺应风向,多垂直于山体等高线布置,以增大建筑迎风面——综合热、方位角需求,闽北民居主要朝向与区域适宜热风朝向相吻合。

经模拟分析可知,屋面热倾斜角与建筑所处纬度 W 有一定线性关系[6],当 W=25°~30° 时,屋面最佳热倾斜角 = 当地纬度 −5。福建位于北纬

基本形态类型

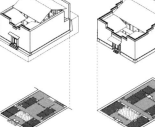
a.标准建造单元

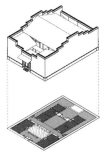
b.最小建造单元

c.扩展单元

抽象实体模型

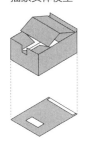

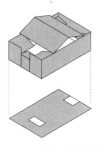

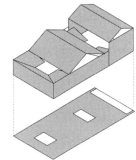

图 8 实测样本形体

23°31′~28°18′,闽北区域集中在北纬 26°~28°。经调研可知,闽北山地民居屋面平均坡度约为 22°,贴合推导得出的最佳热倾斜角。

2.形体空间类型

在建筑内部引入天井、庭院、檐廊等方式,是中国传统民居进行环境调控的主要手段——即上文所定义的负体型空间。由于气候环境的不同,负体型空间在空间占比、空间形态上均有所区别,可以用负体型占比、负体型高宽比与口底比进行描述。例如,北方四合院民居院落空间占比大、高宽比小、口底比约为 1,出檐浅,以便在冬季获取有效太阳辐射,增大室内采光;而南方民居天井则呈现空间占比小、高宽比大、口底比 <1 的特征,与民居内部通风、除湿以及遮阳隔热的需求息息相关。

闽北民居环境调控目标　　　　　　　　　　　　　　　　　　表 3

操作温度	太阳辐射	相对湿度	空气流速	照度
夏季 −/ 冬季 +	夏季 −	−	+	+

测试所需气候传感器　　　　　　　　　　　　　　　　　　表 4

类别	测量参数	传感器名称	备注
热环境	黑球温度 干球温度 相对湿度	黑球温度测试仪	TA 干球温度 TG 湿球温度 WBGT 湿球黑球温度指数
	空气温度 相对湿度	便携式温湿仪	自动记录,5min/ 次
	太阳辐射 热成像图	太阳辐射测量仪 红外热成像仪	0.27~3μm 的短波辐射 3~50μm 的地球辐射
风环境	空气流速	风速测试仪	精度 0.01m/s
光环境	照度	照度计	测量范围 0.01lx~199.900lx

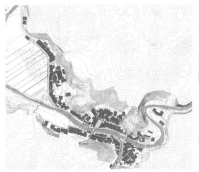
锦屏下场村总平面图

屏南北村总平面图

坂头村总平面图

图9　闽北村落聚落形态

经模拟可知，风压通风效果随负体型高宽比增大而减小，而热压通风效果则随着负体型高宽比的增大而增大，当高宽比≥2时，负体型内部出现烟囱效应。同时，随着负体型口底比减小，热压通风逐渐占据主导作用，在1∶3时效果最为明显。

根据对三类型闽北山地民居的现场实测，标准建造单元中负体型高宽比约为2.2，口底比约为1∶2.39，是热压通风为主导的调控模式（图10）。对比室外、天井、檐廊、敞厅、后厨与次间的实测风速可知，前后天井院落与敞厅的存在，有效促进了室内通风；正厅多为通高空间，隔墙两侧设门洞以保证室内穿堂风，且在冬日纳入更多日照；山墙面设立侧门，促进檐廊位置的空气流通，使正厅位置的室内风环境得到进一步改善（图11）。

负体型高宽比、口底比示意

a.标准建造单元　　　　　b.最小建造单元　　　　　　c.扩展单元

高宽比H/W　　　　　　高宽比H/W　　　　　　　高宽比H/W

口底比　　　　　　　　口底比　　　　　　　　　口底比

图10　负体型高宽比口底比

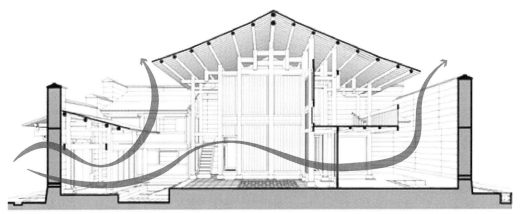

图11　剖面拔风效果

3. 空间气候梯度

空间气候梯度从各层级空间组织角度描述建筑环境调控的影响。将空间划分为直接调控体、选择调控体与受热体，分析"形式－能量"逻辑与"功能"逻辑的相关性。受热体一般为对气候环境要求较为严苛的空间，例如卧室、书房；直接调控体指代与室外空间直接接触的部分，一般以天井、院落、檐廊及敞厅为主；而选择调控体则指代可以通过设立开启扇控制空间开闭的区域，具有时空上的选择性与灵活性（图12）。

闽北山地民居直接调控空间主要由天井、一层环廊及中部敞厅组成。前后开敞是促进室内通风的必要条件，民居外部由封闭夯土墙围合，内部设置前后双天井，配合敞厅形成连续的开放空间，保障在全年均有较好的通风效果。环绕天井的檐廊形成热缓冲空间，根据夏至日对42号民居的实测，檐廊处屋顶、地面与墙体温度呈逐渐降低的状态，遮阴作用显著。

选择调控体多为二层檐廊及敞厅、一层后阁。夏季二层敞厅呈完全开启状态，白天太阳高度角高、空气湿热，利用屋檐即可保证遮阳效果；而冬季关闭开启扇，在开启扇上半设玻璃窗纳入阳光，加热内部空间。对比夏至日前后天井、檐廊、敞厅、二层敞厅及厢房空间等十个测点的温度变化情况，一、二层檐廊及前后天井三个直接调控体前后迎来温度峰值，对应阳光直射该露天空间的时刻；间接调控体和受热体经空气间层缓冲，温度变化较为稳定，其中楼梯间与一、二层敞厅温度趋势一致，略高于次间与厢房等受热空间（图13）。

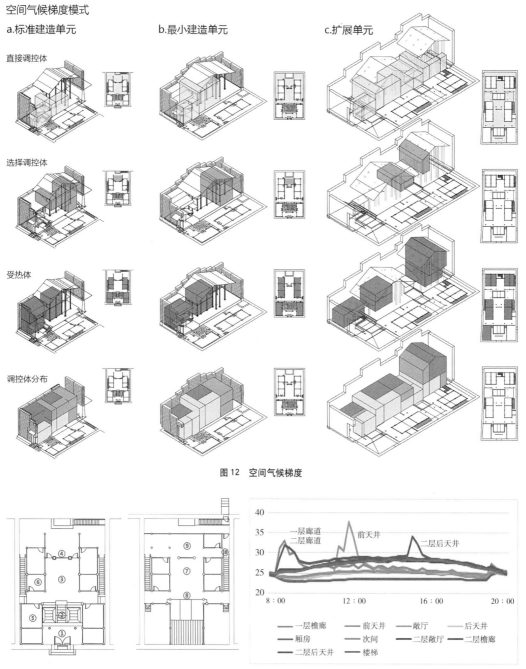

图12　空间气候梯度

图13　直接、间接调控空间与受热体温度分布

4. 气候调控界面

各梯度建筑空间需要对应合适的界面以达成环境调控效果。气候调控界面，既包含由建筑材料塑造的"实体"界面，亦包含对热量起缓冲作用的空气虚体界面。对应不同的空间气候梯度，调控界面也可分为敞开型、选择型与隔绝型（图14）。

闽北山地民居外部以夯土墙围绕，厚度约60cm，窗墙面积比小，热惰性指标高，能有效阻隔热量传递，是典型的隔绝型界面；紧邻夯土墙的楼梯作为空气间层，增强室内外对流的同时进一步抑制室外热量侵入。

选择型界面即室内接触直接调控空间的可开启木质墙体，通过设立开启扇在不同季节选择不同调控方式。例如，二层檐廊夏季开启增强通风、冬季关闭蓄热；厢房处从1.5m高度往上设置窗扇，占开启扇面积的1/2,进一步调节冬夏采光。敞开型界面包括天井,敞廊等与空气直接接触的部分，是一个有厚度的"空气界面",在民居一层呈"工"字形分布。此外，在坡屋顶与二层房间木质屋顶之间，还存在作为储物空间的空气夹层（图15），山墙方向的夯土墙体略低于建筑屋面使得气体可以自由流动，在夏季阻隔太阳辐射，抑制热传导，起到了良好的通风隔热效果，保证了"卧室"这一核心受热体的舒适；在冬季也可作为天然的保温空间。

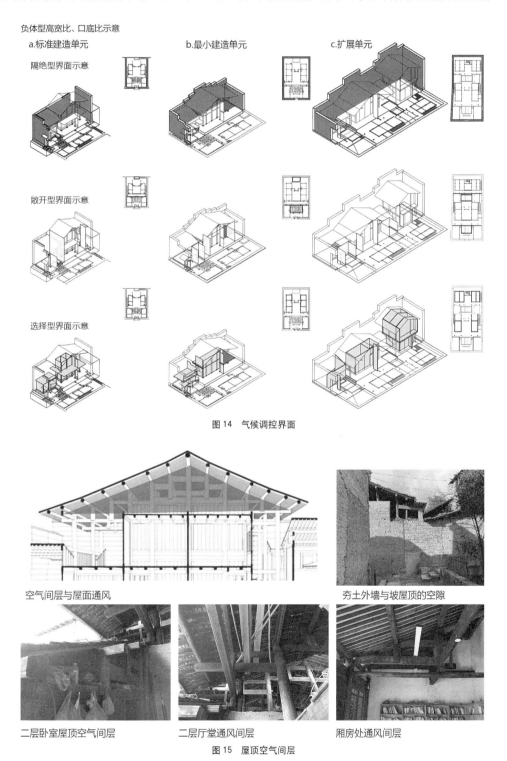

图14 气候调控界面

空气间层与屋面通风　　　　　　　　　　　夯土外墙与坡屋顶的空隙

二层卧室屋顶空气间层　　　二层厅堂通风间层　　　厢房处通风间层

图15 屋顶空气间层

综合调研数据可知，选择型界面在闽北山地民居中占据最大比重，显示出土木厝外部封闭工整、内部通透灵活的特征。对隔绝型、选择型界面进行太阳辐射测试（图16），直接接触太阳辐射的外围夯土墙体，对太阳辐射有显著隔绝效果；内部木质界面由于檐廊的存在，辐射得热约为外墙的1/3~1/6，次间较厢房进一步降低，避免夏季热量的侵蚀（图17）。

5. 性能导向构造

引入/隔绝外部热量，平衡室内外热环境，排除室内多余热量是建筑热环境调控的主要过程。反映在构造上则呈现为传导、对流、辐射三个主要交换原则。[⑦]闽北山地民居需要解决的主要问题是夏季湿热，需要通过构造措施隔绝夏季热辐射、促进室内对流以降低室内湿度，避免木质界面潮湿朽坏。

民居内部地面采用不同材料以应对环境需求。天井空间多设石材、地砖地面，通过暗沟组织排水；檐廊、敞厅等空间由于与室外直接接触，多以三合土等防水防渗材料作为面层；而卧室空间则设架空木地板，通过垫石与木龙骨使得室内地面与建筑基底间形成30cm厚的空气间层，隔离室内地面与室外潮湿地面；并在墙角前后侧预留通风孔洞排除地面潮气（图18）。

建筑向阳侧屋面与背阳侧构造呈现显著不同（图19）。敞厅向阳侧屋面设置"重椽"（即草架式），

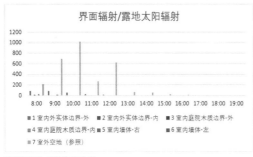

室外对照（单位W/m²）

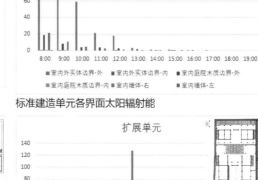

标准建造单元各界面太阳辐射能

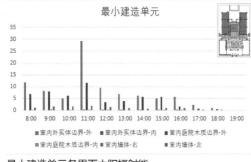

最小建造单元各界面太阳辐射能

拓展单元各界面太阳辐射能

图16 气候调控界面太阳辐射测试

14：00各气候调控界面热成像图

标准建造单元

外围护夯土墙　　一层檐廊-1　　一层檐廊-2　　二层檐廊　　二层敞厅

扩展单元

外围护夯土墙　　门廊　　一层檐廊-1　　一层檐廊-2

敞厅　　敞厅屋顶　　二进檐廊　　二进敞厅

图17 气候调控界面热成像

室内木质地面

地板通风间层及出风间

天井石砌地面 敞厅三合土

天井排水口

图18 地面构造

敞厅向阳面屋面构造

实景照片

屋面热成像

图19 双层屋面构造

以向下卷曲的半圆形"轩"覆盖檐廊处空间,从而简化屋顶结构,使厅堂、檐廊共处一个完整的空间之下。同时,"重椽"处形成空气间层,进一步隔绝太阳辐射、降低热传导,屋面内测温度降低2.4℃;而背阳面仅设单层屋面,出檐深度也较向阳面更短。

(二)性能评价

1. 光环境舒适度

对三个样本进行全年光照满意度模拟可知,标准建造单元中,一层80%以上空间全年均具有舒适的日照环境,仅两侧楼梯间与后厨储藏空间采光不足;最小建造单元老村部,由于后天井面积狭小,导致除敞廊与厢房外其余房间光照条件不佳;双溪薛府,随着规模扩大、进深增加,一进正屋进深达到了8.4m,室内照度不佳,仅主厅空间光照满意度达50%以上,区域边界正好与隔墙贴合,说明建造之初便对室内光环境进行了考量;而第二进正屋进深仅5m,一层设2m宽檐廊,前后均设天井,有效保障了室内采光(图20、图21)。

2. 风环境舒适度

经上文分析可知,闽北山地民居的主要通风方式为热压通风。在建筑前后两侧设天井配合内部敞厅、檐廊保证通风效果。一般而言,在迎风面正中设正门,后门置于墙体一侧,不起通风作用,空气经敞厅由后天井向上流出,由于正屋高度普遍高于厢房,导致后天井高宽比高于前天井,强化拔风效果;前文可知,闽北夏季西北-东南与西南方向均为适宜风向,民居常在西南/东北两侧墙体设置次门,与前天井敞廊连通,强化聚落整体的通风性能(图22)。

实测可得,夏季正厅、檐廊处风速峰值为1.5~2m/s,略低于天井空间;而一层厢房、次间与后厨部分大多只包含单侧开启界面,通风效果较差。

3. 热环境舒适度

对三个样本的室外、天井空间及敞厅空间分别布置黑球测试仪进行舒适度数据实测,以标准建造单元为例,所得数据分布如下(图23)。读图可知,测试日室外相对湿度在45%~80%浮动,略高于夏季舒适指标;温度在24~34℃,整体感觉闷热,且随着气温升高,相对湿度有所降低。敞厅空间相较于室外环境,温度、湿度上均受到明显调节,整体温度保持在24~26℃的舒适区间,湿度偏高,与温度分布较为一致。与PMV模型进行拟合,需通过增加敞厅空间空气流速的方式提升室内热舒适。

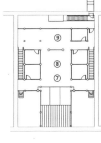
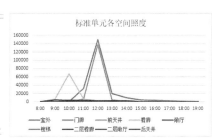
标准单元各空间照度
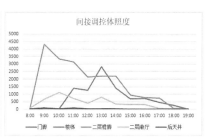
间接调控体照度

图20 夏至室内光照条件测试

全年光照满意度分析
(8: 00~18: 00 >500lx)

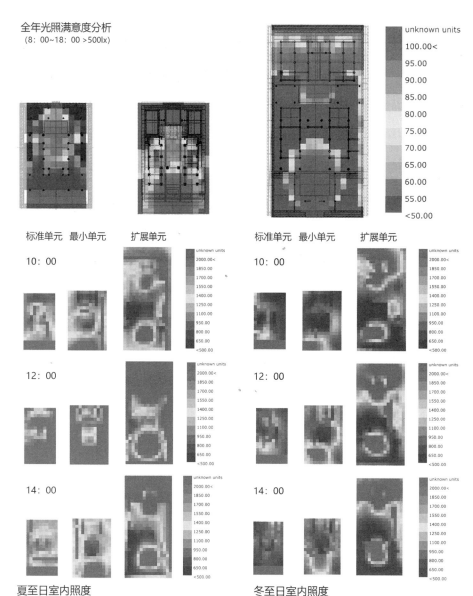

标准单元　最小单元　扩展单元　　　　标准单元　最小单元　扩展单元

10: 00　　　　　　　　　　　　　　10: 00

12: 00　　　　　　　　　　　　　　12: 00

14: 00　　　　　　　　　　　　　　14: 00

夏至日室内照度　　　　　　　　　　冬至日室内照度

图 21　全年光照满意度与夏至、冬至日室内照度分析

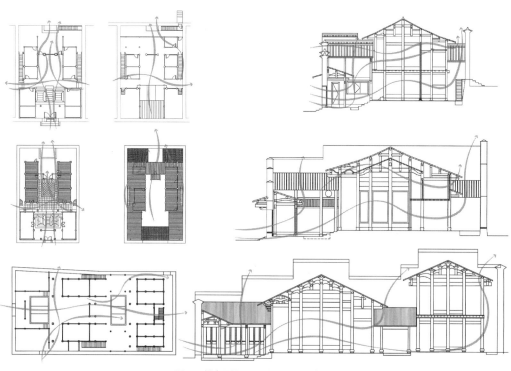

图 22　样本民居平面、剖面通风示意图

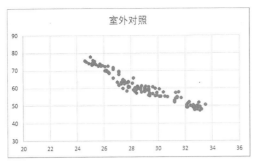
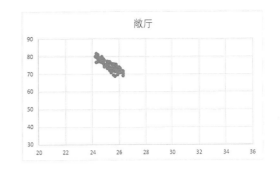

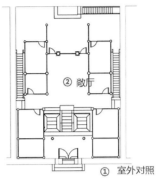
② 敞厅
① 室外对照

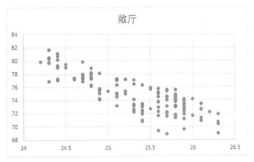

图 23 夏至敞厅与室外空间温湿度环境测试

对全年累计热辐射进行分析，正屋屋面为主要受热界面，年累计辐射量达 420kWh/m²。选取 22℃ 作为室内舒适温度界线，在温度高于此数值时倾向于通过隔热措施降低辐射热量，而温度低于此倾向于引入太阳直射，得到净益太阳日辐射分布图（图 24）。读图可知，正屋部分需考虑空间／构造上的隔热措施，与前文所示设置空气夹层、双层屋面的措施一致；厢房部分接纳阳光，在空间上反映为檐廊宽度的不同——前天井厢房两侧檐廊通常为 0.8~1m，而敞厅前侧檐廊为 2m，部分民居厢房处不设置走道，直接以台阶处理与天井间高差，形成了不同厚度的开敞界面。

提取全年 7 月 8—15 日、1 月 8—15 日作为全年典型最热／最冷周的气象数据进行室内外热辐射温度模拟（图 25）可知，最热周室内热辐射温度均处于 26~29℃ 的舒适区间；而最冷周室内热辐射温度集中在 12~17℃，但高湿度环境会加重室内湿冷感，加之木质墙体保温性能较差，需使用被动式措施优化室内热环境。

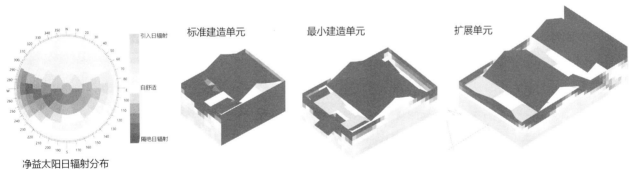

净益太阳日辐射分布

标准建造单元   最小建造单元   扩展单元

图 24 净益日辐射

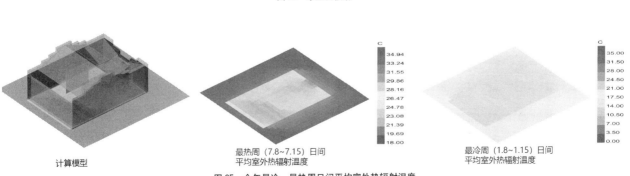

计算模型   最热周（7.8~7.15）日间平均室外热辐射温度   最冷周（1.8~1.15）日间平均室外热辐射温度

图 25 全年最冷、最热周日间平均室外热辐射温度

六、"双碳"背景下闽北山地民居更新设计展望

从回应气候问题出发，传统民居在建筑体型、空间组织、界面选择与材料构造上形成的"形式－能量"模型，是传统营建智慧的重要体现。随着技术发展，人们对建筑设备的日渐依赖，从传统民居的智慧中发掘被动式设计策略，为探索双碳背景下地方民居可持续发展的更新策略提供了理论依据与大量案例储备。

聚焦闽北山地民居的适应性设计，可归纳出其"形式－能量"应变图谱（表5）。在以夏季通风散热为核心诉求下，民居通过空气间层、惰性外墙、高窄天井空间与空气调控网络等设计，加大室内通风效能；然而，负体型高宽比、口底比的增加以及封闭隔热夯土墙的存在，也使室内日照条件较为一般，由于辐射得热较少，反而阻碍了水蒸气的散发，不利于解决室内潮湿环境。

闽北山地民居"形式－能量"应变机理 表5

闽北山地民居 - 性能设计策略			环境气候因子									评价与优化措施
			热环境						风环境		光环境	
			操作温度		太阳辐射		相对湿度		空气流速		照度	
			↑	↓	↑	↓	↑	↓	↑	↓	↑	↓	
环境气候选择	风方位角	建筑朝向顺应主导风向											顺应地形与风向，遵循平均热倾斜角
	热方位角	约40°，综合热风方位角在30~60°为佳											
	屋面热倾斜角	屋面倾斜角22°为佳											
形体空间类型	负体型高宽比	2~2.5，热压通风为主 后天井高宽比大于前天井											由于日照不足，后厨区域潮湿现象仍然严重－可适增加后天井进深，综合平衡后厨光/风环境性能
	负体型口底比	1：2.5，接近1：3标准											
空间气候梯度	直接调控体	前后天井与敞厅形成内部连通空间											
		敞厅通高设计促进空气流通											
	选择调控体	厢房及次间设置开启扇，可开启面积比0.5											
	受热体	卧室经夯土墙、屋面及空气间层与外界相隔											
气候调控界面	隔绝型	外部夯土墙体热惰性高，隔绝夏季热辐射											1－木质墙体保温性能较差，将室内不可开启墙面更换为现代材料；2－加大山墙面夯
		窗墙比小，减小室内外热传递											
	选择型	内部木质隔墙设可开启窗扇，更替空间状态											
	敞开型	环绕天井的檐廊作为空气间层，形成缓冲空间											
性能导向构造	对流	屋面下空气间层，强化热对流											运用现代材料，对卫生间等功能空间进行针对性改造
		间míst板下设空气间层与通风口											
	传导	夯土墙体抑制热传导											
		室内木质墙体快速散热											
	辐射	向阳侧双层屋面抑制太阳辐射											

学习传统民居的形式与建造逻辑，不仅是对地域文化的保护，也是顺应地理、气候与资源条件，建设可持续乡村的要求。在更新设计中，选择性地选取传统民居中高效应对气候问题的调控手段；同时，结合现代技术进一步优化建筑使用体验——例如，采用模拟技术对民居内部环境进行分析，控制建筑进深大小以获得适宜室内光照条件；通过在一层间与后墙两侧引入通风洞口解决一层通风条件较差的问题；将室内不可调节木质墙体更换为保温、隔热性能更好的现代材料等，将传统民居的智慧与现代技术发展相结合，为当代乡村更新与节能减排找到理性的解决方案。

注释

① 参见：张彤. 环境调控的建筑学自治与空间调节设计策略 [J]. 建筑师，2019（6）：4-5.

② 整体参见：肖葳，张彤. 建筑体形性能机理与适应性体形设计关键技术 [J]. 建筑师，2019（6）：16-24.

③ 参见：Reyner Banham. The Architecture of Well-tempered Environment [M]. London：The Architectural Press/Chicago：The University of Chicago Press，1969.

④ 参见：Gail S B, de Dear R J, 翟永超等. 建筑环境热适应文献综述. 暖通空调，2011，41（7）：35-50.

⑤ 参见：罗辉 . "土木盾"，闽东北传统建造体系的类型应变研究 [D]. 南京：南京大学，2018.DOI：10.27235/d.cnki.gnjiu.2018.001014.

⑥ 参见：吴浩然，张彤，孙柏，等 . 建筑围护性能机理与交互式表皮设计关键技术 [J]. 建筑师，2019（6）：25-34.

⑦ 参见：寿焘，张彤，刘巧 . 徽州乡土建筑热力学模型研究 [J]. 建筑师，2019（6）：35-44.

参考文献

[1] 戴志坚 . 福建民居 [M]. 中国建筑工业出版社，2009.

[2] Gail S B，de Dear R J，翟永超等 . 建筑环境热适应文献综述 [J]. 暖通空调，2011，41（7）：35-50.

[3] 李麟学 . 建筑热力学原型环境调控的形式法则 [J]. 时代建筑，2018（3）：36-41.

[4] 罗辉 . "土木盾"，闽东北传统建造体系的类型应变研究 [D]. 南京：南京大学，2018.DOI：10.27235/d.cnki.gnjiu.2018.001014.

[5] 闵天怡，张彤 . 回应气候的建筑"开启"范式研究——以太湖流域乡土建筑营造体系为例 [J]. 新建筑，2021（5）：4-10.

[6] OLGYAY V，OLGYAY A. Design with Climate：Bioclimatic Approach to Architectural Regionalism[M]. Princeton：Princeton University Press，1963.

[7] RUDOFSKY B. Architecture without Architects：A Short Introduction to No-pedigreed Architecture[M]. Albuquerque：University of New Mexico Press，1987.

[8] Reyner Banham. The Architecture of Well-tempered Environment [M]. London：The Architectural Press/Chicago：The University of Chicago Press，1969.

[9] 孙莉 . 福建北部古村落调查报告 [M]. 福建博物院，2006（6）.

[10] 寿焘，张彤，刘巧 . 徽州乡土建筑热力学模型研究 [J]. 建筑师，2019（6）：35-44.

[11] 田一辛，黄琼 . 建筑性能多目标优化设计方法及其应用——以遗传算法为例 [J]. 新建筑，2021（5）：84-89.

[12] 吴浩然，张彤，孙柏，等 . 建筑围护性能机理与交互式表皮设计关键技术 [J]. 建筑师，2019（6）：25-34.

[13] 肖葳，张彤 . 建筑体形性能机理与适应性体形设计关键技术 [J]. 建筑师，2019（6）：16-24.

[14] 张彤 . 环境调控的建筑学自治与空间调节设计策略 [J]. 建筑师，2019（6）：4-5.

[15] 仲文洲，张彤 . 环境调控五点——勒·柯布西耶建筑思想与实践范式转换的气候逻辑 [J]. 建筑师，2019（6）：6-15.

图表来源

图 1 作者根据吴浩然，张彤，孙柏，马驰《建筑围护性能机理与交互式表皮设计关键技术》改绘。

图 3、9、11 参考罗辉《"土木盾"，闽东北传统建造体系的类型应变研究》总结而成。

其余图片及表格均为作者自绘。

作者：王嘉仪，获奖时为东南大学建筑学院硕士二年级学生；指导教师：张彤，东南大学建筑学院教授，院长

从乡村地被到生态外衣——"双碳"背景下秸秆保温板的生态效益与城乡应用研究

龙非凡　张　焕

Regenerate Rural Cover to Ecological Coat: Study on Ecological Benefits and Urban-rural Application of Straw Insulation Board in the "Dual Carbon" Context

■ 摘要：″双碳″背景下，城乡关系将从二元对立逐步转变为循环共振的生态共同体。中国乡村拥有丰富的秸秆资源，而秸秆保温板这一利用方式具有突出的生态价值，却未被广泛认知与充分应用。因此，论文通过定量计算说明秸秆保温板全生命周期的碳排放的优越性及定性探讨其在城乡应用的可行性，论证了秸秆保温板具有较大的生态效益与应用潜力，并为″双碳″背景下城乡循环的构建提供一条新路径。

■ 关键词：″双碳″；秸秆保温板；碳排放；城乡循环

Abstract：In the ″Dual Carbon″ context, the urban-rural relationship is expected to transform from binary opposition to an ecological community that can circulate and resonate. There are rich rural straw resources in China, while the prominent ecological value of regenerating straw to insulation board (SIB) has not been widely recognized and fully utilized. Therefore, the essay calculated carbon emission of SIB in the whole life cycle and discussed the feasibility of its application in urban and rural areas respectively, demonstrating its prominent ecological benefits and application potential as well as providing a new way to construct the urban-rural cycle.

Keywords：dual carbon；straw insulation board；carbon emission；urban-rural cycle

绪论

2020年习近平总书记提出了中国的″双碳″目标，″双碳″从此成为中国城乡发展的主要基调之一。然而近年来，乡村秸秆焚烧屡禁不止，造成大量碳排放与资源浪费，与″双碳″目标背道而驰。中国秸秆资源庞大，年产量约为10.4亿吨[1]，占世界总量的20%~30%[2]。秸秆主要为玉米、水稻、小麦[3]，具有良好的保温材料的加工潜力（图1）。而现有利用方式以肥料、饲料、燃料为主且占比达91.6%，仅有约3%的秸秆用作建筑材料[4]（图2）。

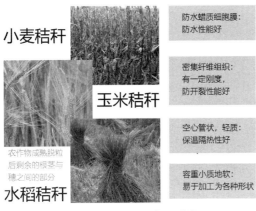

小麦秸秆

玉米秸秆

农作物成熟脱粒
后剩余的根茎与
穗之间的部分

水稻秸秆

防水蜡质细胞膜：
防水性能好

密集纤维组织：
有一定刚度，
防开裂性能好

空心管状，轻质：
保温隔热性好

容重小质地软：
易于加工为各种形状

图1 我国主要农作物秸秆及性能

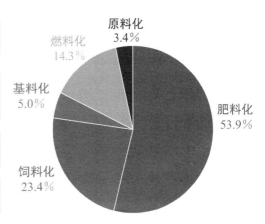

图2 乡村秸秆利用方式占比

同时乡村外墙保温尚未普及，尚有节能余地；城市现有保温板碳排放严重，仍有减碳空间，秸秆保温板恰好可作为一种低碳友好的选择。近年来国内的研究主要集中在秸秆板材上，包含技术性能、生态效益、空间潜力、美学价值、产业化等分析研究，有关秸秆保温板的研究尚处萌芽阶段[5-11]，对其生态价值的认识还远远不够。研究对秸秆保温板的碳排放进行定量计算并对城乡应用及循环的可行性进行分析，变废为宝，转危为机，从乡村地被到生态外衣。希望从秸秆保温板的视角，找寻城乡协调发展的新路径。

一、秸秆保温板的概念与研究现状

秸秆保温板（Straw Insulation Board，以下简称为 SIB），指以农作物秸秆为主要原材料，添加辅助材料和强化材料，按照一定的配比，通过物理、化学或两者结合的方式，形成具有良好保温隔热性能的板材[1, 12]。秸秆保温板按工艺可分为施胶和不施胶[12]，按组成可分为天然与复合秸秆保温板。

现有 SIB 相关研究主要包括力学性能、热工性能、材料施工等方面，如表1所示[13-19]，但对其生态价值、经济价值及推广应用的研究尚处于萌芽阶段。研究将碳排放作为生态评价的重要指标，引入全生命周期概念，分别建立城市与乡村的排碳量计算模型。在此基础上运用物理实验、数字模拟、文献调研等方法，对 SIB 优化农宅热工性能及城市预制装配技术的可行性进行探究，提出其在城乡之间的循环模式并估算由此带来的经济效益。

二、秸秆保温板全生命周期的碳排放

中国是能源消耗与碳排放大国，建筑全生命周期碳排放占全国能源碳排放的49%[20]。传统保温板的全生命周期排碳量较大，而保温性能与之相近的 SIB 属于可再生材料，形同"移动的碳库"，其生态价值不容忽视。

考虑到 SIB 利用方式的不同，本节将分为乡村与城市进行阐述。同时引入全生命周期概念，对 SIB 的生产、施工、运营、拆卸与处置五个阶段

国内外秸秆保温板相关研究 表1

时间	国籍	作者	理论与实践	主要内容
2010	英	Carol Atkinson	Why Build with Straw	将秸秆能量与碳排放及传统建材对比，分析秸秆技术特性及生态效益
2011	美	Charlso & Glicksman	Development of Straw Insulation Board：Fabrication，Testing，Performance Modeling	对巴基斯坦秸秆保温材料的营造技艺进行改进，并测试其热工及力学性能
2019	意	Stefano & Renata	Physical Properties of Straw Bales as a ConStruction Material：A Review	总结已有秸秆建材的技术性能与生态效益研究成果，指出秸秆保温隔热性能仍需定量研究
2007	中	刘慧康	《建材新兴产品——植物纤维（秸秆）保温板》	对秸秆保温板产品的技术性能、应用前景等进行简介
2013		刘玉莲	《保温屋面用建筑模网 - 秸秆泡沫混凝土组合保温板》	对秸秆组合保温板的材料、工艺、保温性能进行研究
2014		魏康成	《高频热压制备轻质稻秸保温材料的研究》	对稻秸保温板的热工、力学性能等进行研究
2019		陈继浩	《多层复合秸秆墙板隔热性能试验研究》	对秸秆秸秆保温板不同厚度下的保温隔热性能进行研究
2022		张琳	《秸秆节能材料在保温建材方面的应用研究》	对秸秆保温建材的节能效果、生产能耗和经济效应进行分析

......

的排碳量进行定量计算。在相关公式与数据基础上，本研究通过以下创新以获得更科学全面的数据：将研究范围从某区域某类建筑扩展到全国各类建筑；将SIB与传统保温板的碳排放量进行比较；在生产阶段引入避免燃烧与替代林木的固碳量；在处置阶段考虑回收带来的生态效益。

（一）乡村地区

中国广大乡村地区民宅以砖混结构与砖木结构为主，少数地区仍采用土、木、石结构[21]。现有农宅多采用墙体自保温体系，在西北、华北、东北地区，冬季采暖时产生了大量能耗。且乡村地区SIB的施工与拆卸以人力为主，排碳量较少，不必单列，故将农村地区的全生命周期分为生产、施工与运营、拆卸与处置三个阶段进行碳排放计算。

1. 生产阶段

SIB在生产阶段减碳量 E_{P1} 包括其生产过程排碳量 E_{manu}、避免燃烧减碳量 E_{burn}、替代林木固碳量 E_{tree} 三大部分，可按公式1① 计算。其中SIB生产包括，秸秆获取、粉碎、加工、运输等，按马捷[22]给出的公式2② 计算，即 $E_{manu}=0.35kgCO_2/kg$ 板；E_{burn} 可根据主要作物秸秆燃烧排放的CO与 CO_2 总量估算，如公式3③ 所示：

$$E_{P1}=E_{burn}+E_{tree}-E_{manu} \quad (1)$$

$$E_{manu}=E_{SIB,\ trans}+E_{pro}+E_{boa,\ trans} \quad (2)$$

$$E_{burn}=E_{CO}+E_{CO_2}=\sum_{i=1}^{n} E_{F,CO,i} \times \eta \times \alpha \times \frac{11}{7} \times \beta/10^3 + \sum_{i=1}^{n} E_{F,CO_2,i} \times \eta \times \alpha \times \beta/10^3 \quad (3)$$

根据张小庆[3]的研究，可知全国主要秸秆源自玉米、水稻、小麦，按照张鹤丰[23]的研究、《中国统计年鉴》(2021)[24]，以及生产厂家，可以获知主要秸秆碳排放因子 E_F、秸秆生产保温板转化率 η、秸秆产量相对占比 α、秸秆燃烧效率 β（具体数值见注释4），由此可计算得 $E_{burn}=5.22kgCO_2/kg$ 板。

同时，1t稻麦草秸秆可节约 $0.067hm^2$ 林地，相当于固碳 $1.06t$[9]，即 $E_{tree}=1.06kgCO_2/kg$ 秸秆，使用 η 可求出 $E_{tree}=4.61kgCO_2/kg$ 板。那么按照公式1可算出 $E_{P1}=(5.22+4.61-0.35)kgCO_2/kg$ 板 $=9.48kgCO_2/kg$ 板。

2. 施工与运营阶段

由于乡村地区SIB施工以人工作业为主，相较于运营过程中由于冬季采暖散失热量对应的碳排量而言可忽略不计。此阶段的减碳量 E_{P2} 可转化为降低农宅内各类燃料能耗散失的等价减碳量，包括电的等价减碳量 E_{elec}，以及煤、柴草、天然气、液化气的等价减碳量 E_{oth}，如公式4⑤ 所示：

$$E_{P2}=E_{oth}+E_{elec}=\sum_{i=1}^{n} \frac{q \times \gamma \times \frac{44}{12} \times \alpha_i}{V \times \eta}+q \times \alpha_i \times E_{elec} \quad (4)$$

我国农宅按结构类型可分为砖木、砖混、框架、土木石结构，其占比分别为 43.93%、34.47%、9.85% 及 11.75%，前三者的围护体系以二四及三七砖墙为主，其余多为生土墙[21]。各地区外围护结构、采暖天数、室外平均温度、室内标准温度、外墙传热系数标准及复合墙体中SIB最小厚度见表2。

根据上表数据及公式5⑥ 可计算SIB最小厚度 B[22]，并结合秸秆密度 ρ，取 $150kg/m^3$[27]，SIB中的秸秆质量分数 α，可计算单位面积SIB的质量 m。

$$B=\lambda \times (\frac{1}{K}-\frac{1}{K'})/10^3 \quad (5)$$

将冬季室内外温差 (T_2-T_1)、采暖天数 t、普通墙体与加装SIB后的墙体传热系数差值 $(K'-K)$ 代入公式6⑦，可计算出各地各类墙体的节约能耗量 q，见表3：

$$q=\frac{(T_2-T_1) \times t \times (K'-K)}{m \times 10^6}m=B \times \rho \times \alpha \times 10^{-3} \quad (6)$$

$$q_{ave}=\sum_{i=1}^{n}(q_{砖}\alpha_{砖}+q_{土}\alpha_{土}) \times \beta \quad (7)$$

由此，将表3中的各地区农宅数量占比 β、类型占比 α、各地区各类型的节能量 q 代入公

各地区外围护结构、采暖天数、室外平均温度、室内标准温度、外墙传热系数标准及SIB最小厚度信息表　表2

地区	数量占比 β[25]	外墙类型[21]		采暖天数 t/d	室外平均气温 $T_1/℃$	室内标准温度 $T_2/℃$[26]	规定外墙传热系数 K[26]$/m^2k^{-1}W^{-1}$	SIB最小厚度 B/mm	
东北	7.8%	370砖占87.1%	土墙500-600mm占12.9%	181	-23	14	0.65	复合砖墙 33	复合土墙 41
华北	25.5%	240砖占95.2%	土墙500mm占4.8%	133	-8	14	0.50	复合砖墙 62	复合土墙 61
长三角	25.1%	240砖占95.7%	土墙20-40mm占4.3%	76	-1	8	$K≤1.8, D≥2.5$；$K≤1.5, D<2.5$	复合砖墙 5	复合土墙 21
东南	14.0%	240砖占91.3%	土墙40-60mm占8.7%	略	略	略	略	略	略
西南	20.4%	240砖占77.1%	土墙60-120mm占22.9%	63	0	8	$K≤1.8, D≥2.5$；$K≤1.5, D<2.5$	复合砖墙 5	复合土墙 19
西北	7.2%	370砖占74.8%	土墙300-600mm占25.2%	156	-13	14	0.65	复合砖墙 33	复合土墙 41

各地各类墙体的节约能耗量   表3

地区	农宅占比 β	墙体类型	类型占比 α	节能量 $q/MJ \cdot kg^{-1}$
东北	7.8%	砖	87.1%	168.84
		土	12.9%	223.51
华北	25.5%	砖	95.2%	79.74
		土	4.8%	74.90
长三角	25.1%	砖	95.7%	56.03
		土	4.3%	163.84
东南	14.0%	砖	91.3%	略
		土	8.7%	略
西南	20.4%	砖	77.1%	41.27
		土	22.9%	104.20
西北	7.2%	砖	74.8%	106.20
		土	25.2%	140.70

式 7[8]，可计算加装 SIB 后的平均节能量为 q_{ave} 为 68.85MJ/kg 板。

另外，根据宋德勇[28]研究，及《综合能耗计算通则》CB/T 289—2020[29]，可获知各燃料的使用频率 a_i、低位热值 V、含碳质量分数 γ，以及供热效率 η（具体数值见注释9）。

由公式 4 可计算 $E_{P2}=10.70kgCO_2/kg$ 板。

3. 拆卸与处置阶段

乡村地区的 SIB 目前多采用人工拆解，因此主要考虑处置阶段的排碳量 E_{P3}，等于循环利用的节碳量 E_{reuse} 扣除板材运输的排碳量 $E_{boa, trans}$ 与加工板材的排碳量 E_{pro}。按照 15% 的回收率，E_{reuse} 可简化为 P1、P2 总节碳量的 15%，$E_{boa, trans}$ 与 E_{pro} 可简化为 P1 阶段运输与加工排碳的 15%，代入公式 8[10]：

$$E_{P3}=E_{reuse}-E_{boa, trans}-E_{pro} \qquad (8)$$

可以计算 $E_{P3}=15\% \times (9.48+10.70)-15\% \times (0.27+0.03) =2.98kgCO_2/kg$ 板。

（二）城市地区

2020 年城市地区的能耗占全国建筑总能耗的 63%，围护结构的传热损失占建筑总热损失的 70%～80%[30]。虽然在城市地区已普遍进行外墙保温，但传统外保温材料如 EPS（聚苯乙烯泡沫）、XPS（挤塑聚苯乙烯）、PUR（聚氨酯泡沫塑料）、RW（岩棉 rock wool）等在全生命周期内各阶段排碳排污量较大。那么热工性能与之相近的 SIB 是否具备替代之可能？此节将对同等保温效果下的 SIB 与传统保温板在全生命周期内的排碳量进行对比分析。

1. 生产阶段

结合马捷[22]、竹世忠[31]相关文献，以及厂商信息，可获得各类传统保温板及 SIB 的各项性质；按照相关规范[32]，假定以寒冷地区 ≥ 4 层的住宅采用这些保温材料，计算达到同样保温效果时的厚度与质量；同时 SIB 生产阶段排碳量可按照 $E_{P1}=E_{pro}+E_{SIB, trans}-E_{burn}$ 计算为 (-1.42) kgCO$_2$/kg 板，将它们归纳为表4：

同等保温效果下传统保温板与 SIB 各项性质比较   表4

保温材料	单位面积质量 $M/kg \cdot m^{-2}$	各环节排碳量 / $kgCO_2 \cdot kg^{-1}$ 板	排碳总量 $E_{P1}/kgCO_2 \cdot kg^{-1}$ 板	导热系数 $\lambda/wm^{-1}K^{-1}$	最小厚度 B/mm	密度 $\rho/kg \cdot m^{-3}$	寿命 / 年	燃烧性能
EPS	1.8	P1 苯乙烯生产，EPS 颗粒，运输 16.55	17.77	0.043	90	20	25	B1
		P2 预发成型 1.13						
		P3 切割 0.087						
XPS	1.8	P1 原料生产 18.59	18.98	0.029	60	30	50	B1
		P2 运输 0.000204						
		P3 电耗 0.391						
PUR	1.5	P1 有机异氰酸酯 3.3	4.76	0.024	50	30	50	B1
		P2 聚醚多元醇 1.33						
		P3 发泡剂戊烷 0.092						
		P4 运输 0.014						
		P5 生产 0.019						
RW	13.5	P1 原料获取 0.97	1.58	0.043	90	150	30	A
		P2 生产 0.61						
SIB	13.5	P1 秸秆收集运输 0.56	−1.42 （减碳量）	0.043	90	150	10-25	A
		P2 粉碎 0.14						
		P3 加工 3.10						

2. 运输阶段

根据相关研究[31]，单位质量保温材料运输的碳排放，由运输距离、运输工具碳排放系数以及全国各类交通选用频率占比等组成。水路、公路、铁路的碳排放系数 C_i，分别为 2.48、1693.15、78.545$kgCO_2$/万吨公里。其全国交通选用频率占比 α_i，分别为 48%、35%、17%。对于传统保温材料，一般为内部运输，平均运输距离 L 约 60km，而 SIB 则存在外部运输，这里按照运输极限 500km 取值。并按照公式 9[11] 计算，传统保温板的 E_{P2} 为 0.00364 $kgCO_2$/kg 板，SIB 为 0.03 $kgCO_2$/kg 板。

$$E_{P2i}=\sum_{i=1}^{n}L\times C_i\times\alpha_i \qquad (9)$$

3. 施工阶段

城市保温板施工过程的排碳量，可以按升降机的能耗计算。选取寒冷地区一栋 90 年代建立使用寿命 50 年的建筑作为典型代表，其采用 370mm 砖墙，外轮廓周长为 100m，层高 2.8m，其外墙面积 $S=100\times2.8m^2=280m^2$。按照相关规范[32]，可计算各保温板的最小厚度 B（表4），则每层需要的保温板体积 $G_i=B\times S\times10^{-3}=(0.28B)$ m^3。典型的升降机吊装速度 V=0.55m/s，额定功率 P=0.11kW，扣除人员器械占用，其承载空间 $G_m=7.3m^3$（轻质材料按体积算）[31]。将这些数据代入公式 10[12]，可计算出各保温板的排碳量，分别为 $E_{P3,EPS}=0.11kgCO_2$/kg 板，$E_{P3,XPS}=0.04kgCO_2$/kg 板，$E_{P3,PUR}=0.03kgCO_2$/kg 板，$E_{P3,RW}=0.09kgCO_2$/kg 板，$E_{P3,SIB}=0.19kgCO_2$/kg 板。

$$E_{P3,i}=\frac{Y_{buil}}{Y_{mate}}\times E_{elec}\times\sum_{i=1}^{n}\frac{2iHG_iP}{3600VG_m} \qquad (10)$$

4. 拆卸与处置阶段

外保温板拆卸过程的排碳量可简化为施工过程的 90%[31]，按公式 11[13] 可计算各保温板的排碳量为 $E_{P4,EPS}=0.099kgCO_2$/kg 板，$E_{P4,XPS}=0.036kgCO_2$/kg 板，$E_{P4,PUR}=0.027kgCO_2$/kg 板，$E_{P4,RW}=0.081kgCO_2$/kg 板，$E_{P4,SIB}=0.171kgCO_2$/kg 板。处置阶段一般认为传统保温板在生命周期之后不可回收利用，其处置方式为填埋、堆放与焚烧，此处假定为填埋，其处置阶段排碳量约等于板材运输的排碳量。而 SIB 可循环利用，按部

分厂家给出的 15% 为回收率，其此阶段的排碳量 E_{P5} 等于板材处理的排碳量 E_{pro} 与板材运输的排碳量 $E_{boa,trans}$ 扣除循环利用的节碳量 E_{reuse}，数值分别可简化为 P1 阶段生产排碳量 E_{pro} 的 15%、P2 阶段运输排碳量、P1 阶段排碳总量 E_{P1} 的 15% 代入公式 12[14]，计算得 $E_{P5,EPS}=0.0036kgCO_2$/kg 板，$E_{P5,XPS}=0.0036kgCO_2$/kg 板，$E_{P5,PUR}=0.0036kgCO_2$/kg 板，$E_{P5,RW}=0.0036kgCO_2$/kg 板，$E_{P5,SIB}=(-0.14)kgCO_2$/kg 板。

$$E_{P4,i}=E_{P3,i}\times90\% \qquad (11)$$

$$E_{P5,a}=E_{boa,trans} \quad E_{P5,b}=E_{boa,trans}+E_{dis,pro}-E_{reuse} \qquad (12)$$

（三）小结

根据以上数据，可计算乡村地区 SIB 全生命周期的排碳量为 $-E_P=-(E_{P1}+E_{P2}+E_{P3})=-(9.48+10.70+2.98)=(-23.16)kgCO_2$/kg 板；城市地区 EPS、XPS、PUR、RW 与 SIB 各保温板全生命周期的排碳量计算结果如表 5 所示。由此可得出以下结论：

相关资料显示，聚苯板全生命周期排碳量为 17.40$kgCO_2$/kg 板[32]，与计算结果 17.99 $kgCO_2$/kg 板较为接近，说明数值较为科学可信。

乡村地区 SIB 全生命周期带来的减碳量约为城市地区的 20 倍。原因或是农宅多采用自保温体系，且节能标准对墙体的要求相对更低，能减少碳排放的潜力更大。

农村地区 SIB 的减碳量主要源自生产阶段 P_1 与施工运营阶段 P_2；城市地区主要源自生产阶段 P_1 与处置阶段 P_5。

城市地区各传统材料全生命周期的排碳量，XPS > EPS > PUR > RW > SIB，且仅有 SIB 可带来减碳效应。另外，RW 与 SIB 在热工性能、密度等层面最为接近，SIB 现阶段即可逐步替代 RW 的使用。

三、秸秆保温板的城乡应用

根据以上计算可知，SIB 在生产阶段避免燃烧的减碳量、替代林木的固碳量及拆卸处置阶段循环利用的节碳量是 SIB 生态价值的三大主要来源。在此基础上，结合城乡既有优势资源，可进一步以 SIB 为碳循环与物质循环的介质，将城乡统筹为生态共同体。鉴于其在国内的应用尚处萌芽阶段，

传统保温板与 SIB 全生命周期排碳量比较 / $kgCO_2$/kg 板　　　　　表5

保温材料	EPS	XPS	PUR	RW	SIB
生产 E_{P1}	17.7700	18.9800	4.7600	1.5800	-1.4200
运输 E_{P2}	0.0036	0.0036	0.0036	0.0036	0.0300
施工 E_{P3}	0.1100	0.0400	0.0300	0.0900	0.1900
拆卸 E_{P4}	0.0990	0.0360	0.0270	0.0810	0.1710
处置 E_{P5}	0.0036	0.0036	0.0036	0.0036	-0.1400
合计 E_P	17.9862	19.0632	4.8242	1.7582	-1.1690

本节将对 SIB 的城乡应用进行探究。

（一）技术策略

为更广泛而充分地利用 SIB，应当采取分层级渐进式的应用模式。根据城乡不同需求，分别对其应用的可行性进行探讨。在乡村地区，选取土墙为实验对象，进行秸秆保温改造，以研究其保温性能、隔热性能、节能优化的可行性；在城市地区，则对 SIB 的预制装配模式进行探究。

1. 乡村地区

实验选取西南地区较为常见的竹编夹泥墙，通过秸秆掺入生土与秸秆保温板，对墙体进行优化。形成"传统竹编夹泥墙""改性生土－双层竹篾－10mm 空气层"以及"改性生土－双层竹篾－10mm 空气层－SIB"三组墙体，记为一号、二号、三号，如表 6 所示。

（1）保温性能实验：采用 CD－WT 型稳态热传递性质实验系统[15]，并在 1.8m×1.8m 实验框内搭建三组墙体，冷热侧气温分别设置为（−4）℃与 30℃。按照相关规范[33]要求，可将 K=1.5m²kW⁻¹ 作为目标传热系数[16]，按公式 13 换算为预期热阻 R=0.52m²kW⁻¹。经实验可测得三组墙体的传热系数分别为 2.625Wm⁻²K⁻¹、1.696Wm⁻²K⁻¹、1.432Wm⁻²K⁻¹，并按公式 13[17]可计算其热阻为 0.231m²KW⁻¹、0.440m²KW⁻¹、0.548m²KW⁻¹，整理为表 7，其中三号墙体已满足农村地区保暖需求。

$$R=\frac{1}{K_X}=R_i+R_e+R_x \quad (13)$$

（2）隔热性能实验：隔热性能以缩尺模型进行横向对比。按川渝民居形式制作三个 1:6 实体模型，屋顶采用 10mmEPS 板制成的双坡屋顶，墙体规格为，长 × 宽 × 高 =500mm × 200m ×

墙体实验的材料与构造　　表 6

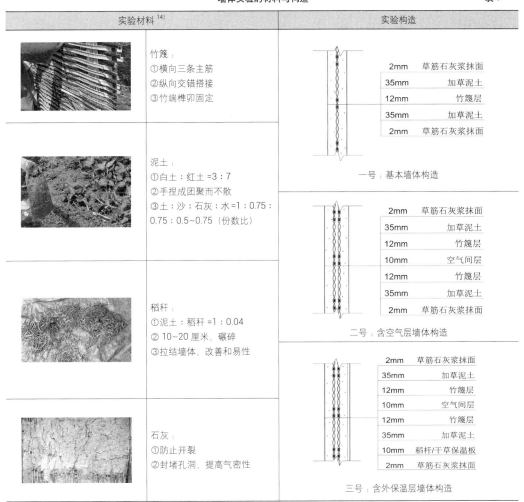

实验材料[14]		实验构造
竹篾：①横向三条主筋 ②纵向交错搭接 ③竹端榫卯固定		2mm 草筋石灰浆抹面 / 35mm 加草泥土 / 12mm 竹篾层 / 35mm 加草泥土 / 2mm 草筋石灰浆抹面　一号：基本墙体构造
泥土：①白土：红土 =3：7 ②手捏成团聚而不散 ③土：沙：石灰：水 =1：0.75：0.75：0.5~0.75（份数比）		2mm 草筋石灰浆抹面 / 35mm 加草泥土 / 12mm 竹篾层 / 10mm 空气间层 / 12mm 竹篾层 / 35mm 加草泥土 / 2mm 草筋石灰浆抹面　二号：含空气层墙体构造
稻秆：①泥土：稻秆 =1：0.04 ②10~20 厘米，碾碎 ③拉结墙体，改善和易性		2mm 草筋石灰浆抹面 / 35mm 加草泥土 / 12mm 竹篾层 / 10mm 空气间层 / 12mm 竹篾层 / 35mm 加草泥土 / 10mm 稻秆/干草保温板 / 2mm 草筋石灰浆抹面　三号：含外保温层墙体构造
石灰：①防止开裂 ②封堵孔洞，提高气密性		

三组墙体实验的热阻实现率　　表 7

项目名称	墙体构造	传热系数（W/m²·K）	热阻（m²·K/W）	预期热阻（m²·K/W）	热阻实现率[18]（%）
一号墙体	21.12.31	2.625	0.231		44.4
二号墙体	22.01.17	1.696	0.440	0.520	84.6
三号墙体	22.01.19	1.432	0.548		105.4

200mm，分别采用一、二、三号墙体，地基用 20mm 泡沫板与地面隔开。于夏季将模型放置于空旷地面，连续两天每隔一小时测量模型内外温度。

温度累计频率，指模型内部温度小于等于指定温度的时数占总时数的百分比，并将 7：00—18：00 视为日间，19：00—6：00 视为夜间。分别将三个模型的累计频率按日间、夜间整理如图 3。

按相关规范将 30℃定为室内热舒适温度[34]。由图 3 可知，一、二号日间低于 30℃的频率为 25%，夜间达到 75%～79%；而三号日间频率为 37.5%，夜间则高达 95.8%，基本覆盖睡眠时段。可见秸秆复合生土、秸秆外保温板、空气间层较好地优化了墙体隔热性能。

(3) 节能效果模拟：建立规格为长 × 宽 × 高 =8000mm×5000mm×3350mm，采用双坡屋顶且屋脊高 1500mm，出檐 600mm 的电子模型，将屋面 K 值定为 0.50W/m² K。在一、二、三号墙体基础上，增加普通烧结砖（四号）与节能空心砖（五号），其传热系数分别为 2.62W/m² K、1.70W/m² K、1.43W/m² K、3.39W/m² K、1.69W/m² K（图 4）。在 PKPM 软件中[19]设置房间属性为重庆大足区某设有单元式空调器起居室，其制冷 COP、制热 COP、供暖调节温度、供冷调节温度、人员密度、照明功率、设备散热量、新风量分别设为 3.1、2.6、18℃、26℃、4 人、6W/m²、20W/m² 及 30m³/hp。分别对不同墙体类型的供暖空调能耗进行模拟。

模拟结果见表 8，五组墙体全年供暖空调综合耗能，四号＞一号＞五号＞二号＞三号。三号墙体类型全年能耗为 4262.77kWh，相较于五号墙体每年可节约 382.15kWh，节能效果得到提升。

2. 城市地区

SIB 相较于传统保温材料，在城市地区应用时，往往关注其热工性能、燃烧性能、厚度以及质量等。其基本技术特点与 RW 接近，但略差于 EPS、XPS、PUR 等保温材料。有关 SIB 技术改性的研究较为复杂，此处并不涉及，仅对其在城市地区的工业化预制装配技术进行初步探究。

目前装配式秸秆外墙研究主要包括框架式嵌秸秆板、集成秸秆板、夹心秸秆板外墙[35-38]，其结构、特点、规格与应用特征归纳见表 9。由此可见，夹心秸秆板由于其板材的灵活可调、易于施工、适用范围广等特点，在城市地区的应用潜力相对更高。

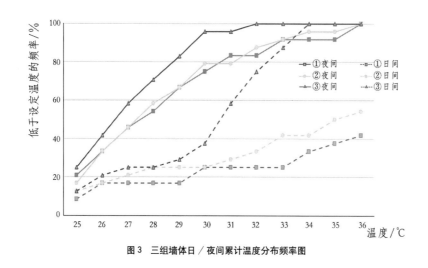

图 3　三组墙体日／夜间累计温度分布频率图

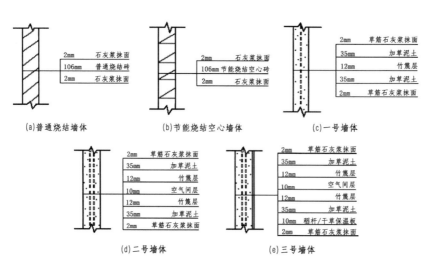

图 4　五组墙体构造层次大样图

五组墙体房屋的供暖供冷及综合能耗 表8

墙体类型	供暖能耗量 $E_{1H,\,bld}$/kWh	供冷能耗量 $E_{1c,\,bld}$/kWh	供暖供冷综合能耗 $E_{bld,\,des}$/kWh
基本墙体	5262.96	416.28	5679.24
秸秆生土 + 空气层	4220.68	353.95	4574.63
秸秆生土 + 空气层 +SIB	3925.33	337.43	4262.77
普通烧结砖	6046.07	464.96	6511.04
节能空心砖	4287.76	357.15	4644.92

现有装配式秸秆外墙板的结构、特点、规格与应用 表9

墙体名称		结构	特点	规格 /mm	应用
框架内嵌秸秆板	混凝土	肋梁框格 + 秸秆内嵌板	结构紧密、强度高、抗弯曲变形	肋梁宽 90、厚 120；肋柱宽 100、厚 120	村镇低矮建筑
				外框梁 / 柱宽 100、厚 120	
	钢	槽钢 + 热轧条钢 + 秸秆内嵌板	结构强度高、保温隔热隔声性能好、易加工	墙厚 200、槽钢翼缘宽 100、槽钢厚 9	村镇低矮建筑
集成秸秆板		墙体板、屋面板、楼面板	墙承重为主，可框架承重，整体性好、自重轻、装配效率高	墙板与层高相同，约 2800；墙体宽度为 300 的模数	村镇低矮建筑
夹心秸秆板		框架结构 + 夹心秸秆板	无连接件、施工方便、墙体表面强度高、保温隔热隔声性能可调	外板长 300，宽 200，厚 12；内板长 180，宽 200，厚 18	城乡单多层建筑

此外，研究提供一种新型秸秆外墙装配技术，即秸秆盒形建筑。其结构体系、围护体系、暖通水电、室内软装等一体完成，预制装配化程度高达 85%~95%[39]，且具备建造速度快、标准化程度高的特点。采用拼装式框架承重体系，包括顶盘骨架、底盘骨架以及四周立柱；围护结构采用轻钢龙骨，内填秸秆保温材料（SIB），外部设置秸秆基定向刨花木板（OSSB），以及防水、防火、饰面保护材料；秸秆盒型建筑可自堆叠承重，也可以结合外框架与核心筒建造多高层建筑，如表 10 所示。能够广泛应用于住宅、医疗、办公、展览建筑的营造。

（二）循环模式

可循环利用是秸秆保温板的重要特征，也是城乡循环的必要前提。由于城乡地区 SIB 的利用模式有所区别，此节将分别探讨其在城市、乡村的利用模式。

1. 乡村地区

乡村地区主要关注 SIB 的经济合理与技术适宜，其改性程度较低，简单处理后即可循环利用。二次回收部分的 15% 可加工为 SIB，剩余部分可粉碎加工为各类板材与家具等，提高秸秆利用的附加值。三次回收部分可与秸秆传统利用方式结合强化其生态效益[12]，如图 5 所示。

秸秆盒体建筑整体结构、盒体结构、墙体构造 表10

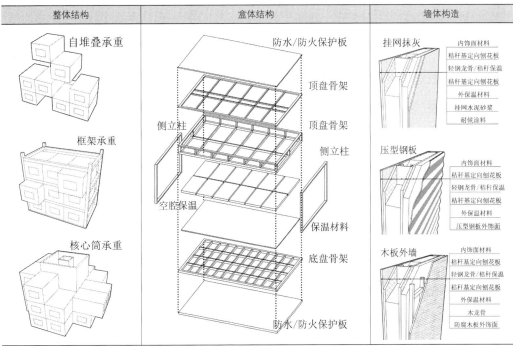

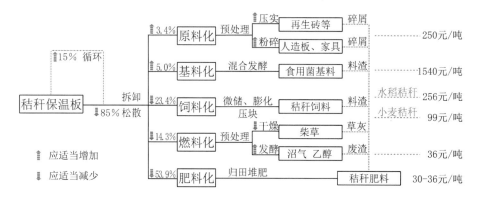

图5　乡村地区秸秆保温板循环利用模式图

2. 城市地区

城市地区主流的秸秆保温板按工艺主要分为两种，即施胶类与无胶类[20]，除部分再加工为保温板，还可以作复合地板、景观小品、建筑填料、家具装修等二次利用，如表11所示[38]。且无胶类三次利用时仍可回归秸秆传统利用模式，避免露天堆放、掩埋与燃烧。

（三）小结

在农村地区，通过秸秆保温板、秸秆掺入生土及其他低技手段，即可有效提升墙体冬季保温、夏季隔热及全年节能效果；在城市地区，夹心秸秆板、秸秆盒体建筑等预制装配技术的引入，可兼顾秸秆保温板的生态价值与城市地区的技术要求，为未来减少并逐步替代传统保温板的使用提供了可能。以上循环再生利用模式将在更大的时空范畴内，以 SIB 为载体，统筹乡村物质资源、山水资源、耕地及森林碳汇，兼顾城市生态资本、技术人才、管理信息等优势，实现如图6所示城乡之间生产要素的流动循环。如此可将乡村生态价值转化为可以量化的碳汇数值，由乡村内生性出发，形成碳交易平台下与城市平等互惠的协作机制，助力描绘城乡共振、各美其美的诗意画卷。

城市地区现有 SIB 产品及其再生利用　　　　　　　表 11

类型	秸秆保温板类型	改性程度	再生价值	再生方式
施胶类	秸秆轻质保温板	少量施胶，两侧覆板	工艺可逆	再生为保温板
	组合式轻质空心墙体	添加无机材料	高强耐久	复合地板、室外景观、建材填料
无胶类	"斯墙板"	不施胶，两面贴纸	安全无毒	家具、装修、模压制品、包装
	保温纤维内衬板	膨化纤维替岩棉，两侧覆板		

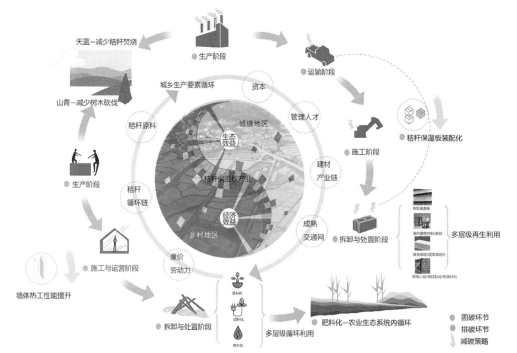

图6　城乡之间秸秆保温板的流动及循环模式

四、总结与展望

据 SIB 全生命周期内碳排放的计算结果可知，城市地区每千克 SIB 可减少碳排放 1.169kg，而乡村地区减碳效果更加显著，减碳量约为城市的 20 倍。意味着乡村地区每使用 1kgSIB 可消除 1.2kgXPS 碳排放造成的影响，可见 SIB 具有良好的生态效益。

据 SIB 的城乡应用及循环模式的探讨可知，SIB 可作为优化现有农宅外墙热工效果的有效手段，也可以结合装配技术作为城市地区多高层外墙保温的生态选择；更重要的是，依托乡村秸秆相对成熟的循环模式和城市完整的建材再利用产业链，可巩固其减碳作用，并将生态效益转化为经济效益。经初步计算，其价值可由 36 元／吨上升至 250 元／吨，其经济效益不容忽视。

由此可见，SIB 不仅是实现城市"双碳"目标的生态手段，更是一种为乡村资源赋值的绿色产品。更重要的是，这种从乡村内生性出发、以建筑产品为载体、强调生态效益的应用模式，同样可适用于其他乡村资源。研究期待在社会各界的认知、国家政策的支持及更多相关研究的基础上，助力"双碳"背景下城乡共振的实现。

注释

① 公式 1 中各符号含义：E_{P1} 为生产阶段排碳总量，$kgCO_2/kg$ 板；E_{burn} 为避免秸秆燃烧减少的排碳量，$kgCO_2/kg$ 板；E_{tree} 为秸秆替代木材少伐树木的等价固碳量，$kgCO_2/kg$ 板；E_{manu} 为秸秆板生产过程的排碳量，$kgCO_2/kg$ 板。

② 公式 2 中各符号含义：$E_{SIB,trans}$ 为秸秆运输的排碳量，取 $0.05kgCO_2/kg$ 板 [22]；E_{pro} 为秸秆加工过程排碳量，取 $0.27kgCO_2/kg$ 板 [22]；$E_{boa,trans}$ 为秸秆板运输的排碳量，取 $0.03kgCO_2/kg$ 板。

③ 公式 3 中各符号含义：E_{CO} 为秸秆燃烧产生 CO 折算的排碳量，$kgCO_2/kg$ 板；E_{CO2} 为秸秆燃烧产生 CO_2 折算的排碳量，$kgCO_2/kg$ 板；$E_{F,CO,i}$ 为产生 CO 碳排放因子，gCO/kg 秸秆；$E_{F,CO_2,i}$ 为产生 CO_2 碳排放因子，gCO_2/kg 秸秆；η 为秸秆生产板材的生产率；α 为三种秸秆的相对占比；β 为秸秆燃烧效率。

④ 三种主要秸秆各项系数指标

各项指标	小麦	玉米	水稻
$E_{F,CO,i}$	141.20g/kg 秸秆	114.70g/kg 秸秆	64.20g/kg 秸秆
$E_{F,CO_2,i}$	1557.90g/kg 秸秆	1261.50g/kg 秸秆	791.30g/kg 秸秆
α	0.35	0.22	0.43
β	0.90	0.90	0.90
η	4.35	4.35	4.35

⑤ 公式 4 中各符号含义：E_{P2} 为散失采暖能耗等价燃料排碳总量，$kgCO_2/kg$ 板；E_{oth} 为其他燃料等价排碳量，$kgCO_2/kg$ 板；E_{elec} 为电能等价排碳量，$kgCO_2/kg$ 板；q 为秸秆复合外墙相对普通外墙节约的能耗，MJ/kg 板；γ 燃料中碳元素的质量分数；α_i 为农宅特定燃料使用频率占比；V 为燃料的低位热值，MJ/kg；η 为供热效率，取 0.4；E_{elec} 为发电排碳量，$kgCO_2/MJ$。

⑥ 公式 5 中各符号含义：B 为秸秆板最小厚度，mm；λ 为秸秆板导热系数，取 $0.043Wm^{-1}K^{-1}$；K 为复合外墙传热系数，$m^2k^{-1}W^{-1}$；K' 为普通外墙传热系数，$m^2k^{-1}W^{-1}$。

⑦ 公式 6 中各符号含义：T_1 为采暖期室外平均气温，K；T_2 为采暖期室内规定最小温度，K；t 为采暖时长，s；m 为秸秆单位面积的质量，kg/m^2；B 为秸秆板厚度，mm；ρ 为秸秆板密度，取 [9]$150kg/m^3$；α 为秸秆板中秸秆质量分数，取 0.45 [22]。

⑧ 公式 7 中各符号含义：q_{ave} 为全国秸秆复合外墙相对普通外墙的平均节能量，MJ/kg 板；$q_{砖}$ 为某地区秸秆复合外墙相对普通砖墙的节能量（包括三七砖与二四砖），MJ/kg 板；$\alpha_{砖}$ 为某地区农宅中以砖墙为外围护结构的建筑占比；$q_{土}$ 为某地区秸秆复合外墙相对普通土墙的节能量，MJ/kg 板；$\alpha_{土}$ 为某地区农宅中以土墙为外围护结构的建筑占比；β 为东北、华北、西北、西南、长江中下游、东南地区农宅相较于全国农宅的占比。

⑨ 农村各燃料基本信息表

燃料类型	使用频率 α_i [28]	低位热值 $V/MJ \times kg^{-1}$	供热效率 η	γ 碳质量分数 kgC/kg 原料
电	0.23	略		略
煤	0.05	29.30		0.7
柴草	0.38	15.50	40%	0.5
天然气	0.05	44.60		0.7
液化气	0.27	45.67		0.8
其他	0.02	略		略

⑩ 公式 8 中各符号含义：E_{P3} 为拆卸处置阶段排碳总量，$kgCO_2/kg$ 板；E_{reuse} 为循环使用的秸秆板等价减碳量，$kgCO_2/kg$ 板；$E_{boa,trans}$ 为秸秆板此阶段运输排碳量，视为与 P_1 阶段一致，取 $0.27kgCO_2/kg$ 板 [22]；E_{pro} 为秸秆二次加工排碳量，视为与生产过程一致，取 $0.03 kgCO_2/kg$ 板 [2]。

⑪ 公式 9 中各符号含义：E_{P2i} 为运输阶段排碳总量，$kgCO_2/kg$ 板；L 为运输距离，km；C_i 为交通方式的碳排放系数，$kgCO_2/$万吨公里；α_i 为全国交通选用频率。

⑫ 公式 10 中各符号含义：E_{P3i} 为施工阶段排碳量，$kgCO_2/kg$ 板；Y_{buil}/Y_{mate} 为建筑使用年限与保温材料年限之比（SIB 取 15 年）；E_{elec} 为电能等价排碳量，$kgCO_2/kg$ 板；H 为层高，m；G_i 为每层需要保温材料体积，m^3；P 为升降机额定功率，取 0.11kWh；V 为升降机速度，取 0.55m/s；G_m 为一次装载体积，取 $7.3m^3$。

⑬ 公式 11 中各符号含义：$E_{P5,a}$ 为不可回收保温材料处置阶段的排碳总量，$kgCO_2/kg$ 板；$E_{P5,b}$ 为可回收保温材料处置阶段的排碳总量，$kgCO_2/kg$ 板；$E_{boa,trans}$ 为板材运输排碳量，视为与 P2 阶段一致，$kgCO_2/kg$ 板；$E_{dis,pro}$ 为板材回收加工排碳量，视为与 P1 阶段加工排碳量一致，取 15%×$0.27 kgCO_2/kg$ 板；E_{reuse} 为循环使用等价的减碳量，视为与 P1 阶段排碳总量一致，取 15%×（-1.42）$kgCO_2/kg$ 板。

⑭ 实验材料配比、基本构造大样、墙体营造流程等，依靠相关文献及实地调研确定，调研地点位于重庆市大足区铁山镇年科村。

⑮ CD-WT 型稳态热传递性质实验系统：基于一维稳态传热原理，将构件置于两个不同温度场的箱体之间，热箱模拟室内或夏季

室外空气温度、风速、辐射条件；冷箱模拟室外或夏季室内空调房间空气温度、风速。经若干小时运行达到稳定状态后，即可测算试件的传热系数。

⑯ 根据《农村居住建筑节能设计标准》GB/T 50824-2013，当墙体热惰性指数 D < 2.5 时传热系数 K ≤ 1.5W/m²·K。而一般竹编墙的热惰性指数在 1.3 左右，故可将 K=1.5W/m²·K 作为参照标准，换算为热阻，约为 0.52m²·K/W。

⑰ 公式 12 中各符号含义：R 为包含内外表面换热阻的墙体总热阻值，m²·K/W；K_x 为墙体传热系数值 W/m²·K；R_x 为墙体热阻值，m²·K/W；Ri 为内表面换热阻，取 0.11m²·K/W，R_e 为外表面换热阻，取 0.04m²·K/W。

⑱ 热阻实现率：墙体样本热阻值与设定热阻目标值的比。

⑲ PKPM 节能分析软件：提供有大量不同设备机组类型库，可自由修改设备性能参数和参照建筑定义，自动计算建筑面积，体形系数和窗墙比等参数，对设计建筑和参照建筑进行逐时的动态模拟，自动计算建筑的各项耗能量，包括建筑供暖和空调能耗等。

⑳ 不施胶 SIB 采用高温高压等方式处理使其自胶结，再热压成型，并在表面粘上一层"护面纸"而成的具有保温性能的板材，一般称为稻草板或"斯墙板"；施胶 SIB 则将秸秆进行一定处理后利用添加胶粘剂或其他无机材料及助剂形成的具有保温性能的板材，一般称为秸秆人造板或秸秆轻质保温板材。

参考文献

[1] 肖力光，丁艳波.秸秆建筑材料的应用及研究进展 [J]. 应用化工，2021，50（4）：1142-1146.

[2] 金格格.玉米秸秆人造板热压成型参数试验 [D]. 沈阳：沈阳农业大学，2019.

[3] 张晓庆，王梓凡，参木友，白海花，塔娜.中国农作物秸秆产量及综合利用现状分析 [J]. 中国农业大学学报，2021，26（9）：30-41.

[4] 石祖梁，贾涛，王亚静，等.我国农作物秸秆综合利用现状及焚烧碳排放估算 [J]. 中国农业资源与区划，2017，38（9）：32-37.

[5] 琳恩·伊丽莎白，卡萨德勒·亚当斯.新乡土建筑——当代天然建造方法 [M]. 吴春苑，译.北京：机械工业出版社，2005.

[6] 赫尔诺特·明克，弗里德曼·马尔克.秸秆建筑 [M]. 刘婷婷，余自若，杨雷，译.北京：中国建筑工业出版社，2007.

[7] Koh C，Kraniotis D．A review of material properties and performance of straw bale as building material[J]. Construction and Building Materials，2020（259）.

[8] 梁仙叶.轻质麦秸复合墙体建筑热物理特性研究 [D]. 南京：南京林业大学，2006.

[9] 李晓平，周定国，于艳春.利用生命周期评价法评价农作物秸秆人造板的环境特性 [J]. 浙江林学院学报，2010，27（2）：210-216.

[10] 成果.基于秸秆材料的现代建筑空间建构研究 [D]. 南京：南京艺术学院，2013.

[11] 张燕.低碳生态经济时代我国农作物秸秆板产业化发展战略初探 [J]. 科技管理研究，2012，32（11）：21-24.

[12] 石祖梁，王飞，王久臣，等.我国农作物秸秆资源利用特征、技术模式及发展建议 [J]. 中国农业科技导报，2019，21（5）：11-12.

[13] Charlson J A，Glicksman L R，Ph. D．Development of straw insulation board：fabrication，testing，performance modeling.

[14] Cascone S，Rapisarda R，Cascone D．Physical properties of straw bales as a construction material：a review[J]. Sustainability，2019.

[15] 刘慧康.建材新兴产品——植物纤维（秸秆）保温板 [N]. 中国建材报，2007-08-08（004）.

[16] 刘玉莲，曹明莉，刘东.保温屋面用建筑模网 - 秸秆泡沫混凝土组合保温板 [J]. 中国建筑防水，2013（7）：27-31.

[17] 魏康成.高频热压制备轻质稻秸保温材料的研究 [D]. 南京：南京林业大学，2014.

[18] 陈继浩，崔琪，冀志江.多层复合秸秆板隔热性能试验研究 [J]. 建筑节能，2019，47（4）：64-67.

[19] 张琳.秸秆节能材料在保温建材方面的应用研究 [J]. 应用能源技术，2022（6）：43-47.

[20] 李进卫.聚氨酯泡沫塑料在建筑节能中的作用及其回收利用 [J]. 化学工业，2015，33（10）：38-41.

[21] 田得元.农村建筑区域特点及典型结构地震易损性分析 [D]. 哈尔滨：中国地震局工程力学研究所，2021.

[22] 马捷，王垚，金涌.秸秆基建筑保温材料的节能减排分析 [J]. 生态与农村环境学报，2010，26（5）：430-435.

[23] 张鹤丰，叶兴南，成天涛，等.中国地区农作物秸秆燃烧排放大气污染物模拟及 GIS 分析 [C]//. 中国化学会第 26 届学术年会环境化学分会场论文集，2008：158.

[24] 2021 中国统计年鉴 [J]. 统计理论与实践，2021（1）：2.

[25] 2010 年人口普查数据 重大国情国力资讯 [J]. 中国统计，2012（11）：2.

[26] GB/T 50824-2013，农村居住建筑节能设计标准 [S].

[27] 周建燕，周定国，李键.中国农作物秸秆墙体材料研究的现状与展望（英文）[J]. 南京林业大学学报（自然科学版），2005（6）：109-113.

[28] 宋德勇，李东方.中国农村家庭燃料结构改善与居民健康回报——基于 CFPS 数据的检验 [J]. 河南大学学报（社会科学版），2021，61（1）：57-63.

[29] GB/T 2589-2020，综合能耗计算通则 [S].

[30] 李冰洋.建筑节能技术与发展前景探讨 [J]. 油气田地面工程，2009，28（3）：72-73.

[31] 竹世忠.重庆地区典型建筑外墙保温体系生命周期 CO_2 排放研究 [D]. 重庆：重庆大学，2015.

[32] 李进卫.聚氨酯泡沫塑料在建筑节能中的作用及其回收利用 [J]. 化学工业，2015，33（10）：38-41.

[33] JGJ 26-2010，严寒和寒冷地区居住建筑节能设计标准 [S].

[34] 宋平，唐鸣放，郑开丽.重庆农村住宅热环境实测与评价 [J]. 建筑科学，2015，31（6）：118-123.

[35] 徐小惠.秸秆墙体优化设计研究 [D]. 哈尔滨：哈尔滨工业大学，2017.

[36] 周晓群.村镇住宅内嵌秸秆板生态复合墙体热工和抗震性能研究 [D]. 苏州：苏州科技大学，2020.

[37] 王舒.秸秆 - 钢复合板墙多层装配式建筑结构体系研发 [D]. 哈尔滨：哈尔滨理工大学，2020.

[38] 龚恩.装配式秸秆砌块填充墙框架振动台试验研究 [D]. 南京：南京林业大学，2014.

[39] 潘志峰.轻钢结构装配式建筑材料构造技术研究 [D]. 广州：华南理工大学，2012.

图表来源

图 1：根据百度图片绘制

图 2：根据文献 4 用 Excel 绘制
图 5：根据文献 12，以及华经情报网数据改绘
图 3、图 4、图 6：作者自绘
表 1：根据文献 13-19 绘制
表 2：根据文献 21、25、26 及笔者计算结果绘制
表 3：根据文献 21、25 及笔者计算结果绘制
表 4：根据文献 22、31、32 及笔者计算结果绘制
表 9：根据文献 35-38 绘制
表 10：根据文献 38 改绘
表 11：根据文献 1、12、38 绘制
表 5-8：作者自绘

作者：龙非凡 张焕，获奖时为重庆大学建筑城规学院本科四年级学生；指导教师：周露，重庆大学建筑城规学院副教授；许景峰，重庆大学建筑城规学院副教授

漫步其中的教具
——沈阳建筑大学建筑博物馆的建筑教育实践探索

刘万里　鞠叶辛　郭　琦

Wandering through the AIDS Teaching Process: an Investigation of Architectural Education in Action at Shenyang Jianzhu University's Architecture Museum

■ 摘要：沈阳建筑大学建筑博物馆是服务于建筑学科群的实践认知教学基地，通过其丰富的展陈资源、独特的空间设计探索了建筑教育中专业知识的直观学习、建筑空间的体验感知、人文内涵的延展思考和自驱动力的激励培育，使其自身成为一个可以漫步其中的巨型教具，成为沈阳建筑大学建筑学科发展提升中的具有鲜明特色的重要组成部分。
■ 关键词：建筑博物馆；直观学习；空间体验；人文内涵；自驱动力
Abstract：Serving the architectural discipline group, Shenyang Jianzhu University's Architecture Museum provides a practical and intellectual teaching foundation. It explores the intuitive learning of professional knowledge in architectural education, the experience and perception of architectural space, the extended thinking of humanistic connotation, and the motivation and cultivation of self-driving force, making itself a massive walking teaching aid. All of these topics are brought to life through the exhibition's rich resources and distinctive space design. It has grown to be a significant element with unique qualities in the advancement of Shenyang Jianzhu University's architecture program.
Keywords：Architectural Museum, Intuitive Learning, Spatial Experience, Humanistic Meaning, Self-driving Force

　　在沈阳建筑大学匀质网格布局的教学区组群中，有一座形态迥异的建筑，位于建筑系馆和校园水系之间，它就是沈建大独具特色的课外教育基地——建筑博物馆。建筑博物馆由普通展厅改造而成，建筑面积 3687m²，包含"中外建筑大观""辽沈城市今昔""人居建筑典藏""中华建筑精品""创意创新"和"学术交流"六大区域，于 2010 年 5 月正式开馆。它是目前国内高校中规模最大的建筑类博物馆，现已成为本校建筑学科重要的实践认知教学平台和中国建筑学会科普教育基地（图1、图2）。多年以来，依托建筑博物馆的展陈资源和空间环境开展的教育实践探索，构成了沈建大建筑教育中具有鲜明特点的重要组成部分。

基金资助：本项研究获得2023年辽宁省软科学研究项目"辽宁省老工业基地城市更新与创新发展科普教育活动研究"（2023JH4/10700054）资助

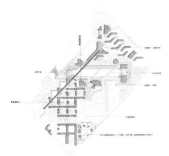

图1 建筑博物馆的校园区位

图2 建筑博物馆内部空间

图3 大量的建筑模型展示帮助专业教学形成直观学习认知

1．专业知识的直观学习

　　建筑博物馆毗邻建筑系馆，师生课余时光可以随意漫步其中，丰富的展陈资源对建筑、规划、景观等"大建筑"学科群专业知识的学习具有重要支撑作用。与多数理工学科相比，建筑学科更贴近于大众日常生活，无论是建筑风格的历史流变，还是建筑技术的发展创新，都会真实地体现在建筑实体之上，当在教学中能够让学生直观地看到专业知识的实体化展示，往往会得到事半功倍的教学效果，这正是建筑博物馆的最大优势。馆内收藏有建筑模型300余件，不仅包括雅典卫城、罗马斗兽场、巴黎圣母院、佛罗伦萨主教堂、佛光寺大殿等中外建筑史上的代表性作品，也包括帆拱、斗拱、传统木构架体系等代表性建筑构件模型，甚至还包括建筑博物馆空间改造过程中的构造节点、沈阳盛京大剧院钢结构节点等技术模型展示，它们使抽象的专业知识直观地呈现在师生面前，从而得到高效地理解和吸收，配合展陈图解，对建筑历史、建筑技术的教学体系形成开放式的衔接和扩展，有效提升专业课程的教学质量[1]（图3）。

2．建筑空间的体验感知

　　建筑教育以设计能力培育为核心，其基础是对建筑空间形式的深入理解和全面认识，在真实空间中的长期观察和体悟是效果最为显著的学习途径。建筑博物馆空间改造的理念是"重体验、轻装饰"，在原来过于宽大的单一展厅中采用墙体引入、空间渗透、视觉引导的手法，创造了收放有致的空间序列、层次分明的空间尺度、起承转

合的空间动线和虚实对比的空间界面，在材料选择、构造措施上凸显了新旧对比和形式理性，形成了一种蕴涵文化象征和隐喻的空间语境[2]。漫步于其中，在有限的建筑规模、朴实的语汇表达中获得了丰富的空间体验，从而引导学生对多种类型的空间形式逐渐形成感性认知和理性思考（图4，图5，图6）。

　　建筑博物馆也是一个学术交流场所，除了在报告厅中举办较为正式的学术讲座外，共享大厅、钢琴形交流厅等开放空间，还被开发出灵活的使用方式。例如，共享大厅不仅适于举办大型临展，高大的空间尺度、强烈的纵深感和多层次的海报阵列还使其具备承载大型学术会议的潜质，曾举办世界华人建筑师协会学术论坛等高水平学术活动，现已成为了标志性的特色会场（图7）；钢琴形交流厅因其曲线的形态、三层通高的展架而具有特别的人文气息，在这里开展学术讲座、教研讨论，都别有一种文化氛围（图8）。这些对于馆内开放性空间使用方式的创造性探索，本身就是一种带有示范性的设计教学展示，使学生在产生新奇空间体验的同时，加深对空间的开放性、多义性、复合性的理解，帮助学生超越对功能的认识而探索建筑空间和人之间的深层关联，从本质上把握建筑空间的生成机制，有效促进学生观察、思考的习惯养成和能力提高，对建筑学教育有着重要促进作用[3]。

3．人文内涵的延展思考

　　建筑学与一般理工科专业的一个重要差异是具有强烈的人文属性。建筑学教育不仅关注功能、

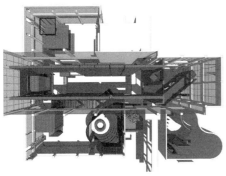

图4 建筑博物馆空间改造示意图

图5 空间尺度的对比变化

图6 材料与形式的构成推敲

图7 共享大厅中的学术活动

图8 开放化的钢琴型交流厅

图9 八王书院是古建筑保护区首件迁建项目

图10 学生模型长期陈列

空间、结构、构造等建筑本体层面的技术问题，更加强调建筑师人文素养的涵育。人文内涵的培育广博而深邃，既非一朝一夕，也难以通过一两门课程获得明显效果，而是需要通过环境的潜移默化来达成。建筑博物馆中设有中外建筑历史展区，帮助学生建立宽基础的建筑体系发展认知，把建筑学与社会、政治、经济、技术等因素联系起来；在"辽沈建筑今昔"展区，通过城市空间结构变化、历史街区风貌对比、老建筑片段展示，一方面帮助学生建立起对传统、地域的区域环境观认识，另一方面也能够从近现代历史中梳理城市、建筑发展的隐形脉络，这些展陈内容可以促进学生拓宽视野，将建筑学学习扩展到更为宽广的人文领域，是对建筑教育的必要延展。

建筑博物馆在校园内广泛分布了众多具有地方历史文化积淀的展示内容，最具代表性的古建筑保护区位于校园南部，以异地迁建、复建的方式收集保护了最近十余年间沈阳城市更新中面临拆迁的八王寺、十王府、盛京施医院等老建筑。老建筑在校园内向师生展现历史的印迹和文化的积淀，更为重要的是保护迁建这一行为本身就是非常好的教育活动，是对城市记忆的留存，是城市历史保护思想的实践，是历史建筑迁建技术的演示，具有深刻的人文内涵（图9）。

4．自驱动力的激励培育

建筑设计过程具有鲜明的跳跃性、反复性和非线性特征，致使建筑学教育中经常会遇到学生对于设计课学习进程迷茫无助和信心不足的情况，影响了专业学习持续性的向前发展。因此，建筑教育中的激励机制和自驱力培养尤为重要，往往成为学生从入门伊始到成为真正建筑师的长期奋斗的内在保障，并帮助其形成正确的价值取向和职业伦理观。在建筑博物馆的钢琴形交流厅中，

三层通高的曲线展架之上最受瞩目的展品就是历年建筑学科一年级设计基础课程中的优秀立体构成作业模型，每年的学生都以自己的作品能够入选建筑博物馆为荣，这往往促使其在后续专业学习中提升信心和自驱力（图10）。馆内包括历史建筑模型、大师作品模型等在内的大多数实物展品都是学生参与制作的，他们始终以作品能够得到长期展示为荣，既强化他们对作品本身的理解，也锻炼了动手能力，更培养了追求完美、追求卓越的专业精神，这成为沈建大建筑教育中特别有意义的部分。多年以后，很多毕业学生返校时还会第一时间来博物馆看一看自己当年制作的模型是否还在，这无形中加强了学生与学校的情感纽带，促进了校友凝聚力的持续形成。

结语

毫不夸张地说，建筑博物馆自身就是一个可行、可望、可游、可居的巨型教具，漫步其中，建筑的教化作用渗透进了其外在与内部的方方面面。建筑博物馆在专业教育中的实践探索，已成为沈阳建筑大学建筑学科发展提升中的具有鲜明特色的重要一环。以本文记录自勉，未来继续深入挖掘。

参考文献

[1] 黄勇，陈磐，张群，建筑专业育人环境的拓展 [C]2011全国建筑教育学术研讨会论文集，北京：中国建筑工业出版社，2011，340-344

[2] 黄勇，张伶伶，张群，陈磐，建筑教化——沈阳建筑大学建筑博物馆实践 [J]. 新建筑，2014（6）：86-90.

[3] 黄勇，张伶伶，张群，陈磐，空间语言解析——沈阳建筑大学建筑博物馆空间设计 [J]. 建筑技艺，2015（8）：105-107.

图片来源：

本文图片均由沈阳建筑大学建筑博物馆提供

刘万里，沈阳建筑大学建筑博物馆，副馆长，沈阳建筑大学建筑与规划学院，辽宁省区域建筑学与寒地人居科学重点实验室，副教授，硕士生导师；鞠叶辛，沈阳建筑大学建筑与规划学院，辽宁省区域建筑学与寒地人居科学重点实验室，副教授，硕士生导师；郭琦，沈阳建筑大学建筑与规划学院，博士研究生